Ronald W. Leven
Bernd-Peter Koch
Bernd Pompe

Chaos in dissipativen Systemen

Ronald W. Leven
Bernd-Peter Koch
Bernd Pompe

Chaos in dissipativen Systemen

Mit 59 Abbildungen und 1 Tabelle

Friedr. Vieweg & Sohn
Braunschweig/Wiesbaden

Prof. Dr. *Ronald W. Leven*
Dr. *Bernd-Peter Koch*
Dr. *Bernd Pompe*
Ernst-Moritz-Arndt-Universität Greifswald
Sektion Physik/Elektronik

CIP-Kurztitelaufnahme der Deutschen Bibliothek

Leven, Ronald W.:
Chaos in dissipativen Systemen / Ronald W. Leven ; Bernd-Peter Koch ; Bernd Pompe. — Braunschweig ; Wiesbaden : Vieweg, 1989
ISBN-13: 978-3-528-06356-6 e-ISBN-13: 978-3-322-84175-9
DOI:10.1007/ 978-3-322-84175-9

NE: Koch, Bernd-Peter:; Pompe, Bernd:

Lizenzausgabe mit Genehmigung des Akademie-Verlages Berlin
für Friedr. Vieweg & Sohn Verlagsgesellschaft mbH, Braunschweig

ISBN-13: 978-3-528-06356-6

Vorwort

Dynamische Systeme können durch mathematische Gleichungen modelliert werden, die eine eindeutige Vorschrift zur Berechnung der zeitlichen Entwicklung des Systemzustandes darstellen, so daß die Bewegung des Systems vollständig durch den Anfangszustand bestimmt ist. Trotz dieser Determiniertheit stellt sich bei der numerischen Berechnung der Lösungskurven oder bei Beobachtungen in realen Experimenten häufig heraus, daß sich der Zustand des Systems in äußerst komplizierter und unregelmäßiger Weise mit der Zeit ändert und daß eng benachbarte Startbedingungen nach endlicher Zeit zu völlig unterschiedlichen Zuständen führen können. Man spricht dann von chaotischen Bewegungen bzw. nennt das betreffende System chaotisch.

In den letzten 10 bis 15 Jahren sind beträchtliche Fortschritte im Verständnis der Dynamik nichtlinearer deterministischer Systeme gemacht worden. Das Konzept des chaotischen (oder seltsamen) Attraktors, verbunden mit den Vorstellungen von fraktaler Dimension, Entropie und universellen Bifurkationssequenzen auf dem Wege zum Chaos, hat zu einem neuen Denken bezüglich dieser Systeme geführt. Dabei ist u. a. auch klar geworden, daß Chaos nicht einfach mit Unordnung oder Regellosigkeit gleichgesetzt werden kann. An die Stelle von Gleichförmigkeit oder Periodizität treten andere Ordnungsbegriffe, die eng mit Selbstähnlichkeit, Skaleninvarianz und Universalität verbunden sind.

Einen wesentlichen Beitrag zu diesem neuen Verständnis hat die moderne Rechentechnik geleistet. Da Chaos untrennbar mit Nichtlinearität verbunden ist, deren mathematische Behandlung sich in den meisten Fällen als außerordentlich schwierig erweist, konnten viele interessante Fragestellungen und teilweise sehr allgemeine Gesetzmäßigkeiten chaotischer Bewegungen erst auf der Basis ausgedehnter numerischer Berechnungen formuliert bzw. erkannt werden. Damit wird auch verständlich, warum die Forschungen auf diesem Gebiet erst in jüngster Zeit in großem Umfange durchgeführt werden, obwohl viele nichtlineare Systeme aus Mechanik, Hydrodynamik, Elektrotechnik und anderen Wissenschaftsgebieten schon seit langem bekannt sind.

Nichtlinearität ist fundamental für das gesamte Naturgeschehen. Sämtliche Evolutionsgleichungen, ob sie nun aus der LIOUVILLE-Gleichung zur Beschreibung der Vorgänge in Gasen, Flüssigkeiten oder Plasmen hergeleitet wurden, ob sie die Entwicklung eines Räuber-Beute-Systems charakterisieren oder die des Universums, enthalten notwendigerweise nichtlineare Terme. Schon einfache Oszillatoren müssen durch nichtlineare Differentialgleichungen beschrieben werden, wenn die Auslenkung aus der Ruhelage groß genug ist. In der von den linearen MAXWELL-Gleichungen regierten Elektrodynamik kommt die Nichtlinearität über die Materialgleichungen zum Tragen.

Nichtlinearität ist notwendig, aber nicht hinreichend für das Auftreten von Chaos. Ob ein nichtlineares System chaotisches Verhalten zeigt, hängt weitgehend von den Parametern und den Anfangsbedingungen ab. Nichtsdestoweniger hat man chaotische Bewegungsformen nicht nur in den verschiedensten physikalischen Systemen (inklusive Elektrotechnik/Elektronik) gefunden, sondern auch in der Chemie (Reaktionskinetik), in Biologie und Medizin (Biooszillatoren, Populationsdynamik, Nervenzellen, Gehirnfunktionen u. a.).

Im vorliegenden Buch wird der Versuch unternommen, dem Leser einen Zugang zu wichtigen Bereichen der modernen Chaosforschung zu verschaffen. Dabei wird neben der Darstellung einer Reihe von Phänomenen und Gesetzmäßigkeiten besonderer Wert auf die Vorstellung einiger Größen und Methoden gelegt, die eine quantitative Beschreibung chaotischer Prozesse sowohl im Computer- als auch im realen Experiment ermöglichen.

In den nachfolgenden Kapiteln konzentrieren wir uns auf dissipative Systeme. Sie sind für die meisten Prozesse in Naturwissenschaft und Technik relevant. Die aus mathematischer Sicht weiter entwickelte Theorie der konservativen Systeme kann wegen des geringen Umfanges dieses Buches nicht berücksichtigt werden. Aus demselben Grunde werden, auch wenn exakte Resultate vorliegen, die mathematischen Beweise in der Regel nicht vorgetragen. Die interessante Frage, ob es in der Quantenphysik ein Analogon zum chaotischen Verhalten klassischer Systeme gibt, ist Gegenstand aktueller Forschung. Sie wird aber hier ebenfalls nicht behandelt. Wir hoffen trotzdem, daß es uns gelingt, einen

Einblick in die faszinierende Welt chaotischer Erscheinungen zu geben.

Das vorliegende Bändchen verdankt seine Entstehung nicht zuletzt der Anregung und Ermutigung durch Prof. W. EBELING, dem die Autoren dafür ihren besonderen Dank aussprechen. Darüber hinaus danken wir Dr. C. BANDT, Dr. B. BRUHN, Prof. S. GROSSMANN, Dr. H.-P. HERZEL, Dr. J. KRUSCHA, Dr. J. KURTHS, Prof. W. LAUTERBORN und Dr. K. R. SCHNEIDER für zahlreiche interessante Diskussionen sowie Dr. W. VAN DE WATER, unter dessen aktiver Mitarbeit die Abb. 5.11 entstand.

Greifswald, Juli 1987 Die Verfasser

Inhaltsverzeichnis

1. Einführung

Eine wichtige Aufgabe naturwissenschaftlicher Forschung ist es, Voraussagen über die zeitliche Entwicklung konkreter Systeme zu treffen. Diese Aufgabe wird in Abhängigkeit vom untersuchten System mit unterschiedlichem Erfolg gemeistert. Bekannt ist die Jahrhunderte währende Tradition der Astronomie bei der präzisen Berechnung der Bewegung von Himmelskörpern. Wir wissen aber auch, daß es Erscheinungen gibt, bei denen zumindest langfristige Prognosen nicht gelingen. Die Wettervorhersagen demonstrieren das offenkundig. Aber auch wesentlich einfachere Systeme verschließen sich unserem Bestreben um genaue Voraussagen. Denken wir an Glücksspiele wie Würfel und Roulette, so haben wir uns daran gewöhnt, die Ungewißheit des Ausgangs von Versuchen zu akzeptieren. Diesen Systemen ist gemeinsam, daß sie eine empfindliche Abhängigkeit von den Anfangsbedingungen besitzen, d. h., sehr kleine Änderungen in den Anfangsbedingungen bewirken große Unterschiede im Endzustand, und da Zustände nur mit endlicher Genauigkeit gemessen werden können, sind somit der Voraussagbarkeit Grenzen gesetzt. Solche Systeme werden heute chaotisch genannt. Bereits POINCARÉ (1914) beschreibt derartige Erscheinungen in seinem Buch „Wissenschaft und Methode“ in einem Kapitel über den Zufall:

„Eine sehr kleine Ursache, die für uns unbemerkbar bleibt, bewirkt einen beträchtlichen Effekt, den wir unbedingt bemerken müssen, und dann sagen wir, daß dieser Effekt vom Zufall abhänge. Würden wir die Gesetze der Natur und den Zustand des Universums für einen gewissen Zeitpunkt genau kennen, so könnten wir den Zustand dieses Universums für irgendeinen späteren Zeitpunkt genau voraussagen. Aber selbst wenn die Naturgesetze für uns kein Geheimnis mehr enthielten, können wir doch den Anfangszustand immer nur näherungsweise kennen. Wenn wir dadurch in den Stand gesetzt werden, den späteren Zustand mit demselben Näherungsgrade vorauszusagen, so ist das alles, was man verlangen kann;

wir sagen dann: die Erscheinung wurde vorausgesagt, sie wird durch Gesetze bestimmt. Aber so ist es nicht immer; es kann der Fall eintreten, daß kleine Unterschiede in den Anfangsbedingungen große Unterschiede in den späteren Erscheinungen bedingen; ein kleiner Irrtum in den ersteren kann einen außerordentlich großen Irrtum für die letzteren nach sich ziehen. Die Vorhersage wird unmöglich und wir haben eine ‚zufällige Erscheinung'."

Die intensiven Untersuchungen der letzten Jahre an nichtlinearen dynamischen Systemen in den verschiedenen naturwissenschaftlichen Bereichen ergaben, daß chaotisches Verhalten keine Ausnahme darstellt, sondern eher die Regel ist. Es gibt keine naturwissenschaftliche Disziplin, in der nicht chaotisches Verhalten beobachtet worden wäre. Eine repräsentative Auswahl von Pionierarbeiten zur Chaos-Problematik findet man bei Hao (1984) (vgl. z. B. auch Abraham et al., 1984).

Neben den Untersuchungen an konkreten Systemen wird der Weg der mathematischen Modellierung beschritten, um Prognosen zu erhalten. Die in diesem Buch beschriebenen Systeme werden als Differentialgleichungen oder Differenzengleichungen modelliert. Alle verwendeten Modellgleichungen (Bewegungsgleichungen) besitzen die Eigenschaft, daß zu einer vorgegebenen Anfangsbedingung eine eindeutige Lösung existiert. Diese Vorausbestimmtheit bedeutet jedoch nicht in jedem Fall Voraussagbarkeit. Bei chaotischen Systemen kommt es zum Verstärken von Meßfehlern. Weil auch im chaotischen Fall die zeitliche Entwicklung durch feste Vorschriften bestimmt wird, sprechen wir vom deterministischen Chaos. Wenn schon eine präzise langfristige Voraussage über den zukünftigen Zustand nicht möglich ist, so erwarten wir doch, daß durch die Modellgleichung wesentliche Eigenschaften des konkreten Systems wiedergegeben werden. Unter wesentlich soll verstanden werden, daß die Modellgleichung die gleichen qualitativen Eigenschaften wie das konkrete System besitzt, d. h., bestimmte Bewegungsformen (Fixpunkte, periodische Lösungen, chaotische Lösungen) existieren für beide in gleichen Parameterbereichen. Darüber hinaus sollten die im Kap. 3. eingeführten charakteristischen Größen (Ljapunov-Exponenten, Dimensionen, Entropien), die besonders zur Beschreibung chaotischer Systeme wichtig sind, bei der Modellgleichung etwa die gleichen Werte annehmen wie beim realen System.

Dabei muß man aber bedenken, daß die Beschreibung eines

konkreten Systems durch eine Gleichung immer bestimmte Vernachlässigungen beinhaltet, es wird z. B. mit einer gewissen Willkür das „System“ von seiner „Umgebung“ getrennt. Die Wechselwirkung mit der Umgebung kann so stark und kompliziert sein, daß die resultierende Bewegung nicht vorhersagbar, d. h. zufällig oder stochastisch ist. Diese Ursache zufälligen Verhaltens liegt z. B. bei der BROWNschen Molekularbewegung vor, das sind Zitterbewegungen von suspendierten mikroskopischen Teilchen in Flüssigkeiten oder Gasen, die durch die thermischen Stöße der selbst nicht sichtbaren Moleküle des Mediums hervorgerufen werden.

Bei chaotischen Systemen wird *keine* komplizierte Wechselwirkung mit der Umgebung vorausgesetzt. Die Quelle des zufälligen Verhaltens liegt im System selbst, es beruht auf den komplizierten instabilen Bahnkurven (Orbits, Trajektorien). Benachbarte Orbits laufen mit exponentieller Zunahme des Abstands auseinander. Natürlich wirken sich bei chaotischen Systemen auch noch so kleine Umwelteinflüsse entscheidend auf die konkreten Trajektorien aus. Bei Verringerung des „Rauschens“, d. h. des Einflusses der Umgebung, bleibt das Verhalten jedoch zufällig.

Wegen der komplizierten Trajektorien ist die Angabe einer Lösung der Bewegungsgleichung in geschlossener Form, d. h. einer Formel, die jeden zukünftigen Zustand als Funktion der Zeit und der Anfangsbedingung angibt, i. allg. nicht möglich. Die Voraussage kann nur schrittweise z. B. mit Hilfe des Computers erfolgen. Da jeder Computer nur mit einer endlichen Stellenzahl arbeitet, kommt es zu Rundungsfehlern und zum Verstärken der Fehler durch das chaotische System, die Voraussage wird auch deshalb immer unpräzis sein.

Die Antwort auf die Frage, was die berechneten mit den tatsächlichen Trajektorien verbindet, ist wichtig und nicht trivial. Wir können in der Regel nur erwarten, daß die Computerlösung die charakteristischen Größen des chaotischen Systems richtig wiedergibt. In Kap. 3. und Kap. 6. wird auf dieses Problem genauer eingegangen.

In diesem Buch werden vorrangig dissipative Systeme behandelt, bei denen sich das Volumen eines vorgegebenen Gebietes im Raum der Zustandsvariablen (Zustandsraum, Phasenraum) im zeitlichen Mittel verkleinert, wenn sich jeder Punkt gemäß den Bewegungsgleichungen verschiebt. Chaotische Bewegungen können auch in konservativen Systemen auftreten, bei denen das Phasenraumvolumen erhalten bleibt. Solche Systeme werden jedoch in diesem Buch nicht betrachtet. Eine ausführliche Behandlung der Dynamik konservativer Systeme erfolgt z. B. im Buch von LICHTENBERG und LIEBERMAN (1982).

Dissipative Systeme besitzen Attraktoren. Das sind Teilmengen des Zustandsraumes, die benachbarte Trajektorien anziehen und auf denen die asymptotische Bewegung des Systems stattfindet. Einfache (reguläre) Attraktoren sind Punkte und geschlossene Kurven. Neben diesen gibt es jedoch sogenannte chaotische Attraktoren, bei denen sich die erwähnte empfindliche Abhängigkeit von den Anfangsbedingungen zeigt. Wegen der endlichen Ausdehnung des Attraktors können benachbarte Trajektorien nicht für immer exponentiell auseinanderlaufen. Der chaotische Attraktor muß deshalb in komplizierter Weise gefaltet sein. Streckungen mit anschließender Faltung infolge der Nichtlinearität der Bewegungsgleichung sind typische Transformationen, die chaotisches Verhalten erzeugen. Wie vom Bäcker beim Teigkneten die Zutaten kräftig durchmischt werden, so geschieht dasselbe mit den Gebieten im Zustandsraum. Die Vorschrift über die Einzelheiten des Mischvorgangs wird von der Bewegungsgleichung geliefert.

Für die hier behandelten chaotischen Systeme existiert keine abgeschlossene mathematische Theorie. Viele interessante Ergebnisse stammen aus Experimenten an konkreten Systemen bzw. aus Modellrechnungen mit Hilfe von Computern. Für die eindimensionalen nichtumkehrbaren Differenzengleichungen lassen sich eine Reihe von relevanten Sätzen streng beweisen. Das ist auch ein Grund dafür, daß wir in den folgenden Kapiteln häufig auf sie zurückgreifen. Viele höherdimensionale Systeme zeigen Phänomene, die schon bei den eindimensionalen Differenzengleichungen auftreten. Aber wir lernen dabei noch nicht die ganze Vielfalt chaotischer Systeme kennen. Die uns umgebende „nichtlineare Welt" läßt sich natürlich nicht aus einer eindimensionalen Abbildung verstehen!

In Kap. 2. werden zum Lesen des Buches notwendige Grundbegriffe eingeführt. Es ist günstig, wenn der Leser einige Kenntnisse aus der Theorie der gewöhnlichen Differentialgleichungen und der Maßtheorie besitzt. Der Inhalt ist allerdings so angelegt, daß sich auch Leser mit weniger Voraussetzungen ohne weiteres an das Studium der folgenden Kapitel wagen können.

In Kap. 3. werden die chaotischen Bewegungen charakterisiert. Es werden wichtige Größen vorgestellt, die das Chaos auch quantitativ beschreiben.

Phänomene, die auftreten können, wenn eine ursprünglich reguläre Bewegung durch Veränderung eines oder mehrerer Parameter in eine chaotische übergeht, werden in Kap. 4. behandelt. Die unterschiedlichsten nichtlinearen Systeme zeigen auf dem Weg zum Chaos ähnliches Verhalten. Diese Universalität wird auch in Kap. 5. deutlich, wo einige parameterabhängige Veränderungen chaotischer Attraktoren diskutiert werden.

Exakte mathematische Resultate liegen über Systeme mit invarianten hyperbolischen Mengen vor. Mit einigen dieser Ergebnisse werden wir uns in Kap. 6. beschäftigen. Es werden Theoreme und Verfahren vorgestellt, die es gestatten, Parameterbereiche anzugeben, in denen sich ein konkretes dynamisches System chaotisch verhalten kann.

Um mit dem Begriff Chaos und den Erscheinungen, die in chaotischen Systemen auftreten, weiter vertraut zu machen, werden jedoch zunächst einige bekannte Systeme, die sowohl periodisches als auch chaotisches Verhalten zeigen, vorgestellt.

1.1. *Die logistische Abbildung*

Einfache mathematische Modelle zur Beschreibung der Dynamik einer einzelnen Population werden in der Ökologie benutzt. Differenzengleichungen der folgenden Form werden angegeben:

$$x(t+1) = f\big(x(t)\big) \quad \text{mit} \quad t = 0, 1, 2, \ldots \tag{1.1}$$

Gl. (1.1) beschreibt die Dichte $x(t+1)$ (= Anzahl der Individuen pro Flächen- oder Volumeneinheit) der $(t+1)$-ten Generation in Abhängigkeit von der Dichte $x(t)$ der vorherigen Generation. Nur wenn die Generationen nicht „überlappen“, ist Gl. (1.1) ein adäquates Modell. Insekten, die zu Beginn der kalten Jahreszeit sterben und deren nächste Generation im folgenden Frühjahr aus den Eiern schlüpft, sind hierfür ein Beispiel.

Die Funktion f ist nicht beliebig. Es ist angemessen zu fordern, daß $f(0) = f(1) = 0$ gilt, wenn $x = 1$ die maximal erreichbare Dichte ist. Eine weitere plausible Annahme ist, daß $f(x)$ im Intervall $[0, 1]$ genau ein Maximum besitzt. Die Funktion f beschreibt die Abbildung des Einheitsintervalls auf sich, d. h. $f\colon [0, 1] \to [0, 1]$.

Ein wichtiges Beispiel, in dem die angegebenen Annahmen erfüllt sind, ist die *logistische Abbildung*

$$f_r\big(x(t)\big) = x(t+1) = rx(t)\,\big(1 - x(t)\big) \quad \text{mit} \quad 0 < r \leqq 4. \tag{1.2}$$

Es ist das besondere Verdienst von MAY (1976), mit seinen Untersuchungen zu Gl. (1.2) die Vielfalt periodischer und chaotischer Bewegungen an solch einfachen dynamischen Systemen einem breiten Publikum nahegebracht zu haben.

Für kleine Populationsdichten folgt aus Gl. (1.2) ein nahezu exponentielles Wachstum. Der quadratische Term verhindert ein unbegrenztes Anwachsen der Population. Der Parameter r beschreibt den Einfluß der Umgebung auf die Population. Ändert man ihn, so kann eine Änderung des qualitativen Verhaltens der Orbits von (1.2) die Folge sein. Dabei ist der Orbit von $x(0)$ die Folge der Werte, die man durch fortlaufende Iteration von (1.2) erhält: $\{x(0), x(1), x(2), \ldots\}$. Ein Orbit heißt periodisch, wenn für ein m und alle t $x(t + m) = x(t)$ gilt. Die Periode des Orbits ist das kleinste m mit dieser Eigenschaft. Ein Orbit mit der Periode 1 ist ein Fixpunkt. Jeder Punkt eines periodischen Orbits der Periode m ist ein Fixpunkt der Abbildung f_r^m, der m-ten Iterierten von f_r.

Die Fixpunkte $\bar{x}$ der Abbildung lassen sich einfach berechnen, für sie gilt $\bar{x} = r\bar{x}(1 - \bar{x})$. Diese Gleichung besitzt die Wurzeln 0 und $1 - 1/r$.

Es ist leicht, zu einem vorgegebenen Parameterwert r den Orbit eines beliebigen Startwertes $x(0)$ zu verfolgen. Dazu reicht ein einfacher Taschenrechner aus. Anschaulicher als die numerische Berechnung ist die geometrische Konstruktion des Orbits. Abb. 1.1 zeigt die Graphen $y = 2x(1 - x)$ und $y = x$. Ihre Schnittpunkte sind gerade die Fixpunkte der logistischen Abbildung. Wie aus $x(0)$ die Folgepunkte $x(1) = f_r(x(0))$, $x(2) = f_r(x(1))$ usw. gefunden werden, wird auch aus Abb. 1.1 deutlich. Folgende Operationen müssen immer wieder durchgeführt werden:

1. vertikale Gerade an den Graphen von f_r,
2. horizontale Gerade an den Graphen $y = x$ usw.

Offensichtlich nähern sich alle Iterierten eines beliebigen Startpunktes aus dem Intervall $(0, 1)$ dem zweiten Fixpunkt bei $x = 1/2$. Andererseits entfernen sich alle Iterierten vom Nullpunkt. Das ist unabhängig davon, wie nahe $x(0)$ beim Nullpunkt liegt. Deshalb wird der Nullpunkt instabiler Fixpunkt genannt. $x = 1/2$ heißt stabiler Fixpunkt. Er ist ein Attraktor. Wodurch entsteht nun die Stabilität von $x = 1/2$ und die Instabilität von $x = 0$? Man überzeugt sich leicht davon, daß $x = 0$ instabil ist, weil der Anstieg von f_2 bei $x = 0$ größer als 1 ist. $x = 1/2$ ist stabil,

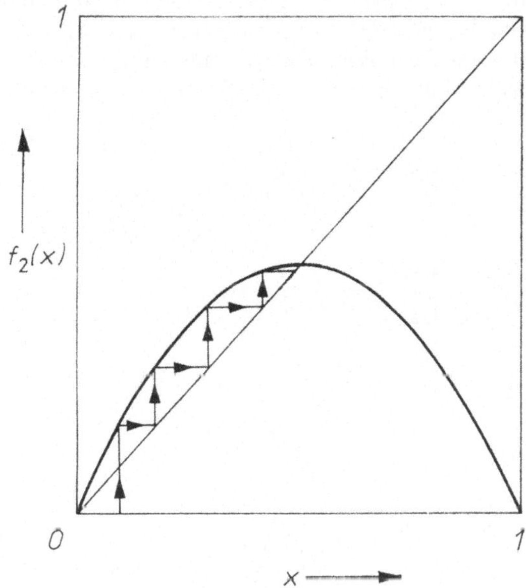

Abb. 1.1. Die Iterierten von $x(0) = 0{,}1$ gemäß Gl. (1.2) für $r = 2$

weil $|f_2'(1/2)| < 1$. Der Anstieg $f_r'(x) = r(1 - 2x)$ an den Fixpunkten entscheidet also über ihre Stabilität. Folglich ist der Nullpunkt für die Parameterwerte $0 < r < 1$ stabil. Für $1 < r < 3$ ist der zweite Fixpunkt stabil. Bei $r = 3$ entsteht ein stabiler Orbit der Periode 2, der ursprünglich stabile Fixpunkt wird instabil. Diese Periodenverdopplung ist ein Beispiel für eine Bifurkation: Es ändern sich die qualitativen Eigenschaften der Bewegung, bzw. neue Typen von Orbits treten auf. In Abb. 1.2 ist die entstandene Situation dargestellt. Man kann sie auch so beschreiben: Für die zweite Iterierte $f_r^2\,(r \gtrsim 3)$ sind zwei stabile Fixpunkte entstanden. Am Bifurkationspunkt $r = 3$ fallen diese Fixpunkte zusammen.

Bei weiterer Vergrößerung von r verändert sich der Anstieg an den stabilen Fixpunkten von f_r^2 und durchläuft den Bereich von $+1$ nach -1. Hier wird der Orbit instabil, und gleichzeitig entsteht ein stabiler Orbit der Periode 4. Diese periodenverdoppelnden Bifurkationen wiederholen sich nun. Es entstehen stabile Orbits der Perioden 4, 8, 16, ... Alle werden schließlich wieder instabil. Dabei verkürzen sich die Parameterintervalle, in denen die Periode 2^n

stabil ist, mit steigendem n. Der Prozeß der Periodenverdopplungen konvergiert für $n \to \infty$ bei einem kritischen Wert $r_\infty \approx 3{,}57$.

Jenseits von r_∞ ist das Verhalten des Systems sehr komplex. Es gibt unendlich viele Parameterintervalle, in denen stabile

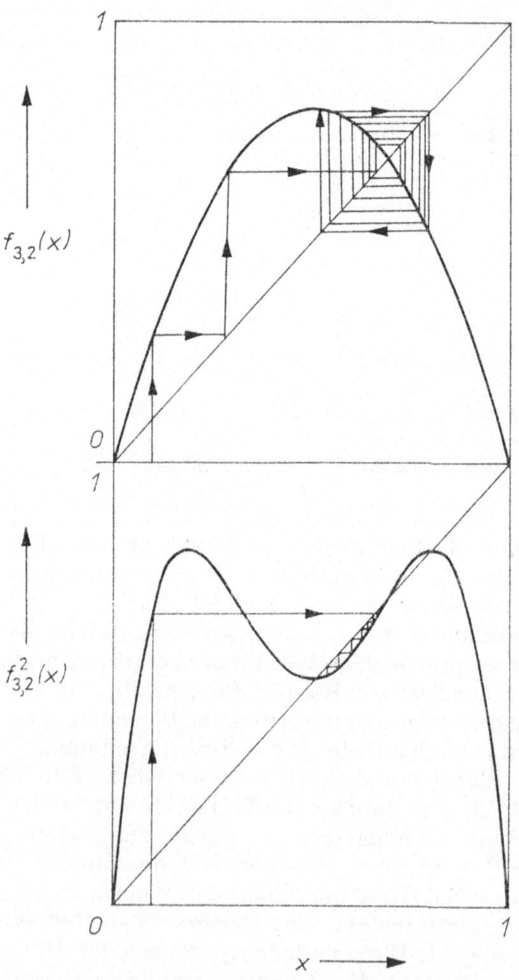

Abb. 1.2. Die Iterierten von $x(0) = 0{,}1$ und die zugehörige iterierte Abbildung f_r^2 von Gl. (1.2) für $r = 3{,}2$

periodische Orbits existieren. Dabei ist bekannt, daß zu einem Parameterwert höchstens eine stabile Periode vorhanden sein kann (SINGER, 1978).

Wie entstehen stabile periodische Orbits im Parameterintervall $r_\infty < r < 4$? Am Beispiel der Periode 3 ist das leicht zu verstehen. In Abb. 1.3 ist dazu die dritte Iterierte f_r^3, eine Funktion mit vier Maxima, bei zwei verschiedenen r-Werten dargestellt. Zunächst sind nur zwei Schnittpunkte mit der Geraden $y = x$ vorhanden. Sie gehören zu den Fixpunkten von f_r. Bei höheren Werten von r steilen die Flanken der Extrema immer mehr auf. Bei $r = r_c = 1 + \sqrt{8} = 3{,}8284\ldots$ berühren die ersten beiden Minima und das letzte Maximum die Gerade $y = x$. Drei Punkte der Periode 3 werden „geboren". Diese Bifurkation wird Tangentialbifurkation genannt. Der Anstieg von f_r^3 an diesen Punkten ist 1. Bei etwas größeren Werten von r existieren sechs Schnittpunkte. Drei von ihnen entsprechen einem instabilen Orbit, und die anderen drei gehören zu einer stabilen Periode. Bei weiterer Zunahme von r folgt

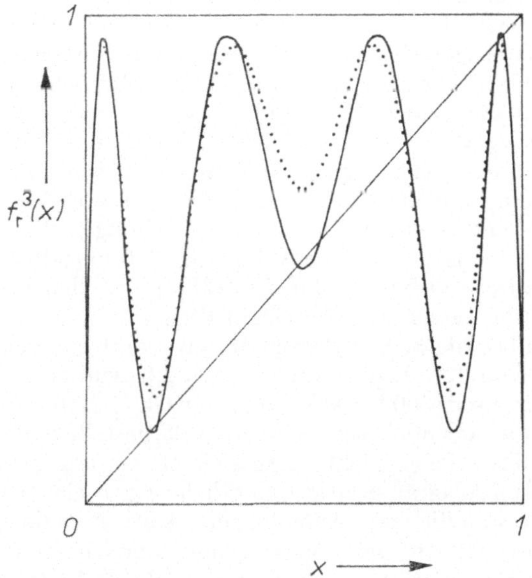

Abb. 1.3. Die iterierte Abbildung $f_r^3(x)$ von Gl. (1.2) für $r = 3{,}75$ (Punkte) und $r = 3{,}84$

wieder eine Kaskade von Periodenverdopplungen, die an einem weiteren Akkumulationspunkt beendet ist. Solche Fenster stabilen periodischen Verhaltens auf der Parameterachse gibt es unendlich viele. Das Fenster zur Periode drei ist am breitesten. Bei höheren Grundperioden sind die Fenster sehr schmal.

Je höher die Grundperiode ist, desto mehr stabile Orbits dieser Periode gibt es. Sie existieren natürlich bei unterschiedlichen r-Werten. Die Grundperioden 6 bzw. 12 erscheinen z. B. 4- bzw. 165mal.

Es gibt aber auch Parameterwerte, für die keine stabile Periode existiert. Hier zeigt das System eine empfindliche Abhängigkeit von den Anfangsbedingungen, es verhält sich chaotisch. Für $r = 4$ kann man sich leicht davon überzeugen, wenn man die Transformation $x = \sin^2(\pi x^*/2)$ mit $x^* \in [0, 1)$ auf Gl. (1.2) anwendet. Es entsteht dann die sogenannte Zeltabbildung (s. Abb. 3.1)

$$x^*(t+1) = f^*\big(x^*(t)\big) = \begin{cases} 2x^*(t) & \text{für } x^*(t) \in [0, 1/2), \\ 2\big(1 - x^*(t)\big) & \text{für } x^*(t) \in [1/2, 1). \end{cases} \tag{1.3}$$

Es ist klar, daß sie eine empfindliche Abhängigkeit von den Anfangsbedingungen besitzt, denn bei jeder Iteration wird ein kleiner Fehler verdoppelt. Zwei dicht benachbarte Bahnpunkte entfernen sich rasch voneinander. Aber der Abstand kann nicht beliebig groß werden. Sobald die beiden Bahnpunkte sich so weit voneinander entfernt haben, daß sie in verschiedenen Intervallhälften liegen, erfolgt wieder eine Annäherung. Das ist ein Beispiel für die erwähnte Streckung mit anschließender Faltung. Dieses Verhalten überträgt sich natürlich auf die Ausgangsgleichung (1.2).

Man überlegt sich auch leicht, daß die Abbildung (1.3) unendlich viele instabile periodische Orbits besitzt. Sie gehören zu den rationalen Startwerten (s. hierzu auch Abschn. 3.1.).

Einen Überblick über die beim Vergrößern von r auftretenden Bifurkationen gibt Abb. 1.4. Beginnend mit $r = 2{,}9$ wurden im Abstand $\Delta r = 0{,}002$ jeweils 300 Iterationen gemäß Gl. (1.2) durchgeführt. Damit nur das asymptotische Verhalten dargestellt wird, sind die ersten 100 Iterationen nicht aufgezeichnet worden. Das entstehende Bifurkationsdiagramm zeigt wesentliche Eigenschaften der einparametrigen Familie von Abbildungen (1.2): Periodenverdopplungen, Übergang in den „chaotischen Bereich“ und periodische Fenster. Die Attraktoren erscheinen z. B. als Mengen isolierter Punkte oder als Vereinigungen von Intervallen. Natürlich sind nur einige der periodischen Fenster zu erkennen. Orbits mit

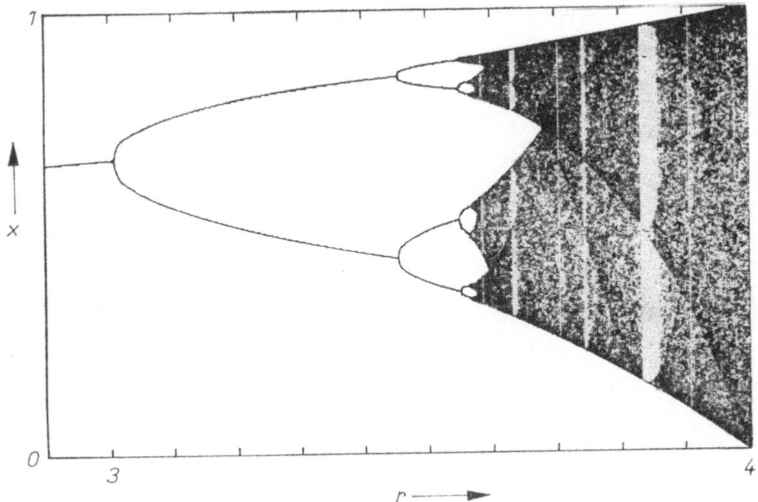

Abb. 1.4. Bifurkationsdiagramm für Gl. (1.2)

großer Periode sind nicht von aperiodischen Orbits zu unterscheiden.

Viele exakte Resultate über eindimensionale Abbildungen sind im Buch von Collet und Eckmann (1980) enthalten.

Kompliziertere Verhältnisse liegen bei höherdimensionalen Abbildungen vor, z. B. bei der zweidimensionalen Hénon-Abbildung (Hénon, 1976)

$$x(t+1) = y(t) + 1 - ax^2(t),$$

$$y(t+1) = bx(t),$$

$t = 0, \pm 1, \pm 2, \ldots$ Neben dem Parameter a, der die Stärke der Nichtlinearität steuert, enthält diese Abbildung den Dissipationsparameter b. Da die Determinante der Funktionalmatrix $-b$ ergibt, werden Flächeninhalte bei jeder Iteration mit $|b|$ multipliziert, d. h., die Hénon-Abbildung ist dissipativ für $|b| < 1$ und konservativ für $|b| = 1$. Im Fall $b = 0$ gelangt man durch die Transformation $x \to r(x - 1/2)/a$ und $a = r(r - 2)/4$ zur logistischen Abbildung (1.2). Im Gegensatz zu dieser ist die Hénon-Abbildung für $b \neq 0$ eindeutig umkehrbar.

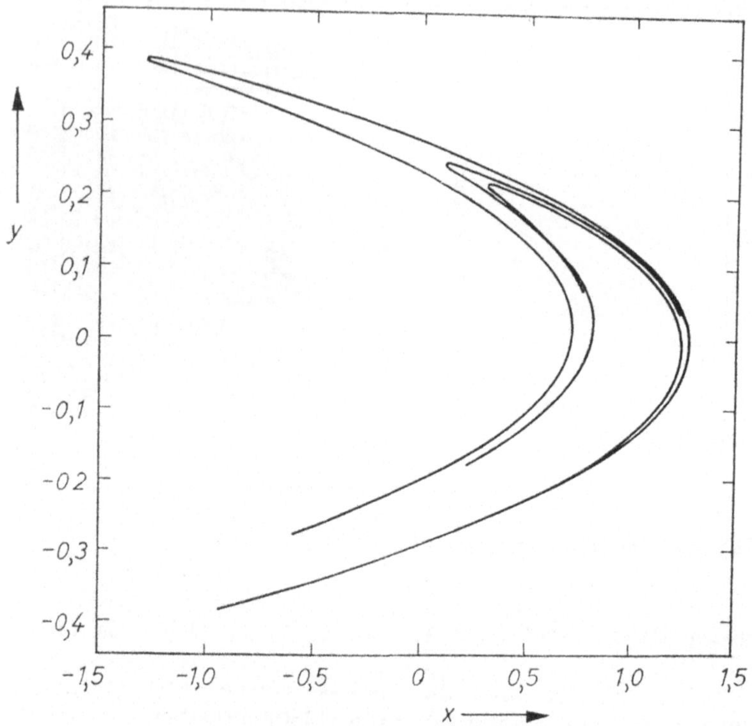

Abb. 1.5. Der Hénon-Attraktor ($a = 1{,}4$, $b = 0{,}3$)

Die vom Bifurkationsdiagramm in Abb. 1.4 wiedergegebenen Eigenschaften der logistischen Abbildung erscheinen auch bei der Hénon-Abbildung, wobei die Bifurkationen in komplizierter Weise von den Parametern a und b abhängen, z. B. ist die Einsatzgrenze für die Periode 3 durch die Beziehung

$$4a = 6(1 + b)^2 + (1 - b)^2$$

gegeben.

Abb. 1.5 zeigt einen komplizierten Attraktor, der auf beliebig kleinen Skalen Feinstrukturen aufweist (Hénon, 1976). Eine solche diffizile (fraktale) Struktur ist eine typische Eigenschaft chaotischer Attraktoren (s. Abschn. 3.2.). Allerdings existiert trotz der Einfachheit der Abbildung noch kein Beweis dafür, daß Abb. 1.5 wirklich einen chaotischen Attraktor darstellt.

1.2. Das parametrisch erregte Pendel

Die in Abschn. 1.1. behandelte logistische Abbildung zeigt eine Reihe von Phänomenen, die universelle Bedeutung für viele nichtlineare Systeme haben. Ein Beispiel aus der Mechanik ist das durch eine periodische äußere Kraft parametrisch erregte Pendel. Es kann durch ein Pendel mit einem periodisch bewegten Aufhängepunkt realisiert werden. Die Bewegungsgleichung für den Drehwinkel x, der von der Zeit τ abhängt, lautet

$$J\,\frac{\mathrm{d}^2x}{\mathrm{d}\tau^2} + b\,\frac{\mathrm{d}x}{\mathrm{d}\tau} + ml(g + a\omega^2 \cos \omega\tau) \sin x = 0\,. \tag{1.4}$$

Dabei sind

J — Trägheitsmoment des Pendels,
b — Dämpfungskonstante ($b \geqq 0$),
m — Masse des Pendels,
l — Abstand des Schwerpunktes zur Drehachse,
g — Erdbeschleunigung,
a — Amplitude der äußeren Erregung,
ω — Frequenz der äußeren Erregung.

Geht man zu einer dimensionslosen Zeitvariablen $t \equiv \omega_0\tau$ über, so kann Gl. (1.4) wie folgt geschrieben werden:

$$\ddot{x} + B\dot{x} + (1 + A \cos \Omega t) \sin x = 0\,. \tag{1.5}$$

Zur Abkürzung wurde hierbei

$$\omega_0 = (m \cdot l \cdot g/J)^{1/2}, \quad \Omega = \omega/\omega_0, \quad B = b/(J \cdot \omega_0), \quad A = a\omega^2/g$$

gesetzt. Punkte über x kennzeichnen Ableitungen nach t.

Die experimentelle Anordnung des Pendels ist in Abb. 1.6 dargestellt. Ein Pendelkörper ($m = 200$ g) ist an einem Pendelstab verstellbar befestigt, so daß eine Eigenkreisfrequenz ω_0 zwischen 5,08 und 6,73 Hz eingestellt werden kann. Die in Kugeln gelagerte Drehachse des Pendels wurde fest auf einem Schlitten montiert, der durch einen Motor über ein Getriebe auf und ab bewegt wird. Die Amplitude a dieser Erregung kann zwischen 5,5 und 20,0 cm gewählt werden. Der Auslenkwinkel x und die Winkelgeschwin-

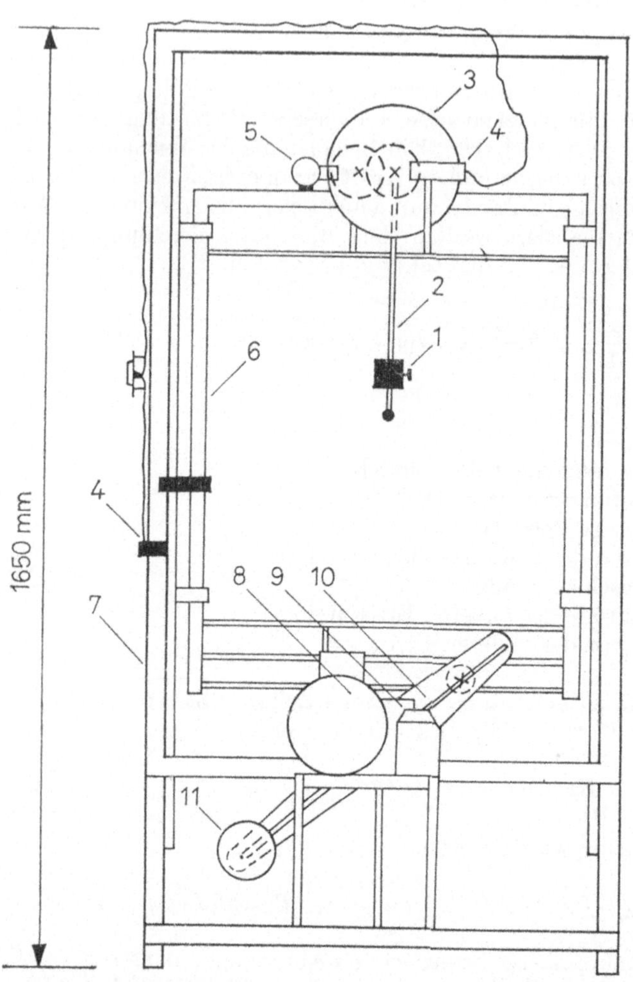

Abb. 1.6. Versuchsaufbau für das parametrisch erregte Pendel (1 – Pendelkörper, 2 – Pendelstab, 3 – Winkelkodescheibe, 4 – Lichtschranken, 5 – Wirbelstrombremse, 6 – Schlitten, 7 – Rahmen, 8 – E-Motor, 9 – Getriebe, 10 – Hebel mit Führungsrolle, 11 – Ausgleichskörper)

digkeit $y = dx/d\tau$ des Pendels werden mit einer Meßelektronik bestimmt. Die Dämpfung des Pendels wird, abgesehen von einer Lager- und Luftreibung, durch eine Wirbelstrombremse erzeugt. Genauere Angaben über den experimentellen Aufbau können der Arbeit von Pompe et al. (1984) entnommen werden.

In Abhängigkeit von den Systemparametern A, B und Ω sowie den Anfangsbedingungen können unterschiedliche Bewegungsformen gefunden werden. In gewissen Parameterbereichen existiert stabiles periodisches Verhalten. Es gibt oszillierende Perioden, bei denen der Pendelkörper hin- und herschwingt, und rotierende periodische Orbits, bei denen ein Überschlagen des Pendels stattfindet. Wie bei der logistischen Gleichung können bei Änderung eines Systemparameters (z. B. Vergrößerung der äußeren Anregung A oder Verkleinerung der Dämpfung B) periodenverdoppelnde Bifurkationen und Übergänge zu chaotischem Verhalten beobachtet werden.

Um diese Bewegungsformen bei periodisch angetriebenen Oszillatoren aufzuzeichnen, wird häufig eine stroboskopische Darstellung gewählt. Dabei werden die Zustandsvariablen x und y nicht kontinuierlich registriert, sondern nur zu bestimmten Zeitpunkten. Als Zeitintervall zwischen den Einzelmessungen bietet sich die Periode T der äußeren Erregung an. In der stroboskopischen Darstellung erscheint eine periodische Bewegung mit der Periode T als ein Punkt. Die Periode $2T$ entspricht 2 Punkten usw. Bei nichtperiodischer Bewegung entstehen in der Beobachtungszeit ständig neue Punkte. Abb. 1.7 zeigt einen auf diese Weise dargestellten Übergang von periodischen Bewegungen zu chaotischem Verhalten. Sobald die x-Koordinate das Grundintervall $[-\pi, \pi]$ verläßt, erfolgt durch $x \to x \pm 2\pi$ eine Rücktransformation, d. h., die stroboskopische Abbildung ist beim Pendel eine Abbildung des Zylinders $S^1 \times \mathbb{R} = \{(x, \dot{x}) | -\pi \leqq x < \pi, \quad -\infty < \dot{x} < \infty\}$ auf sich selbst.

Wegen zufälliger Störungen der Bewegung des Pendels können nur einige wenige periodenverdoppelnde Bifurkationen beobachtet werden. Bei der numerischen Integration der Differentialgleichung (1.5) können dagegen mit einigem Aufwand stabile Perioden bis $128\,T$ gefunden werden. Hier setzt das numerische Rauschen dem weiteren Verfolgen solcher Bifurkationskaskaden Grenzen.

Abb. 1.8 zeigt für einen etwas anderen Parametersatz die stroboskopische Darstellung des „großen“ Attraktors aus einem Computerexperiment. Dabei wurde beginnend mit der willkürli-

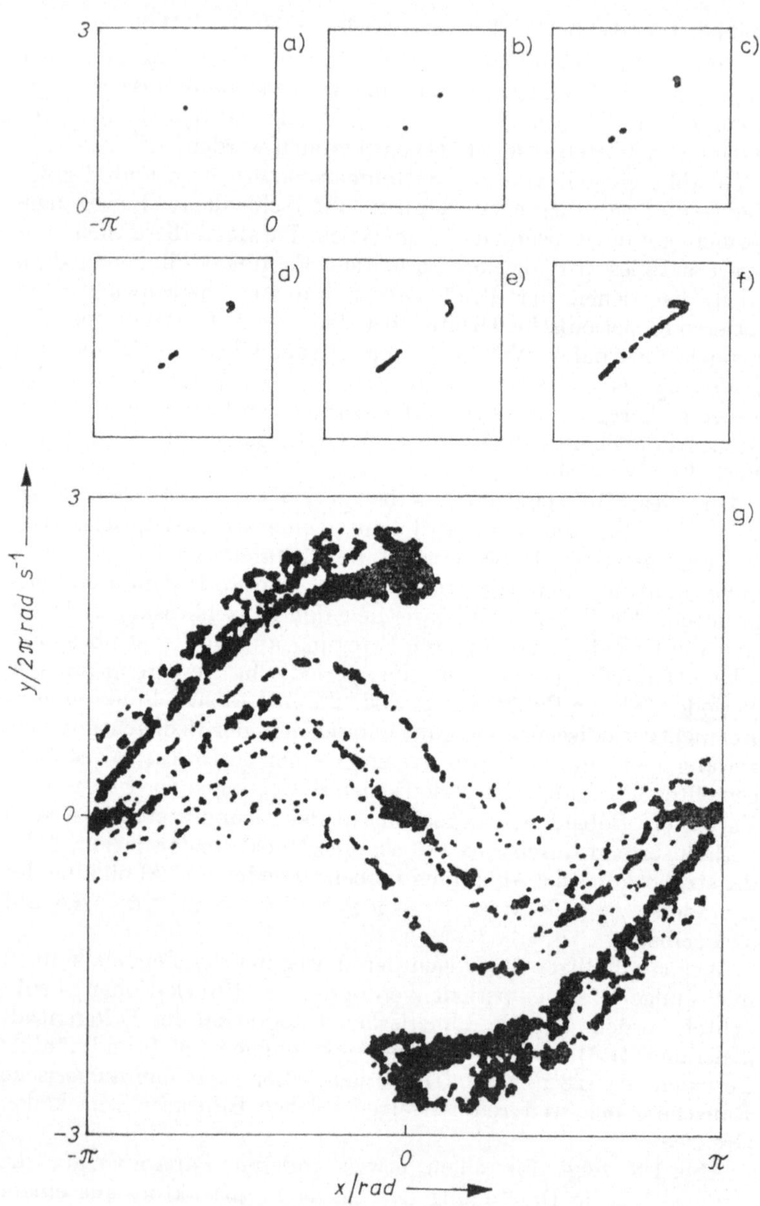
a)
b)
c)
d)
e)
f)
g)
3
0
-π
0
3
0
-3
-π
0
π
y/2π rad s⁻¹
x/rad

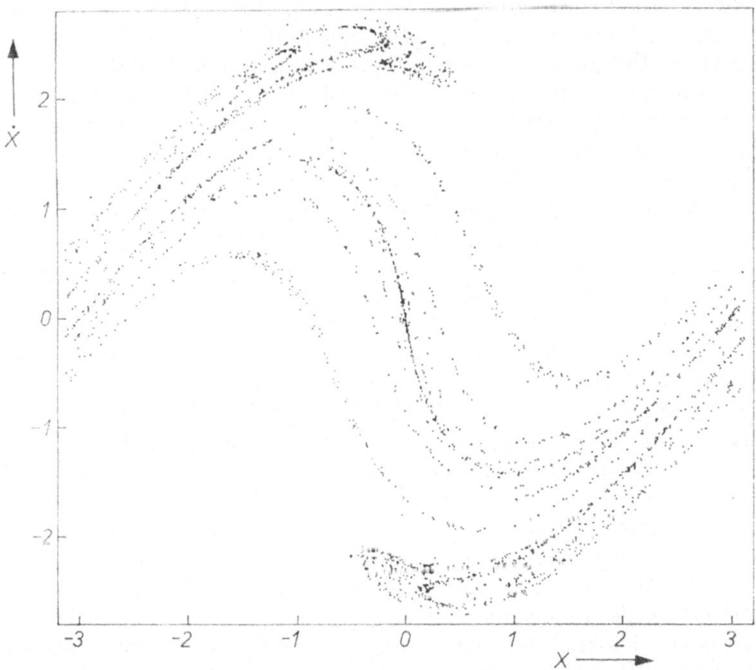

Abb. 1.8. Stroboskopische Darstellung des „großen" chaotischen Attraktors. Parameter: $A = 0{,}94$, $B = 0{,}15$, $\Omega = 1{,}56$ (numerische Integration von Gl. (1.5))

Abb. 1.7. Stroboskopische Darstellungen des Übergangs von periodisch rotierenden Bewegungen zu chaotischem Verhalten (experimentelle Meßdaten).

Parameter: $A = 1{,}42$, $\Omega = 1{,}57$,

a) $B = 0{,}300$ – Periode T,
b) $B = 0{,}272$ – Periode $2T$,
c) $B = 0{,}244$ – Periode $4T$,
d) $B = 0{,}239$
e) $B = 0{,}235$ } „kleiner" chaotischer Attraktor,
f) $B = 0{,}233$
g) $B = 0{,}174$ – „großer" chaotischer Attraktor

chen Anfangsbedingung $(x_0, \dot{x}_0) = (1, 1)$ die Bahnkurve des Systems im Phasenraum $(x, \dot{x})$ über eine Zeit von 2200 Perioden der äußeren Erregung verfolgt und stroboskopisch abgebildet. Um die asymptotische Bewegung auf dem Attraktor und nicht das „Einschwingen" des Systems, d. h. die transiente Bewegung, darzustellen, sind die ersten 200 Iterationen weggelassen worden. Die numerischen Berechnungen lassen vermuten, daß in Abb. 1.8 wirklich das asymptotische Verhalten dargestellt ist. Auch längere Rechnungen zeigen dasselbe qualitative Verhalten. Eine kleine Veränderung in den Anfangsbedingungen (z. B. $(x_0, \dot{x}_0) = (1, 1 + 10^{-6})$) ergibt eine vollkommen andere Bahnkurve, aber den gleichen Attraktor!

Chaotische Attraktoren haben i. allg. komplizierte Strukturen, die durch Vergrößerung einzelner Details des Attraktors sichtbar gemacht werden können (s. Abschn. 3.2.). Durch die numerische Bestimmung von positiven LJAPUNOV-Exponenten (Abschn. 3.1.) haben LEVEN und KOCH (1981) gezeigt, daß bei der Bewegung auf dem Attraktor eine empfindliche Abhängigkeit von den Anfangsbedingungen auftritt.

Obwohl die zweidimensionale stroboskopische Abbildung des Pendels und auch anderer Oszillatoren bei Veränderung von Parametern viele Erscheinungen zeigt, die schon bei der eindimensionalen logistischen Abbildung beobachtet werden (stabile Perioden, Periodenverdopplungen, chaotisches Verhalten, Fenster im chaotischen Bereich), gibt es doch andererseits zahlreiche zusätzliche Phänomene, z. B. existieren für bestimmte Parameterbereiche mehrere Attraktoren gleichzeitig. Es kann sogar bewiesen werden, daß Parameterkombinationen vorhanden sind, für die es eine abzählbar unendliche Menge stabiler periodischer Bewegungen gibt (KOCH und LEVEN, 1985). Auch mehrere chaotische Attraktoren können gleichzeitig auftreten.

1.3. *Das Rayleigh-Bénard-Experiment*

Chaotisches Verhalten ist natürlich nicht auf Systeme, die durch wenige Zustandsvariable beschrieben werden, beschränkt. Hydrodynamische Systeme werden durch Felder (der Geschwindigkeit, der Dichte, der Temperatur) charakterisiert. In jedem Punkt des relevanten Raumbereiches haben diese Feldgrößen einen bestimmten Wert, der sich zeitlich verändern kann, d. h., es existieren unendlich viele Zustandsvariable. Die Änderung der Felder wird durch partielle Differentialgleichungen beschrieben.

Von hydrodynamischen Systemen ist bekannt, daß neben laminarer Strömung mit einfacher Orts- und Zeitabhängigkeit der Feldgrößen auch turbulente Strömung auftreten kann. Hier sind die Orts- und Zeitabhängigkeiten sehr kompliziert und nicht vorhersagbar. Besitzen hydrodynamische Systeme beim Übergang zur Turbulenz Eigenschaften, die denen entsprechen, die bei chaotischen Systemen mit wenigen Zustandsvariablen beobachtet werden? Zumindest bei einfachen hydrodynamischen Experimenten kann diese Frage positiv beantwortet werden. Ein Beispiel dafür ist das RAYLEIGH-BÉNARD-Experiment: Wenn im Schwerefeld eine Flüssigkeitsschicht an ihrer Unterseite erhitzt wird, kommt es zunächst nur zur Wärmeleitung. Bei Steigerung des Temperaturgradienten entsteht schließlich Konvektion. Wärmetransport wird dann überwiegend durch Massetransport realisiert. BÉNARD entdeckte etwa 1900 das nach ihm benannte Konvektionsmuster. Es besteht aus zeitlich stationären hexagonalen Konvektionszellen, die an eine Bienenwabe erinnern. Mit Hilfe von suspendierten Schwebeteilchen konnten die Konvektionszellen sichtbar gemacht werden (s. z. B. EBELING und FEISTEL, 1982).

Bei weiterer Erhöhung der Temperaturdifferenz $\Delta\vartheta$ zwischen Grund- und Deckfläche entsteht in Abhängigkeit von den Versuchsbedingungen eine Vielzahl von Bifurkationen. LIBCHABER und FAUVE (1981) benutzten Quecksilber bei Raumtemperatur als Medium und verfolgten den Weg zum Chaos über periodenverdoppelnde Bifurkationen. Eine bessere Auflösung der Verdopplungsschritte wurde durch ein horizontal angelegtes Magnetfeld erreicht. Abb. 1.9 zeigt für die Oszillationen der Temperatur die ersten vier Periodenverdopplungen. Der Kontrollparameter ist die RAYLEIGH-Zahl

$$R = \frac{g\alpha_P d^3 \Delta\vartheta \varrho c_P}{\nu\lambda}$$

(g — Erdbeschleunigung, α_P — isobarer thermischer Expansionskoeffizient, d — Dicke der Flüssigkeitsschicht, ϱ — Dichte, c_P — isobare spezifische Wärme, ν — kinematische Zähigkeit, λ — Wärmeleitfähigkeit).

Aber auch andere Wege zum chaotischen Verhalten wurden gefunden. Die Experimente von DUBOIS (1982) sowie von DUBOIS et al. (1982), die mit Silikonöl durchgeführt wurden, belegen u. a.,

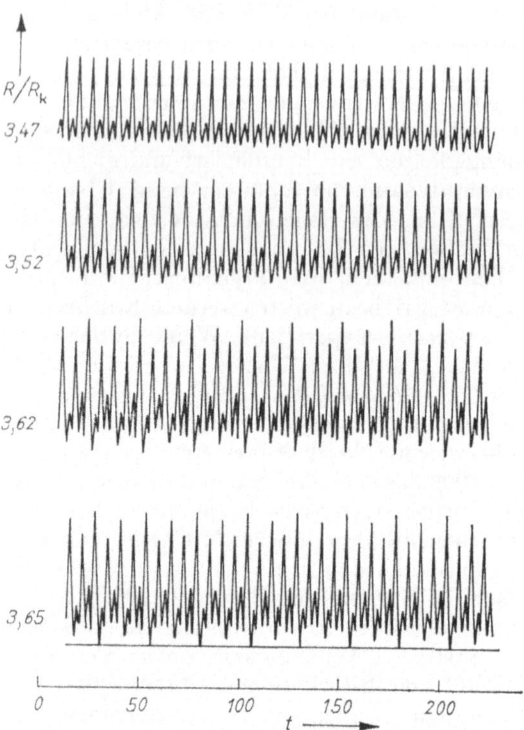

Abb. 1.9. Oszillationen der Temperatur beim RAYLEIGH-BÉNARD-Experiment (R_k ist die kritische RAYLEIGH-Zahl, bei der die stationäre Lösung ihre Stabilität verliert, magnetische Induktion: 27 mT.)

daß es möglich ist, von der quasiperiodischen Bewegung, die durch zwei inkommensurable Frequenzen charakterisiert wird, zum chaotischen Verhalten zu gelangen. Abb. 1.10a), b) zeigt einen Querschnitt durch den für die quasiperiodische Bewegung typischen Torus. Bei größeren RAYLEIGH-Zahlen bricht der Torus auf – die Bewegung wird chaotisch (Abb. 1.10c).
Weitere wichtige Experimente wurden von LIBCHABER und MAURER (1981) an flüssigem Helium, von GIGLIO et al. (1981) an Wasser und BERGÉ et al. (1980) an Silikonöl durchgeführt. Dabei wurden auch andere Wege zum chaotischen Verhalten gefunden.

LORENZ (1963) vereinfachte durch FOURIER-Modenansätze die

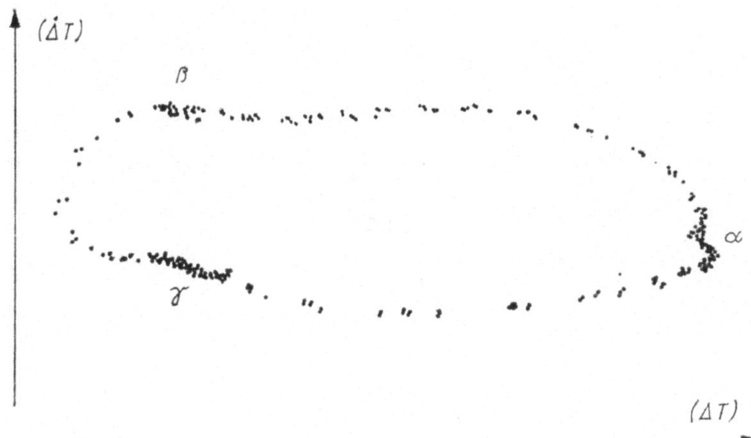

Abb. 1.10a

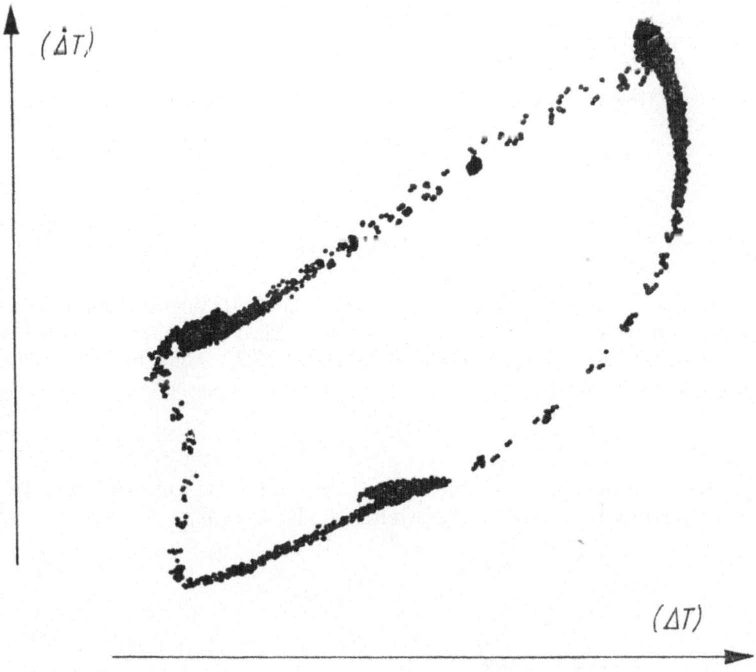

Abb. 1.10b

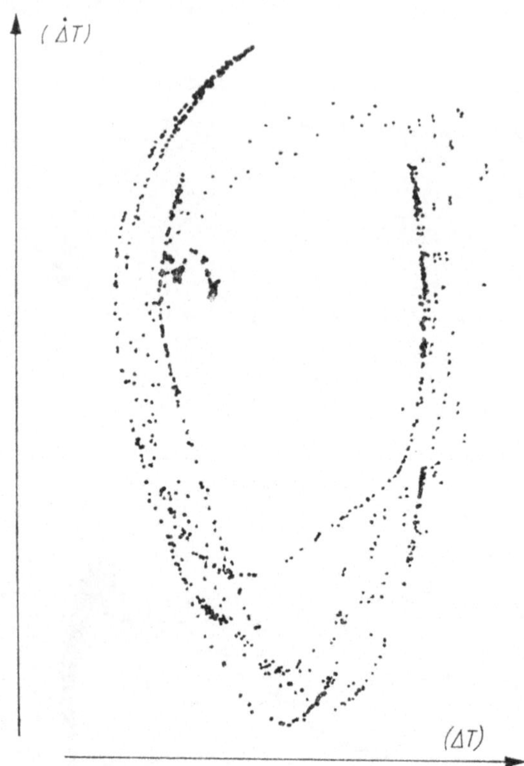

Abb. 1.10c

Abb. 1.10. Stroboskopische Darstellungen beim RAYLEIGH-BÉNARD-Experiment. Das Zeitintervall zwischen den Einzelmessungen entspricht der Periode der Strömungsgeschwindigkeit. a) $R/R_k = 569$, b) $R/R_k = 590$, c) $R/R_k = 636$. ΔT ist der Temperaturgradient, $\dot{\Delta T}$ seine zeitliche Ableitung

hydrodynamischen Gleichungen, die das RAYLEIGH-BÉNARD-Experiment beschreiben, beträchtlich. Er erhielt

$$\begin{aligned} \dot{X} &= -\sigma X + \sigma Y, \\ \dot{Y} &= -XZ + rX - Y, \\ \dot{Z} &= XY - bZ. \end{aligned} \tag{1.6}$$

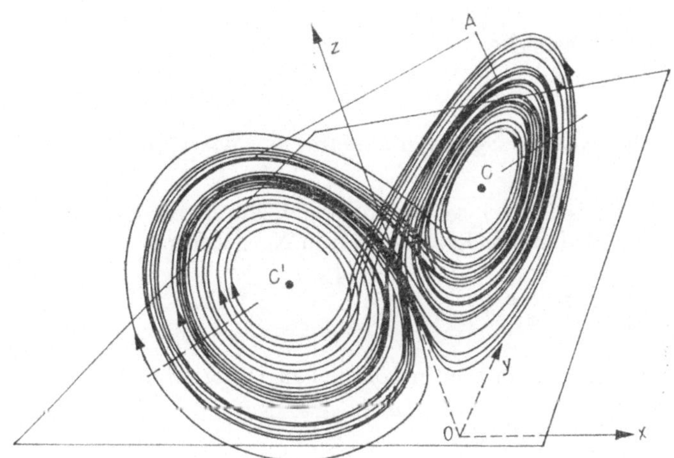

Abb. 1.11. Der LORENZ-Attraktor ($\sigma = 10$, $b = 8/3$, $r = 28$)

Dabei bezeichnet X die dimensionslose Geschwindigkeitsamplitude, Y sowie Z sind dimensionslose Amplituden von Temperaturmoden. Die Parameter sind die PRANDTL-Zahl $\sigma = \nu/\varkappa$ ($\varkappa$ ist die thermische Diffusionskonstante), die normierte RAYLEIGH-Zahl $r = R/R_k$ und eine Konstante b, die mit der Wellenzahl k der horizontalen Fundamentalmode über die Beziehung $b = 4\pi^2/(\pi^2 + k^2)$ zusammenhängt.

Obwohl die Gln. (1.6) nur für hinreichend kleine Werte von r die physikalische Situation richtig wiedergeben, sind sie in den vergangenen Jahren für weite Parameterbereiche gründlich untersucht worden (SPARROW, 1982). Abb. 1.11 zeigt den sogenannten LORENZ-Attraktor, der eines der ersten Beispiele für numerisch untersuchte komplizierte Attraktoren ist. In offensichtlich unregelmäßiger Weise windet sich die Trajektorie abwechselnd jeweils um einen der beiden instabilen Fixpunkte C und C'. Vermutlich wird durch das numerische Experiment ein chaotischer Attraktor beschrieben. Wie schon bei den anderen Beispielen dargestellt wurde, zeigt auch die Bewegung auf diesem Attraktor eine empfindliche Abhängigkeit von den Anfangsbedingungen.

2. Grundbegriffe

2.1. Dynamisches System, Phasenraum, Phasenfluß

Ein *dynamisches System* sei im folgenden durch ein System von gewöhnlichen Differentialgleichungen in Normalform

$$\frac{\mathrm{d}\boldsymbol{x}}{\mathrm{d}t} \equiv \dot{\boldsymbol{x}} = \boldsymbol{F}(\boldsymbol{x}) \tag{2.1}$$

oder durch ein System von gewöhnlichen Differenzengleichungen

$$\boldsymbol{x}(t+1) = \boldsymbol{f}\big(\boldsymbol{x}(t)\big) \tag{2.2}$$

gegeben. Hierbei sind $\boldsymbol{x} \equiv (x_1, x_2, \ldots, x_n) \in \mathbb{R}^n$ und $\boldsymbol{F} \equiv (F_1, F_2, \ldots, F_n)$ bzw. $\boldsymbol{f} \equiv (f_1, f_2, \ldots, f_n)$ reellwertige Funktionsvektoren: $\mathbb{R}^n \to \mathbb{R}^n$. $\mathbb{R}^n$ wird als n-dimensionaler euklidischer Vektorraum mit dem Standardskalarprodukt $(\boldsymbol{x}, \boldsymbol{y}) \equiv \sum_i x_i y_i$, der Norm $|\boldsymbol{x}| \equiv (\boldsymbol{x}, \boldsymbol{x})^{1/2}$ und der induzierten Metrik $\operatorname{dist}(\boldsymbol{x}, \boldsymbol{y}) \equiv |\boldsymbol{x} - \boldsymbol{y}|$ aufgefaßt. $\boldsymbol{x}(t)$ stellt den *Zustand* des Systems (in kartesischen Koordinaten) zur Zeit t dar, die im Falle von (2.1) reellwertig ($t \in \mathbb{R}$) und für (2.2) ganzzahlig ($t \in \mathbb{Z}$) ist.

Im zeitkontinuierlichen Fall wird angenommen, daß die Funktionen F_i ($i = 1, 2, \ldots, n$) in einem Gebiet $G \subseteq \mathbb{R}^n$ bez. aller Argumente x_i stetig differenzierbar sind. Dies ist eine hinreichende (jedoch nicht notwendige) Bedingung für die Existenz eindeutiger Lösungen $\boldsymbol{x}(\boldsymbol{x}_0, t)$ von (2.1) zu einem beliebigen Anfangszustand $\boldsymbol{x}_0 \equiv \boldsymbol{x}(\boldsymbol{x}_0, t = 0) \in G$ und für t aus einem bestimmten Intervall $(a, b) \subseteq \mathbb{R}$. (Zuweilen wird auch $\boldsymbol{x}(t)$ statt $\boldsymbol{x}(\boldsymbol{x}_0, t)$ geschrieben. Darüber hinaus wird im folgenden immer angenommen, daß die Zeit die ganze reelle Achse durchläuft.) Ist also ein Anfangszustand gegeben, so folgt daraus eindeutig sowohl jeder zukünftige wie auch vergangene Zustand. Man spricht deshalb von der *Determiniertheit* des dynamischen Systems. Ist $\boldsymbol{f}$ im zeitdiskreten Fall nicht umkehrbar, so heißt das dynamische System *halbdeterminiert*. Die Zeit t durchläuft dann alle nichtnegativen ganzen Zahlen $\mathbb{Z}^+$.

Hängen die Funktionen $\boldsymbol{F}$ bzw. $\boldsymbol{f}$ in (2.1) bzw. (2.2) nicht explizit von der Zeit ab, so heißt das dynamische System *autonom* und andernfalls *nichtautonom*. Ein nichtautonomes System kann formal immer in ein autonomes übergeführt werden, indem die Zeit t als zusätzliche Zustandsvariable $x_{n+1}(t) \equiv t$ eingeführt wird. Deshalb werden im folgenden häufig autonome Systeme betrachtet, wobei auf Besonderheiten ursprünglich nichtautonomer Systeme, die mit dem kontinuierlichen Anwachsen der Zustandsvariablen x_{n+1} zusammenhängen, gegebenenfalls hingewiesen wird.

Das zeitdiskrete System (2.2) heißt lösbar, wenn die Rekursionsformel in die explizite Form $\boldsymbol{x}(t) = \boldsymbol{f}^t(\boldsymbol{x}_0) \equiv \boldsymbol{f}^t\boldsymbol{x}_0$ übergeführt werden kann ($\boldsymbol{f}^t \equiv \boldsymbol{f} \circ \boldsymbol{f}^{t-1}, \boldsymbol{f}^0 \equiv \boldsymbol{1}$), so daß zum Anfangszustand $\boldsymbol{x}_0$ unmittelbar jeder zukünftige Zustand angegeben werden kann.

Im folgenden wird nicht besonders betont, daß die Lösungen von (2.1) bzw. (2.2) eventuell nicht in ganz $\mathbb{R}^n$ existieren. Deshalb wird $G = \mathbb{R}^n$ angenommen, und nur gegebenenfalls wird G genauer spezifiziert.

Durch eine spezielle Lösung von (2.1) bzw. (2.2) wird zu festem t einem Anfangszustand $\boldsymbol{x}_0$ eindeutig ein Zustand $\boldsymbol{x}(\boldsymbol{x}_0, t)$ zugeordnet. Die gesamte Lösungsmenge ordnet somit allen Anfangszuständen aus $\mathbb{R}^n$ nach der Zeit t neue Zustände zu. Diese Abbildung wird mit $\boldsymbol{f}^t \equiv \boldsymbol{x}(\cdot, t)$ bezeichnet und *Phasenfluß* (oder kurz: *Fluß*) auf dem *Phasenraum* $\mathbb{R}^n$ genannt. Die einzelnen Punkte (Zustände) in $\mathbb{R}^n$ heißen auch *Phasenpunkte*. Bei nichtumkehrbaren Abbildungen (2.2) ist $\boldsymbol{f}^{-t}$ für $t > 0$ nicht erklärt. Wird weiter unten (insbesondere in Abschn. **3.3.**) dennoch $\boldsymbol{f}^{-t}$ für $t > 0$ auf Teilmengen $U \subset \mathbb{R}^n$ angewandt, so wird darunter die Menge $\boldsymbol{f}^{-t}U \equiv \{\boldsymbol{x} \in \mathbb{R}^n \mid \boldsymbol{f}^t\boldsymbol{x} \in U\}$ verstanden.

Offenbar bildet die Menge $\{\boldsymbol{f}^t\}_t$ eine einparametrige kommutative Gruppe von Abbildungen,

$$\boldsymbol{f}^t\colon \mathbb{R}^n \to \mathbb{R}^n, \boldsymbol{f}^{t_1+t_2} = \boldsymbol{f}^{t_1} \circ \boldsymbol{f}^{t_2} = \boldsymbol{f}^{t_2} \circ \boldsymbol{f}^{t_1},$$

mit der identischen Abbildung $\boldsymbol{f}^0$. (Im Falle der Nichtumkehrbarkeit von $\boldsymbol{f}$ in (2.2) existiert die inverse Abbildung von $\boldsymbol{f}^t$ ($t > 0$) nicht, und somit liegt nur eine Halbgruppe vor.) Ist $\boldsymbol{f}^t$ umkehrbar und einschließlich der inversen Abbildung $\boldsymbol{f}^{-t}$ r-mal stetig differenzierbar, so heißt $\boldsymbol{f}^t$ *C^r-Diffeomorphismus*.

Hält man andererseits eine Anfangsbedingung $\boldsymbol{x}_0$ fest und variiert die Zeit t (in $\mathbb{R}$ bzw. $\mathbb{Z}$ oder $\mathbb{Z}^+$), so erhält man eine Lösungskurve $\{\boldsymbol{x}(\boldsymbol{x}_0, t) \equiv \boldsymbol{f}^t\boldsymbol{x}_0\}_t$, die auch *Phasenbahn*, *Bahnkurve*, *Trajektorie* oder *Orbit* des Flusses $\boldsymbol{f}^t$ zur Anfangsbedingung $\boldsymbol{x}_0$ genannt wird. Die Abbildung $\boldsymbol{f}^{\cdot}\boldsymbol{x}_0 \equiv \boldsymbol{x}(\boldsymbol{x}_0, \cdot)$ von der reellen Achse (bzw. von $\mathbb{Z}$ oder $\mathbb{Z}^+$) in den Phasenraum $\mathbb{R}^n$ wird *Bewegung* des Punktes $\boldsymbol{x}_0$

unter der Wirkung des Flusses $\boldsymbol{f}^t$ genannt. Das Hauptaugenmerk der Darlegungen in den folgenden Kapiteln gilt der Beschreibung möglicher (insbesondere asymptotischer) Wirkungen des Phasenflusses auf bestimmte Teilmengen des Phasenraumes.

In die Funktionen $\boldsymbol{F}$ bzw. $\boldsymbol{f}$ in (2.1) bzw. (2.2) können *Parameter* $\boldsymbol{r} = (r_1, r_2, r_3, \ldots)$ (mit $r_i \in \mathbb{R}$) eingehen. Man spricht dann von Familien $\{\boldsymbol{F_r}\}$ bzw. $\{\boldsymbol{f_r}\}$ von dynamischen Systemen. Der Phasenfluß $\boldsymbol{f_r^t}$ hängt i. allg. von diesen Parametern ab. Eine qualitative Änderung von $\boldsymbol{f_r^t}$ bei bestimmten Werten von r_i wird *Bifurkation* genannt. Verschiedene Bifurkationen werden insbesondere in den Kap. 4. bis 6. genauer beschrieben. (Zur Vereinfachung der Darlegungen werden im folgenden auch ganze Familien von dynamischen Systemen kurz dynamisches System genannt.)

Häufig kann die Behandlung eines zeitkontinuierlichen Systems (2.1) vereinfacht werden, indem es in eine Differenzengleichung (2.2) übergeführt wird. Dies ist gerade dann sinnvoll, wenn nach qualitativen Eigenschaften der Bewegung gefragt wird (wie z. B. Periodizität u. ä.), der genaue Verlauf der Trajektorien zu beliebigen Zeitpunkten jedoch nicht interessiert. Zu einer solchen Überführung gibt es verschiedene Methoden, von denen nun einige gebräuchliche aufgezeigt werden.

Bei der *stroboskopischen Darstellung* wird die Trajektorie $\boldsymbol{x}(t)$ von (2.1) nur zu bestimmten Zeitpunkten t_i ($i = 1, 2, 3, \ldots$, $t_{i+1} > t_i$) „beleuchtet". Aus $\boldsymbol{x}(t_i) \equiv \boldsymbol{x}(i)$ folgt eindeutig $\boldsymbol{x}(i+1) = \boldsymbol{f}^{t_{i+1}-t_i}\boldsymbol{x}(i)$, was der gewünschten Darstellung (2.2) entspricht. Eine stroboskopische Darstellung einer Trajektorie wird z. B. bei nichtautonomen Systemen gerade dann vorteilhaft angewandt, wenn die explizite Zeitabhängigkeit von $\boldsymbol{F}$ in (2.1) periodisch in T ($= t_{i+1} - t_i$) ist $\big(\boldsymbol{F}(\boldsymbol{x}, t) = \boldsymbol{F}(\boldsymbol{x}, t + T)\big)$. Dies ist beispielsweise bei periodisch erregten Oszillatoren der Fall, wobei T eine Periode der Erregung ist (s. z. B. Gl. (1.5)).

Die POINCARÉ-*Abbildung* ist eine spezielle Art der stroboskopischen Darstellung. Hierzu wird eine Teilmenge H einer $(n-1)$-dimensionalen Hyperfläche H' im Phasenraum $\mathbb{R}^n$ definiert, die der Orbit transversal schneidet. (Dies ist gewährleistet, wenn $\big(\mathfrak{N}(\boldsymbol{x}), \boldsymbol{F}(\boldsymbol{x})\big) \neq 0$ auf H gilt, wobei $\mathfrak{N}(\boldsymbol{x})$ den Normalenvektor auf H im Punkt $\boldsymbol{x}$ bezeichnet.) Sind $\boldsymbol{x}(i)$ ($i = 0, 1, 2, \ldots$) sukzessive Durchstoßungspunkte der Trajektorie $\boldsymbol{x}(t)$ durch H, so wird hierdurch die POINCARÉ-Abbildung $\boldsymbol{P}\colon H \to H$, $\boldsymbol{y}(i+1) = \boldsymbol{P}\big(\boldsymbol{y}(i)\big)$ definiert, wobei $\boldsymbol{y}(i)$ die $(n-1)$-dimensionale Projektion von $\boldsymbol{x}(i)$ auf H bezeichnet (Abb. 2.1).

Durch die Reduktion der Dimension des Darstellungsraumes um

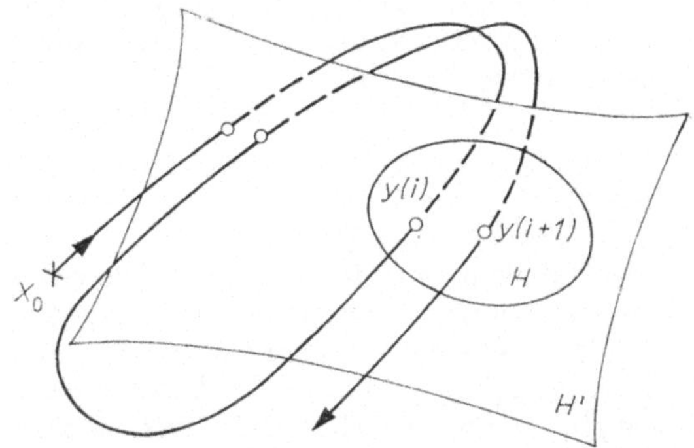

Abb. 2.1. Schematische Illustration der POINCARÉ-Abbildung eines zeitkontinuierlichen Orbits

eins ergeben sich i. allg. große Vorteile bei der Beschreibung der Bewegung des dynamischen Systems. Es sei jedoch betont, daß es nur in Ausnahmefällen gelingt, $\boldsymbol{P}$ explizit anzugeben (s. z. B. Abschn. 4.3.). Zuweilen kann $\boldsymbol{P}$ bei Anwendung geeigneter Störungs- oder Mittelungsmethoden approximiert werden (s. z. B. GUCKENHEIMER und HOLMES, 1983).

2.2. *Dissipation und Attraktoren*

Einen globalen Überblick über die möglichen Bewegungen des dynamischen Systems erhält man durch die Untersuchung der Wirkung des Phasenflusses $\boldsymbol{f}^t$ auf gewisse Teilmengen U des Phasenraumes $\mathbb{R}^n$. Im allgemeinen ist es jedoch ein großes Problem bzw. unmöglich, den zugehörigen Phasenfluß explizit anzugeben (d. h., das System (2.1) bzw. (2.2) zu lösen). Für lineare Differentialgleichungen, bei denen die Funktionen F_i auf der rechten Seite von (2.1) Linearkombinationen der gesuchten Funktionen $x_i(t)$ sind, liegt eine ausgebaute Integrationstheorie vor (s. z. B. ARNOL'D, 1979, oder STEPANOW, 1982). Hingegen kann der Fluß bei den hier interessierenden nichtlinearen Systemen nur in Ausnahmefällen explizit angegeben werden. Dennoch kann man gewisse (auch globale) Aussagen über die Bewegung des Systems machen, ohne den globalen Fluß explizit zu kennen, wie die folgenden Darlegungen zeigen.

Durch das System (2.1) wird im Phasenraum $\mathbb{R}^n$ ein Vektorfeld $\boldsymbol{F}$ definiert, das als Geschwindigkeitsfeld des Phasenflusses interpretiert werden kann. Die Divergenz von $\boldsymbol{F}$,

$$\operatorname{div} \boldsymbol{F} \equiv \sum_{i=1}^{n} \frac{\partial F_i(\boldsymbol{x})}{\partial x_i}, \tag{2.3}$$

bestimmt dann die Geschwindigkeit, mit der sich die Größe eines infinitesimalen Volumenelementes an der Stelle $\boldsymbol{x} \in \mathbb{R}^n$ unter der Wirkung des Flusses $\boldsymbol{f}^t$ ändert. Bezeichnet U ein Gebiet in $\mathbb{R}^n$, so wird es unter der Wirkung von $\boldsymbol{f}^t$ im Laufe der Zeit deformiert. Sei $V(t)$ das Volumen von $\boldsymbol{f}^t U$, dann ist nach dem Liouville*schen Satz* die Geschwindigkeit der Volumenänderung zum Zeitpunkt t durch

$$\frac{\mathrm{d}V(t)}{\mathrm{d}t} = \int_{\boldsymbol{f}^t U} \operatorname{div} \boldsymbol{F}(\boldsymbol{x})\,\mathrm{d}\boldsymbol{x} \tag{2.4}$$

gegeben. Falls $\operatorname{div} \boldsymbol{F}$ in $\bigcup_{t \geqq 0} \boldsymbol{f}^t U$ konstant ist, folgt $\mathrm{d}V(t)/\mathrm{d}t = V(t) \times \operatorname{div} \boldsymbol{F}$ und somit

$$V(t) = V(0) \exp(t \operatorname{div} \boldsymbol{F}). \tag{2.5}$$

Gilt insbesondere $\operatorname{div} \boldsymbol{F} = 0$ in $\mathbb{R}^n$, so bleibt das Volumen von U im Laufe der Zeit konstant. Man nennt das dynamische System dann *konservativ*. Systeme der klassischen Mechanik mit einer zeitunabhängigen Hamilton-Funktion sind z. B. konservativ. Wird hingegen ein (beliebiges) Gebiet $U \subset \mathbb{R}^n$ unter der Wirkung des Phasenflusses im zeitlichen Mittel kontrahiert, so heißt das dynamische System *dissipativ*. (Es sei erwähnt, daß diese Bedingung u. U. nicht für beliebige $U \subset \mathbb{R}^n$, sondern nur für Gebiete U aus einer Teilmenge $G^* \subset \mathbb{R}^n$ erfüllt ist, so daß das dynamische System nur in G^* als dissipativ angesehen werden kann.) Im zeitkontinuierlichen Fall ist ein System dissipativ, wenn z. B.

$$\operatorname{div} \boldsymbol{F}(\boldsymbol{x}) < 0 \quad \text{für alle } \boldsymbol{x} \in \mathbb{R}^n \tag{2.6}$$

gilt, bzw. wenn im zeitdiskreten Fall die Funktionalmatrix

$$\mathrm{D}\boldsymbol{f} \equiv \begin{pmatrix} \partial f_1/\partial x_1 \ldots \partial f_1/\partial x_n \\ \vdots \qquad\qquad \vdots \\ \partial f_n/\partial x_1 \ldots \partial f_n/\partial x^u \end{pmatrix} \tag{2.7}$$

des Funktionsvektors $\boldsymbol{f}$ aus (2.2) der Bedingung

$$|\det \mathrm{D}\boldsymbol{f}(\boldsymbol{x})| < 1 \quad \text{für alle} \quad \boldsymbol{x} \in \mathbb{R}^n \tag{2.8}$$

genügt. (Ein dynamisches System ist dissipativ, wenn z. B. die Summe aller LJAPUNOV-Exponenten negativ ist – s. Abschn. 3.1.) Dissipative Systeme treten immer dann auf, wenn irgend eine Art von „Reibung" vorhanden ist, wie z. B. beim gedämpften Pendel (1.5).

Dissipative Systeme können durch verschiedene Arten von *Attraktoren* gekennzeichnet sein, welche gewisse Teilmengen des Phasenraumes darstellen, auf denen die permanente (d. h. asymptotische) Bewegung des dynamischen Systems stattfindet. Eine allgemein akzeptierte mathematische Begriffsbildung eines Attraktors steht noch aus. Zur Diskussion verschiedener Attraktordefinitionen verweisen wir auf RUELLE (1981), COSNARD und DEMONGEOT (1985) sowie MILNOR (1985). Hier wird von der obigen „Arbeitsdefinition" ausgegangen, deren Verständnis durch die folgenden Darlegungen zu speziellen Attraktoren vertieft wird.

Die einfachste, aber dennoch wichtige Klasse von Attraktoren stellen asymptotisch stabile Fixpunkte dar. In einem *Fixpunkt* $\bar{\boldsymbol{x}}$ verschwindet die Fließgeschwindigkeit des Flusses, d. h., im zeitkontinuierlichen Fall gilt $\boldsymbol{F}(\bar{\boldsymbol{x}}) = 0$ bzw. allgemein $\bar{\boldsymbol{x}} = \boldsymbol{f}(\bar{\boldsymbol{x}})$. Ein Fixpunkt heißt *stabil*, wenn es zu einer beliebigen Umgebung[1]) U' von $\bar{\boldsymbol{x}}$ eine weitere Umgebung $U \subset U'$ von $\bar{\boldsymbol{x}}$ gibt, so daß $\boldsymbol{f}^t U \subset U'$ für alle $t \geqq 0$ gilt. Nähert sich also ein Orbit einem stabilen Fixpunkt hinreichend dicht, so kann er sich nicht wieder beliebig weit entfernen. Gilt zusätzlich $\lim\limits_{t\to\infty} \boldsymbol{f}^t\boldsymbol{x}_0 = \bar{\boldsymbol{x}}$ für alle $\boldsymbol{x}_0 \in U$, so heißt $\bar{\boldsymbol{x}}$ *asymptotisch stabil (Senke)*. Ein nicht stabiler Fixpunkt heißt *instabil*.

---

[1]) Unter einer *Umgebung* U eines Punktes $\boldsymbol{x} \in \mathbb{R}^n$ wird hier eine offene Teilmenge von $\mathbb{R}^n$ verstanden, die $\boldsymbol{x}$ enthält. U heißt dabei *offen*, wenn es zu jedem $\boldsymbol{x}' \in U$ ein $\delta(\boldsymbol{x}') > 0$ gibt, so daß die Kugel mit dem Radius δ um $\boldsymbol{x}'$ in U enthalten ist: $K_\delta(\boldsymbol{x}') \equiv \{\boldsymbol{x} \in \mathbb{R}^n \mid |\boldsymbol{x}' - \boldsymbol{x}| < \delta\} \subset U$. Ein Punkt $\boldsymbol{x} \in \mathbb{R}^n$ heißt *Häufungspunkt* einer Menge $A \subseteqq \mathbb{R}^n$, falls in jeder Kugel $K_\delta(\boldsymbol{x})$, $\delta > 0$, ein von $\boldsymbol{x}$ verschiedener Punkt aus A liegt. Die Vereinigung einer Menge A mit der Menge ihrer Häufungspunkte heißt *abgeschlossene Hülle* von A. Enthält eine Menge alle ihre Häufungspunkte, so heißt sie *abgeschlossen*. Das *Komplement* $\mathbb{R}^n \setminus A$ einer abgeschlossenen Menge A ist offen, und umgekehrt.

Die obigen Stabilitätsbegriffe haben einen lokalen Charakter, denn es wird nichts über die Größe der Umgebung U ausgesagt. Zur Stabilitätsuntersuchung reicht es folglich, den Fluß in einer beliebig kleinen Umgebung von $\bar{\boldsymbol{x}}$ zu kennen. Dazu kann das System (2.1) bzw. (2.2) in der Nähe von $\bar{\boldsymbol{x}}$ linearisiert werden. Bezeichnet $\boldsymbol{z} \equiv \boldsymbol{x} - \bar{\boldsymbol{x}}$ mit $|\boldsymbol{z}| \ll 1$ eine (kleine) Störung von $\bar{\boldsymbol{x}}$, so genügt sie näherungsweise der linearen Gleichung

$$\dot{\boldsymbol{z}} = \mathrm{D}\boldsymbol{F}(\bar{\boldsymbol{x}})\,\boldsymbol{z} \tag{2.9}$$

bzw. im zeitdiskreten Fall

$$\boldsymbol{z}(t+1) = \mathrm{D}\boldsymbol{f}(\bar{\boldsymbol{x}})\,\boldsymbol{z}(t). \tag{2.10}$$

Sei zunächst der zeitkontinuierliche Fall betrachtet. Das Lösungsverhalten von (2.9) überträgt sich auf das von (2.1), wenn alle Eigenwerte von $\mathrm{D}\boldsymbol{F}(\bar{\boldsymbol{x}})$ weder rein imaginär noch Null sind. Für diese *hyperbolisch* genannten Fixpunkte gibt es nach einem Theorem von Hartman und Grobman (s. z. B. Guckenheimer und Holmes, 1983) in einer gewissen Umgebung U von $\bar{\boldsymbol{x}}$ einen *Homöomorphismus* (d. i. ein C^0-Diffeomorphismus), der Lösungen von (2.9) (ein-eindeutig und stetig) auf Lösungen von (2.1) abbildet, wobei der Richtungssinn des Flusses erhalten bleibt. Ist $\bar{\boldsymbol{x}}$ nicht hyperbolisch, so sind zur Untersuchung des Stabilitätsverhaltens in $\bar{\boldsymbol{x}}$ zusätzliche Betrachtungen notwendig. Globale Stabilitätsaussagen über $\bar{\boldsymbol{x}}$ sind möglich, ohne den Fluß von (2.1) explizit kennen zu müssen, indem die Existenz einer Ljapunov-Funktion untersucht wird (s. z. B. Schäfer, 1976).

Hyperbolische Fixpunkte besitzen sog. *lokale stabile* (bzw. *instabile*) *Mannigfaltigkeiten*. Darunter versteht man die Menge all jener Punkte aus einer Umgebung U von $\bar{\boldsymbol{x}}$, die durch den Fluß $\boldsymbol{f}^t$ (bzw. $\boldsymbol{f}^{-t}$) asymptotisch auf $\bar{\boldsymbol{x}}$ abgebildet werden,

$$W^{\mathrm{s}}_{\mathrm{loc}}(\bar{\boldsymbol{x}}) \equiv \{\boldsymbol{x} \in U \mid \boldsymbol{f}^t\boldsymbol{x} \to \bar{\boldsymbol{x}} \quad \text{für} \quad t \to \infty \quad \text{und} \quad \boldsymbol{f}^t\boldsymbol{x} \in U \quad \text{für alle} \quad t \geqq 0\}$$

(bzw.

$$W^{\mathrm{u}}_{\mathrm{loc}}(\bar{\boldsymbol{x}}) \equiv \{\boldsymbol{x} \in U \mid \boldsymbol{f}^{-t}\boldsymbol{x} \to \bar{\boldsymbol{x}} \quad \text{für} \quad t \to \infty \quad \text{und} \quad \boldsymbol{f}^{-t}\boldsymbol{x} \in U \quad \text{für alle} \quad t \geqq 0\}). \tag{2.11}$$

Ist $W^{\mathrm{u}}_{\mathrm{loc}}$ des hyperbolischen Fixpunktes $\bar{\boldsymbol{x}}$ leer, d. h., ist der Realteil aller Eigenwerte von $\mathrm{D}\boldsymbol{F}(\bar{\boldsymbol{x}})$ streng negativ, so ist $\bar{\boldsymbol{x}}$ asymptotisch stabil und andernfalls instabil. Bezeichnet $E^{\mathrm{s}}(\bar{\boldsymbol{x}})$ (bzw. $E^{\mathrm{u}}(\bar{\boldsymbol{x}})$)

den stabilen (bzw. instabilen) Eigenraum von $DF(\bar{x})$ (der durch all jene Eigenvektoren von $DF(\bar{x})$ aufgespannt wird, die zu den Eigenwerten mit negativem (bzw. positivem) Realteil gehören), dann hat $W^s_{loc}(\bar{x})$ (bzw. $W^u_{loc}(x)$) die gleiche (topologische) Dimension n_s (bzw. n_u) wie $E^s(\bar{x})$ (bzw. $E^u(\bar{x})$), und $W^s_{loc}(\bar{x})$ (bzw. $W^u_{loc}(\bar{x})$) liegt tangential zu $E^s(\bar{x})$ (bzw. $E^u(\bar{x})$) (Abb. 2.2). Es gilt $n_s + n_u = n$.

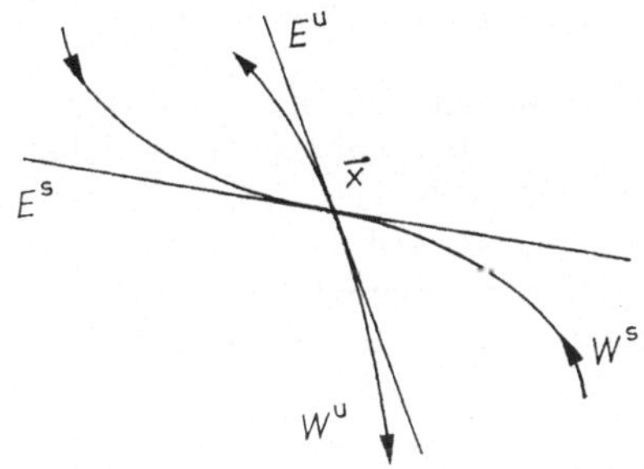

Abb. 2.2. Schematische Darstellung der stabilen und instabilen Mannigfaltigkeit W^s und W^u eines hyperbolischen Fixpunktes $\bar{x}$. E^s bzw. E^u sind der stabile bzw. instabile Unterraum des Tangentialraumes

Globale *stabile* (bzw. *instabile*) *Mannigfaltigkeiten* $W^s(\bar{x})$ (bzw. $W^u(\bar{x})$) des Fixpunktes $\bar{x}$ werden wie folgt definiert:

$$W^s(\bar{x}) \equiv \bigcup_{t \geqq 0} f^{-t} W^s_{loc}(\bar{x})$$

(bzw. (2.12)

$$W^u(\bar{x}) \equiv \bigcup_{t \geqq 0} f^{t} W^u_{loc}(\bar{x}))\,.$$

Neben Fixpunkten können in dynamischen Systemen (2.1) z. B. auch *periodische Orbits* (sog. *Grenzzyklen* bzw. *Grenzkreise*) $\mathfrak{O}$ auftreten, die durch eine (triviale) Periode T $(0 < T < \infty)$ gekennzeichnet sind, so daß der Fluß f^T beliebige Zustände $x_0 \in \mathfrak{O}$ in sich überführt. Existiert also ein $x_0 \in \mathbb{R}^n$ mit $f^T x_0 = x_0$ und $f^t x_0 \neq x_0$ für $0 < t < T$, so ist der Grenzkreis durch $\mathfrak{O} \equiv \{f^t x_0 \mid 0 \leqq t < T\}$ gegeben. Ist der zeitkontinuierliche periodische Orbit $\mathfrak{O}$ in einer geeigneten POINCARÉ-Abbildung P durch einen hyperbolischen Fixpunkt von P darstellbar, so heißt $\mathfrak{O}$ *hyperbolischer Grenzkreis*. Auch für hyperbolische Grenzkreise $\mathfrak{O}$ lassen sich in einer gewissen Umgebung U von $\mathfrak{O}$ stabile und instabile Mannigfaltigkeiten definieren,

$$\begin{aligned} W^s_{loc}(\mathfrak{O}) &\equiv \{\boldsymbol{x} \in U \mid |\boldsymbol{f}^t\boldsymbol{x} - \mathfrak{O}| \to 0 \quad \text{für} \quad t \to \infty \\ &\quad \text{und} \quad \boldsymbol{f}^t\boldsymbol{x} \in U \quad \text{für alle} \quad t \geqq 0\}, \\ W^u_{loc}(\mathfrak{O}) &\equiv \{\boldsymbol{x} \in U \mid |\boldsymbol{f}^{-t}\boldsymbol{x} - \mathfrak{O}| \to 0 \quad \text{für} \quad t \to \infty \\ &\quad \text{und} \quad \boldsymbol{f}^{-t}\boldsymbol{x} \in U \quad \text{für alle} \quad t \geqq 0\}.^{1)} \end{aligned} \tag{2.13}$$

Globale stabile und instabile Mannigfaltigkeiten von $\mathfrak{O}$ lassen sich wie in (2.12) einführen.

Für invertierbare Differenzengleichungen (2.2) ist die Begriffsbildung vollkommen analog zu jener bei zeitkontinuierlichen Systemen: Ein Fixpunkt $\bar{\boldsymbol{x}}$ heißt hier hyperbolisch, falls keiner der Beträge der Eigenwerte von $\mathrm{D}\boldsymbol{f}(\bar{\boldsymbol{x}})$ Eins ist. Auf der Grundlage der Eigenwerte γ_i $(i = 1, 2, \ldots, n)$ von $\mathrm{D}\boldsymbol{f}(\bar{\boldsymbol{x}})$ ist eine Klassifizierung der Fixpunkte möglich. Für die folgenden Darlegungen sind von besonderem Interesse ein *stabiler* (bzw. *instabiler*) *Knoten* (γ_i rein reell und $|\gamma_i| < 1$ (bzw. > 1) für alle $i = 1, 2, \ldots, n$) und ein *Sattel* (γ_i rein reell für alle $i = 1, 2, \ldots, n$ und $|\gamma_i| > 1$ für zumindest ein i sowie $|\gamma_j| < 1$ für zumindest ein j aus $\{1, 2, \ldots, n\}$). Ist $\boldsymbol{f}$ hierbei ein C^1-Diffeomorphismus, so existiert in einer gewissen Umgebung U von $\bar{\boldsymbol{x}}$ wiederum ein Homöomorphismus $\boldsymbol{h}$, so daß $\boldsymbol{h}(\boldsymbol{f}(\boldsymbol{x})) = \mathrm{D}\boldsymbol{f}(\bar{\boldsymbol{x}})\,\boldsymbol{h}(\boldsymbol{x})$ für alle $\boldsymbol{x} \in U$ gilt. Das lineare System (2.10) beschreibt also die Bewegung des Ausgangssystems (2.2) in der Nähe von $\bar{\boldsymbol{x}}$. Für einen hyperbolischen Fixpunkt existiert auch hier eine lokale stabile (bzw. instabile) Mannigfaltigkeit, die wie in Gl. (2.11) definiert wird und zum stabilen (bzw. instabilen) Eigenraum $E^s(\bar{\boldsymbol{x}})$ (bzw. $E^u(\bar{\boldsymbol{x}})$) von $\mathrm{D}\boldsymbol{f}(\bar{\boldsymbol{x}})$ tangential liegt. ($E^s(\bar{\boldsymbol{x}})$ (bzw. $E^u(\bar{\boldsymbol{x}})$) wird hier durch jene Eigenvektoren von $\mathrm{D}\boldsymbol{f}(\bar{\boldsymbol{x}})$ aufgespannt, die zu den Eigenwerten gehören, deren Beträge kleiner (bzw. größer) als Eins sind.) Zugehörige globale Mannigfaltigkeiten werden wie in (2.12) eingeführt. (Stabile bzw. instabile Mannigfaltigkeiten können unter gewissen Bedingungen auch für nichtperiodische Punkte definiert werden, s. z. B. Abschn. 6.1. sowie Eckmann und Ruelle, 1985).

Grenzkreise zeitkontinuierlicher Systeme erscheinen bei Wahl einer geeigneten Poincaré-Abbildung $\boldsymbol{P}$ als Fixpunkte oder periodische Orbits des durch $\boldsymbol{P}$ bestimmten zeitdiskreten Systems.

---

[1]) Der Abstand eines Punktes $\boldsymbol{x}$ von einer Menge A ist durch $|\boldsymbol{x} - A| \equiv \inf_{\boldsymbol{z} \in A} |\boldsymbol{x} - \boldsymbol{z}|$ definiert.

Für periodische Orbits gilt hier $\boldsymbol{P}^m(\boldsymbol{y}) = \boldsymbol{y}$ mit der Periode $m \in \mathbb{\Gamma}^+$. Fixpunkte von $\boldsymbol{P}$ sind periodische Orbits mit der Periode 1. Ist $\boldsymbol{y}$ bez. $\boldsymbol{P}$ m-periodisch, so ist $\boldsymbol{y}$ bez. $\boldsymbol{P}^m$ ein Fixpunkt. Stabilitätsuntersuchungen periodischer Orbits von $\boldsymbol{P}$ bzw. von Grenzkreisen zeitkontinuierlicher Systeme können somit auf Stabilitätsuntersuchungen von Fixpunkten entsprechender zeitdiskreter Systeme zurückgeführt werden.

Fixpunkte und periodische Orbits dynamischer Systeme (2.1) bzw. (2.2) sowie deren stabile und instabile Mannigfaltigkeiten zeichnen sich durch ihre Invarianz bez. des Phasenflusses $\boldsymbol{f}^t$ aus. Allgemein heißt eine Teilmenge A von $\mathbb{R}^n$ *invariant* bez. $\boldsymbol{f}^t$ (kurz: invariant), falls

$$\boldsymbol{f}^t A = A \quad \text{für} \quad t \in \mathbb{R} \quad (\text{bzw. } \mathbb{\Gamma} \text{ oder } \mathbb{\Gamma}^+)$$

gilt. (Offenbar reicht es wegen der im Abschnitt 2.1. erwähnten Gruppeneigenschaft des Phasenflusses, im zeitkontinuierlichen Fall $\boldsymbol{f}^t A = A$ für $t \in (0, \delta)$ mit beliebig kleinem $\delta > 0$ bzw. im zeitdiskreten Fall $\boldsymbol{f}^1 A = A$ zu fordern.) Eine invariante Menge A besteht nur aus Trajektorien. Ist $U \subseteq A$, so folgt $\boldsymbol{f}^t U \subseteq A$ für beliebige t.

Eine gewisse Verallgemeinerung des Begriffes vom asymptotisch stabilen Fixpunkt bzw. periodischen Orbit stellt die sog. attraktive Menge dar. $A \subset \mathbb{R}^n$ heißt *attraktive Menge*, falls A invariant bez. $\boldsymbol{f}^t$ und abgeschlossen ist sowie eine Umgebung $U \supset A$ existiert, so daß $\boldsymbol{f}^t \boldsymbol{x} \in U$ für $t \geqq 0$ und $\boldsymbol{f}^t \boldsymbol{x} \to A$ (d. h. $|\boldsymbol{f}^t \boldsymbol{x} - A| \to 0$) für $t \to \infty$ und alle $\boldsymbol{x} \in U$ gilt. Die entsprechende Verallgemeinerung des Begriffes von der stabilen Mannigfaltigkeit wird *Einzugsgebiet* D von A genannt, $D(A) \equiv \bigcup_{t \geq 0} \boldsymbol{f}^{-t} U$, wobei U die obigen Bedingungen erfüllt. Falls $D(A) = \mathbb{R}^n$, so heißt A *universelle* (oder *globale*) *attraktive Menge*. Eine *abstoßende Menge* ist eine attraktive Menge für den inversen Fluß.

Attraktive Mengen können Teilmengen enthalten, die abstoßend sind (Abb. 2.3). Demzufolge wird eine asymptotisch beobachtete Bewegung eines dynamischen Systems möglicherweise nicht auf der ganzen attraktiven Menge, sondern nur auf einer echten Teilmenge hiervon, dem Attraktor, stattfinden.[1]) Ist aber z. B. ein Fixpunkt oder periodischer Orbit asymptotisch stabil, so ist er zugleich attraktive Menge und Attraktor.

---

[1]) Einige mathematische Attraktordefinitionen beinhalten den Begriff der attraktiven Menge nur in abgeschwächter Form, indem sog. *Pseudoorbits* (s. Abschn. 6.1.) betrachtet werden (s. z. B. Eckmann und Ruelle 1985).

Eine gewisse Verallgemeinerung eines periodischen Orbits stellt ein k-dimensionaler *Torus* ($k = 2, 3, \ldots, n - 1$) dar, auf dem eine quasiperiodische Bewegung stattfindet. Der zugehörige Phasenfluß ist bei geeigneter Koordinatenwahl durch

$$f^t\boldsymbol{x} = \boldsymbol{\Phi}_{\boldsymbol{x}}(\Omega_1 t, \Omega_2 t, \ldots, \Omega_k t)$$

gegeben, wobei $\boldsymbol{\Phi}_{\boldsymbol{x}}$ in jedem Argument mit 2π periodisch ist, $\boldsymbol{\Phi}_{\boldsymbol{x}}(\Omega_1 t, \ldots, \Omega_i t, \ldots, \Omega_k t) = \boldsymbol{\Phi}_{\boldsymbol{x}}(\Omega_1 t, \ldots, \Omega_i(t + T_i), \ldots, \Omega_k t)$, und $\Omega_i \equiv 2\pi/T_i$ ($i = 1, 2, \ldots, k$) paarweise inkommensurable Kreisfrequenzen sind. Das heißt, Ω_i/Ω_j mit $i \neq j$ ist irrational, so daß sich die Phasenbahn in endlicher Zeit nicht schließt. Ist ein Torus attraktiv, so heißt er *quasiperiodischer Attraktor*.

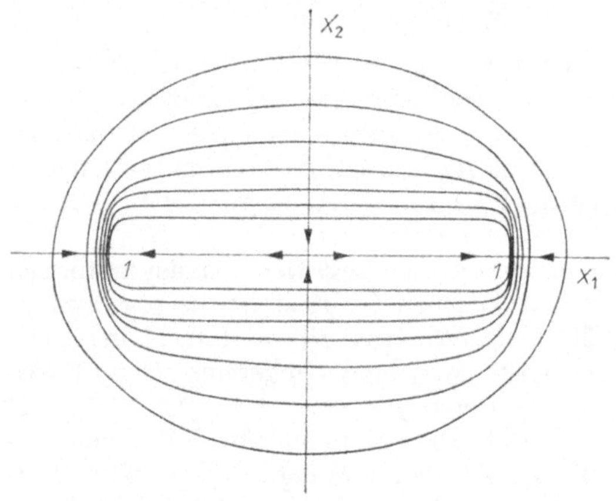

Abb. 2.3. Das dynamische System $dx_1/dt = x_1 - x_1^3$, $dx_2/dt = -x_2$ hat die beiden Fixpunkte $(\pm 1, 0)$ als Attraktoren, wobei jedoch das abgeschlossene Interval $[-1, 1]$ die globale attraktive Menge ist, die den instabilen Fixpunkt $(0, 0)$ enthält

Neben den beschriebenen Attraktoren gibt es aber auch solche, auf denen nichtperiodische Bewegungen mit einer sensiblen Abhängigkeit von den Anfangsbedingungen stattfinden (Abb. 1.6 und 1.7). Sie werden *chaotisch* (auch *seltsam* oder *fremdartig*) genannt und im Kap. 3. genauer charakterisiert. Wegen der Kompliziertheit chaotischer Bewegungen ist neben der geometrischen auch eine statistische Beschreibung angebracht. Dazu werden insbesondere Wahrscheinlichkeitsmaße auf dem Attraktor betrachtet.

2.3. Maße auf Attraktoren

Hat das dynamische System nach einer gewissen Einlaufzeit ein stationäres Bewegungsregime auf dem Attraktor A erreicht, so wird es zu einem beliebigen Zeitpunkt in einem Bereich $B \subseteqq A$ mit einer gewissen Wahrscheinlichkeit $\mu(B)$ anzutreffen sein. Dabei bezeichnet μ ein Wahrscheinlichkeitsmaß $\big(\mu(A) = 1\big)$.[1]) Wird das System mit der Wahrscheinlichkeit $\mu(B)$ zum Zeitpunkt $t > 0$ in $B \subseteqq A$ angetroffen und ist $f^{-t}B \subseteqq A$ die Menge, welche durch den Fluß f^t auf B abgebildet wird, dann muß bei vorausgesetzter Stationarität der Bewegung auf A

$$\mu(B) = \mu(f^{-t}B) \tag{2.14}$$

gelten. Erfüllt ein Maß μ auf dem Attraktor A die Gl. (2.14) für alle $t > 0$ und beliebige (μ-meßbare) Teilmengen $B \subseteqq A$, so heißt es *invariantes Maß bez. des Flusses* f^t (kurz: f^t-invariantes oder invariantes Maß). Ist der Fluß eindeutig umkehrbar, so ist die Bedingung (2.14) äquivalent zu $\mu(B) = \mu(f^tB)$ für alle $t > 0$. Ist ein Maß f^t-invariant für $t = t_1, t_2$ (fest), so muß es offenbar auch $f^{t_1+t_2}$-invariant sein. Ist f^t stetig, so gibt es zumindest ein f^t-invariantes Maß (s. z. B. WALTERS, 1982, S. 146ff.)

Ist μ ein f^t-invariantes Wahrscheinlichkeitsmaß und hat $B \subset \mathbb{R}^n$ positives Maß $\big(\mu(B) > 0\big)$, dann kehren nach dem *Wiederkehrtheorem* von POINCARÉ fast alle (bez. μ) Punkte aus B unter

---

[1]) Ein Maß μ ordnet gewissen Teilmengen einer Grundmenge A eine nichtnegative reelle Zahl zu. Maße sind jedoch i. allg. nicht auf beliebigen Systemen von Teilmengen erklärbar. Hier wird immer vorausgesetzt, daß μ auf einer bestimmten σ-Algebra $\mathfrak{A}$ von Teilmengen von A erklärt ist, welche A enthält sowie mit B auch das Komplement $A \setminus B$ und mit $\{B_j\}_{j=1}^{\infty}$ auch $\bigcup_{j=1}^{\infty} B_j$ enthält. Für die folgenden Betrachtungen kann z. B. immer die σ-Algebra der BOREL-*Mengen* zugrunde gelegt werden, die u. a. alle offenen und alle abgeschlossenen Teilmengen des $\mathbb{R}^n$ enthält. Das darauf definierte Maß heißt dann BOREL-*Maß*. B heißt *meßbar*, falls $B \in \mathfrak{A}$. Eine Aussage gilt *fast überall* bez. μ in $B \in \mathfrak{A}$, falls sie höchstens auf einer *Nullmenge* $N \subseteqq B$ bez. μ $(\mu(N) = 0)$ nicht gilt. Ein *Wahrscheinlichkeitsmaß* ist ein normiertes Maß: $\mu(A) = 1$. (Falls der Leser mit Grundbegriffen der Maßtheorie nicht vertraut ist, so möge er sich unter $\mu(B)$ das n-dimensionale Volumen von B vorstellen, das mit einem statistischen Gewichtsfaktor multipliziert ist.)

der Wirkung des Phasenflusses f^t für $t \to \infty$ unendlich oft nach B zurück (s. z. B. WALTERS, 1982, S. 26).

Von besonderer Bedeutung für ein invariantes Maß sind die sog. nichtwandernden Punkte: Ein Punkt $x \in \mathbb{R}^n$ heißt *wandernd* bez. eines stetigen (zeitdiskreten oder -kontinuierlichen) Flusses f^t, falls es ein hinreichend großes $t' > 0$ und eine Umgebung U von x gibt, so daß $f^t U \cap U = \emptyset$ für alle $t > t'$. Ein Punkt x heißt *nichtwandernd*, falls x kein wandernder Punkt ist. Für einen nichtwandernden Punkt x kann man zu jeder beliebig großen Zeit $t' > 0$ und jede Umgebung U von x ein $t \geqq t'$ finden, so daß $f^{-t} U \cap U \neq \emptyset$. In einer beliebig kleinen Nachbarschaft eines nichtwandernden Punktes x gibt es also Punkte, die unter der Wirkung des Phasenflusses immer wieder in diese Nachbarschaft von x abgebildet werden.

Die Menge $\Omega(f^t)$ aller nichtwandernden Punkte des Flusses f^t ist abgeschlossen, f^t-invariant und enthält alle periodischen Orbits. Darüber hinaus enthält $\Omega(f^t)$ die sog. *ω-Grenzmenge* $\omega(x)$ eines beliebigen Punktes $x \in \mathbb{R}^n$ bez. des Flusses f^t:

$$\omega(x) \equiv \{y \in \mathbb{R}^n \mid \text{Es gibt eine Folge } \{t_i\}_{i=1}^{\infty},\ t_{i+1} > t_i,\ t_i \to \infty \text{ für } i \to \infty, \text{ mit } \lim_{i\to\infty} f^{t_i} x = y\}.$$

(Ein Punkt $y \in \omega(x)$ heißt *ω-Grenzpunkt* der Trajektorie $\{f^t x\}_{t=0}^{\infty}$. Die ω-Grenzmenge von x bez. des inversen Flusses f^{-t} heißt *α-Grenzmenge* von x bez. f^t.)

Interessant ist nun die Tatsache, daß die Menge $\mathbb{R}^n \setminus \Omega(f^t)$ aller wandernden Punkte (die sog. *wandernde* Menge) Nullmenge eines jeden f^t-invarianten Maßes μ ist (s. z. B. WALTERS, 1982, S. 123ff., 156ff.). Demzufolge gilt $\mu(\Omega(f^t)) = 1$ und die asymptotische Bewegung findet immer in $\Omega(f^t)$ statt — ein jeder Attraktor A des betrachteten dynamischen Systems ist in $\Omega(f^t)$ enthalten $(A \subseteqq \Omega(f^t))$.

Zu einem dynamischen System (2.1) bzw. (2.2) gibt es i. allg. eine Vielzahl von invarianten Maßen. So ist z. B. im Falle eines Fixpunktes $\bar{x}$ von f^t das sog. DIRAC-Maß

$$\mu_{\bar{x}}(B) = \begin{cases} 1 & \text{falls } \bar{x} \in B \\ 0 & \text{andernfalls} \end{cases} \tag{2.15}$$

f^t-invariant. Auf einem zeitkontinuierlichen Orbit $\mathfrak{O}$ der Periode T ist das invariante Maß $\mu_{\mathfrak{O}}$ einer Menge $B \subseteqq \mathbb{R}^n$ durch die relative

Zeit t_B/T gegeben, während der ein Phasenpunkt bei einem Umlauf auf $\mathfrak{O}$ in B liegt $\left(\mu_{\mathfrak{O}}(\mathfrak{O}) = 1\right)$. Ist der Fixpunkt bzw. periodische Orbit jedoch instabil, so haben diese Maße keine praktische Bedeutung, denn kleine zufällige Störungen, die in realen Systemen immer vorhanden sind, würden eine Bewegung auf diesen speziellen instabilen Phasenbahnen verhindern. Aus der Vielzahl möglicher invarianter Maße gilt es gerade das praktisch relevante auszuwählen. Dazu kann man sich nach einem Vorschlag von KOLMOGOROV das dynamische System (2.1) bzw. (2.2) zunächst durch geeignete zufällige Kräfte der Stärke σ gestört denken, so daß genau ein stationäres Maß μ^σ existiere. Das sog. *natürliche* (oder *physikalische*) Maß μ des deterministischen Systems wird dann durch den Grenzübergang

$$\mu = \lim_{\sigma \to 0} \mu^\sigma \tag{2.16}$$

bestimmt, vorausgesetzt, dieses Grenzmaß existiert.

Das Tripel

$$(A, \boldsymbol{f}^t, \mu) \tag{2.17}$$

ist eine zu (2.1) bzw. (2.2) alternative Definition eines dynamischen Systems, die der statistischen Betrachtungsweise angepaßt ist. (In der Schreibweise (2.17) sei μ immer das natürliche Maß, das $\boldsymbol{f}^t$-invariant ist und dessen Existenz vorausgesetzt wird.) Im Fall des asymptotisch stabilen Fixpunktes $\bar{\boldsymbol{x}}$ ist das dynamische System in der Schreibweise (2.17) mit dem nun natürlichen Maß (2.15) durch das Tripel

$$(\{\bar{\boldsymbol{x}}\}, \boldsymbol{1}, \mu_{\bar{\boldsymbol{x}}}) \tag{2.18}$$

bestimmt und im Fall des asymptotisch stabilen periodischen Orbits $\mathfrak{O}$ durch

$$(\mathfrak{O}, \boldsymbol{f}^t, \mu_{\mathfrak{O}})\,. \tag{2.19}$$

Es ist jedoch i. allg. sehr schwierig, das natürliche Maß zu einem dynamischen System (2.1) bzw. (2.2) aufzufinden, zumal der Träger dieses Maßes (d. i. im wesentlichen der Attraktor A) im interessanten chaotischen Fall in der Regel eine komplizierte „fraktale“ Struktur hat (s. Abschn. 3.2.). Attraktoren $A \subset \mathbb{R}^n$ sind in der Regel (z. B. unter der Bedingung (2.6) bzw. (2.8)) Nullmengen bez. des (n-dimensionalen) LEBESGUE-Maßes μ_L. Folglich ist das natürliche Maß auf einem Attraktor meist singulär bez. μ_L.[1])

Die in diesem Buch auch betrachteten eindimensionalen zeitdiskreten Systeme (2.2) stellen hierbei eine Ausnahme dar. Sie können natürliche Maße haben, die absolut-stetig bez. μ_L sind. So ist z. B. für Abbildungen vom BERNOULLI-Typ,

$$f_k(x) = kx \bmod 1\,, \quad k = 2, 3, 4, \ldots, \tag{2.20}$$

das natürliche Maß μ durch die Wahrscheinlichkeitsdichte $\varrho(x) = 1$ für $0 \leqq x < 1$ gegeben, d. h., μ ist das LEBESGUE-Maß auf dem Intervall $[0, 1)$.

Kennt man das natürliche Maß einer Abbildung f, so kann man es leicht für dynamische Systeme f^* angeben, die aus f durch Koordinatentransformation entstehen: Bezeichnet h einen Diffeomorphismus $\mathbb{R} \to \mathbb{R}$, so daß das Diagramm

$$\begin{array}{ccc} x & \xrightarrow{\quad f \quad} & y \\ h^{-1}\uparrow\downarrow h & & h^{-1}\uparrow\downarrow h \\ x^* & \xrightarrow[\quad f^* \quad]{} & y^* \end{array} \tag{2.21}$$

kommutativ ist, dann definiert $f^* = h \circ f \circ h^{-1}$ wieder ein dynamisches System, das durch den Diffeomorphismus h mit f *konjugiert* ist. Definiert die Dichte ϱ das natürliche Maß μ von f, so ist das entsprechende natürliche Maß μ^* von f^* durch die Dichte

$$\varrho^*(x^*) = \varrho\big(h^{-1}(x^*)\big)\,|\mathrm{d}h^{-1}(x^*)/\mathrm{d}x^*| \tag{2.22}$$

gegeben. (2.22) bedeutet die „Erhaltung der Wahrscheinlichkeit", $\mu(B) \equiv \int_B \varrho\,\mathrm{d}x = \int_{h(B)} \varrho^*\,\mathrm{d}x^* \equiv \mu^*\big(h(B)\big)$.

---

[1]) Sind zwei Maße μ_1 und μ_2 auf der gleichen σ-Algebra $\mathfrak{A}$ definiert, so heißt μ_1 ***absolut-stetig*** bez. μ_2, falls aus $\mu_2(N) = 0$ für $N \in \mathfrak{A}$ stets $\mu_1(N) = 0$ folgt. Man schreibt hierfür $\mu_1 \ll \mu_2$. Es gibt dann eine (μ_2-meßbare) Funktion $\varrho\colon \mathbb{R}^n \to \mathbb{R}$, $\varrho(x) \geqq 0$, so daß $\mu_1(B) = \int_B \varrho(x)\,\mathrm{d}\mu_2$ für alle $B \in \mathfrak{A}$.

Ist μ_1 ein Wahrscheinlichkeitsmaß, so heißt ϱ *Wahrscheinlichkeitsdichte*. Ist μ_1 nicht absolut-stetig bez. μ_2, so heißt μ_1 *singulär* bez. μ_2. Das invariante Maß (2.15) auf einem Fixpunkt $\bar{x}$ ist z. B. singulär bez. des n-dimensionalen LEBESGUE-Maßes μ_L, welches (populär ausgedrückt) das „Volumenmaß" im $\mathbb{R}^n$ ist. Hier gilt nämlich $\mu_L(\bar{x}) = 0$, aber $\mu_{\bar{x}}(\bar{x}) = 1$.

Ein Maß μ ist genau dann f-invariant, wenn seine Dichte ϱ die *Frobenius-Perron-Gleichung*

$$\varrho_f(y) = \sum_{x_i : f(x_i) = y} \frac{\varrho(x_i)}{\left| \frac{df}{dx} \right|_{x_i} \Bigg|} \tag{2.23}$$

erfüllt (d. h., wenn $\varrho_f = \varrho$). Faßt man (2.23) als rekursiven Algorithmus zur Iteration einer Anfangsdichte ϱ auf, so kann man das Relaxationsverhalten des dynamischen Systems hin zum asymptotischen Verhalten untersuchen, das eventuell durch eine f-invariante Dichte ϱ charakterisiert ist, die ein natürliches Maß definiert. Im allgemeinen strebt jedoch eine beliebige Anfangsdichte nicht gegen eine f-invariante natürliche Dichte (s. z. B. Kruscha und Pompe, 1988). (Im folgenden werden wieder beliebige Systeme (2.1) bzw. (2.2) betrachtet.)

In praktischen Rechnungen approximiert man häufig das natürliche Maß (vorausgesetzt es existiert), indem zunächst eine geeignete (feine) Partitionierung $\beta \equiv \{B_i\}_{i=1}^{M}$ des Attraktors in paarweise disjunkte Teilmengen (sog. *Boxen*) eingeführt wird,

$$\bigcup_{i=1}^{M} \boldsymbol{B}_i \supseteqq A\,, \quad B_i \cap B_j = \emptyset \quad \text{für} \quad i \neq j\,. \tag{2.24}$$

Für typische Trajektorien $\{\boldsymbol{f}^t \boldsymbol{x}_0\}_t$, die im Einzugsgebiet $D(A)$ „starten" $(\boldsymbol{x}_0 \in D(A))$, gilt dann

$$\mu(\boldsymbol{B}_i) = \lim_{T \to \infty} t_{B_i}/T\,, \tag{2.25}$$

wobei t_{B_i} den Teil der Gesamtzeit T angibt, während dem der Trajektorienabschnitt $\{\boldsymbol{f}^t \boldsymbol{x}_0\}_{t=0}^{T}$ in $\boldsymbol{B}_i$ liegt. Dabei heißt eine Trajektorie *typisch*, falls sie in der beschriebenen Weise das natürliche Maß generiert. In praktischen Rechnungen weiß man jedoch in der Regel nicht, ob eine zufällig gewählte Trajektorie typisch ist, da man μ nicht kennt und erst bestimmen will. Um eine gewisse Sicherheit zu haben, kann man mit mehreren Trajektorien μ nach (2.25) generieren. Es sollte dann jeweils das gleiche Maß erhalten werden. Eine andere Möglichkeit zur praktischen Bestimmung des natürlichen Maßes besteht darin, das deterministische System (2.1) bzw. (2.2) durch Zufallsgrößen der Stärke σ zu stören, für die „verrauschte" Trajektorie das Maß μ^σ z. B. nach (2.25) zu bestimmen und dann nach der erwähnten Idee von Kolmogorov (Gl. (2.16)) weiter zu verfahren.

Ein dynamisches System (2.17) heißt *ergodisch*, falls für fast alle (bez. μ) Anfangswerte $\boldsymbol{x}_0$ das Zeitmittel einer beliebigen Funktion $\boldsymbol{g}: \mathbb{R}^n \to \mathbb{R}$ gleich dem Scharmittel bez. μ ist. Dabei ist das *Zeitmittel* von $\boldsymbol{g}$ zum Anfangswert $\boldsymbol{x}_0$ durch

$$\langle \boldsymbol{g} \rangle_t \equiv \lim_{T\to\infty} T^{-1} \sum_{t=0}^{T-1} \boldsymbol{g}(\boldsymbol{f}^t \boldsymbol{x}_0) \tag{2.26}$$

im zeitdiskreten und durch

$$\langle \boldsymbol{g} \rangle_t \equiv \lim_{T\to\infty} T^{-1} \int_0^T \boldsymbol{g}(\boldsymbol{f}^t \boldsymbol{x}_0) \, \mathrm{d}t \tag{2.27}$$

im zeitkontinuierlichen Fall definiert (vorausgesetzt, diese Grenzwerte existieren). Das *Scharmittel* von $\boldsymbol{g}$ bez. μ ist durch

$$\langle \boldsymbol{g} \rangle_\mu \equiv \int_A \boldsymbol{g}(\boldsymbol{x}) \, \mathrm{d}\mu \tag{2.28}$$

definiert (vorausgesetzt, $\boldsymbol{g}$ ist integrierbar). (Beachte: $\mu(A) = 1$.)

Kann der Attraktor A in zwei jeweils $\boldsymbol{f}^t$-invariante Teilmengen $\boldsymbol{B}_1$ und $\boldsymbol{B}_2$ mit jeweils positivem Maß zerlegt werden ($\mu(\boldsymbol{B}_1) > 0$ und $\mu(\boldsymbol{B}_2) > 0$), so heißt das dynamische System (2.17) *zerlegbar*. Ein dynamisches System (2.17) ist nach Birkhoffs Ergodentheorem genau dann ergodisch, wenn es *nicht zerlegbar* ist, d. h., wenn jede $\boldsymbol{f}^t$-invariante meßbare Menge entweder das Maß 0 oder 1 hat (s. z. B. Arnol'd und Avez, 1968). Ein ergodisches System (2.17) kann also nicht in zwei nichttriviale Untersysteme zerlegt werden, die nicht miteinander „kommunizieren". Die dynamischen Systeme (2.18) und (2.19) sind offenbar nicht zerlegbar und somit ergodisch. Das natürliche Maß quasiperiodischer Bewegungen auf einem Torus bzw. irregulärer Bewegungen auf einem chaotischen Attraktor ist ergodisch.

Ein dynamisches System (2.17) heißt *mischend*, falls für zwei beliebige (μ-meßbare) Mengen $\boldsymbol{B}_0$ und $\boldsymbol{B}_1$

$$\lim_{t\to\infty} \mu(\boldsymbol{f}^{-t} B_1 \cap B_0) = \mu(B_0)\,\mu(B_1) \tag{2.29}$$

gilt. $\mu(\boldsymbol{f}^{-t} B_1 \cap B_0)$ gibt die Verbundwahrscheinlichkeit dafür an, daß das System zu einem beliebigen Zeitpunkt t_0 in einem der Zustände von $\boldsymbol{B}_0$ ist und nach der Zeit t in einem der Zustände von $\boldsymbol{B}_1$ angetroffen wird. Für mischende Systeme ist nach (2.29) der Aufenthalt in $\boldsymbol{B}_1$ zum Zeitpunkt $t_0 + t$ für hinreichend große Zeiten t *statistisch unabhängig* vom Anfangsaufenthalt in B_0. Das System

„vergißt" somit seinen Anfangszustand B_0.[1]) Langfristige Voraussagen von (Makro-) Zuständen sind somit in mischenden dynamischen Systemen nicht möglich. Im Abschn. 3.3. wird auf diesen Aspekt bei chaotischen Systemen genauer eingegangen. (Dies bedeutet jedoch keinen Widerspruch zum vorausgesetzten deterministischen Charakter des Systems, wie er im Abschn. 2.1. beschrieben wurde. Aus einem Anfangszustand $\boldsymbol{x}_0$ ist weiterhin jeder zukünftige Zustand $\boldsymbol{f}^t\boldsymbol{x}_0$ eindeutig bestimmt). Mischende Systeme (2.17) sind immer ergodisch. Dies ist sofort zu verstehen, indem in (2.29) eine beliebige $\boldsymbol{f}^t$-invariante Menge $B = B_0 = B_1 \subseteqq A$ genommen wird und $\boldsymbol{f}^t$ $(t \geqq 0)$ umkehrbar ist. Dann gilt $\boldsymbol{f}^{-t}B \cap B = B$, woraus $\mu(B) = \mu(B) \times \mu(B)$ und somit $\mu(B) = 1$ oder 0 folgt, d. h., das dynamische System ist nicht zerlegbar und somit ergodisch. Die BERNOULLI-Abbildungen (2.20) z. B. sind mit dem zugehörigen natürlichen Maß mischend. Das dynamische System (2.19) ist hingegen ergodisch, aber nicht mischend.

3. Quantitative Charakterisierung chaotischer Bewegungen

Chaotische Bewegungen stellen eine bestimmte Art quasi stochastischen Verhaltens dynamischer Systeme dar. Folglich sind zunächst all jene Methoden für ihre Beschreibung sinnvoll, die aus der Theorie stochastischer Systeme bekannt sind, wie z. B. die FOURIER- und Korrelationsanalyse. FOURIER-Spektren typischer chaotischer Signale zeigen breitbandiges Rauschen bei niedrigen Frequenzen, und die Autokorrelationsfunktion fällt (rasch) asymptotisch auf Null. Aus der Spezifik des Ursprungs der irregulären Bewegungen ergeben sich jedoch bei chaotischen Bewegungen einige zusätzliche Möglichkeiten einer quantitativen Charakterisierung, welche in diesem Kapitel aufgeführt und diskutiert werden. Die im folgenden vorgestellten Größen (LJAPUNOV-Exponenten, verschiedene Dimensionen und Entropien) sind invariant bez. bestimmter (z. B. stetig differenzierbarer) Koordinatentransformationen und somit von besonderer Bedeutung für eine Systembeschreibung. Bei ihrer quantitativen Bestimmung im Experiment wird wesentlich von dieser Invarianz Gebrauch gemacht.

---

[1]) Bei den Zuständen $B_0 \subseteqq A$ bzw. $B_1 \subseteqq A$ handelt es sich genauer um sog. *Makrozustände*, die eine gewisse (i. allg. überabzählbare) Menge von *Mikrozuständen* $\boldsymbol{x} \in A$ zu einer Äquivalenzklasse zusammenfassen.

3.1. Ljapunov-Exponenten

Ljapunov-Exponenten (LE) sind reelle Zahlen, welche eine exponentielle Konvergenz (LE < 0), Neutralität (LE $= 0$) bzw. Divergenz (LE > 0) eng (infinitesimal) benachbarter Trajektorien eines dynamischen Systems im zeitlichen Mittel beschreiben. (Bezeichnungen wie *charakteristischer Exponent* und *Ljapunovscher charakteristischer Exponent* sind auch üblich.) Bezeichnet $\boldsymbol{z}(t) \equiv \boldsymbol{z}(t, \boldsymbol{x}_0, \boldsymbol{z}_0)$ eine infinitesimale Störung einer Trajektorie $\{\boldsymbol{f}^t\boldsymbol{x}_0\}_t$ zum Zeitpunkt t, so gilt $\left\langle \left| \boldsymbol{z}(\tau, \boldsymbol{f}^t\boldsymbol{x}_0, \boldsymbol{z}(t)/|\boldsymbol{z}(t)|) \right| \right\rangle_t = \exp(\text{LE} \times \tau)$. Dabei hängt der LE wesentlich von der Richtung der Anfangsstörung $\boldsymbol{z}_0 \equiv \boldsymbol{z}(0)$ ab. Für eine Trajektorie von (2.1) bzw. (2.2) gibt es soviele LE, wie die Dimension n des Phasenraumes angibt. Sie werden im *Spektrum der LE* $(\lambda_1, \lambda_2, \ldots, \lambda_n)$ der Größe nach geordnet $(\lambda_i \geqq \lambda_{i+1})$ zusammengefaßt. Der Begriff des LE verallgemeinert in gewissem Sinne den des (Logarithmus des Betrages des) Eigenwertes der Funktionalmatrix $\mathrm{D}\boldsymbol{f}(\bar{\boldsymbol{x}})$ in einem Fixpunkt $\bar{\boldsymbol{x}}$ für beliebige Orbits. Die Existenz von zumindest einem positiven LE $(\lambda_1 > 0)$ bedeutet eine *sensible Abhängigkeit von den Anfangsbedingungen*. Wie schon in Abschn. 2.2. bemerkt wurde, werden solche dynamischen Systeme *chaotisch* genannt.

Ljapunov-Exponent eindimensionaler zeitdiskreter Systeme

Bevor eine genauere mathematische Begriffsbildung zum LE erfolgt, sei die Bedeutung dieser wichtigen Größe an einem einfachen eindimensionalen Beispiel, der *Zeltabbildung* f^* (Gl. (1.3)), erläutert. Abb. 3.1 zeigt den Graphen dieser Abbildung, deren Wirkung gut verstanden werden kann, wenn die Anfangsbedingung $x_0^* \in [0, 1)$ als Dualzahl $\sum_{i=1}^{\infty} a_i/2^i$ mit $a_i = 0$ oder 1 dargestellt wird. Für $x_0^* \in [0, 1/2)$ (d. h. für $a_1 = 0$) bedeutet die Anwendung der Abbildung f^* ausschließlich eine Rechtsverschiebung des Kommas um eine Stelle und für $x_0^* \in [1/2, 1)$ (d. h. für $a_1 = 1$) zusätzlich eine Invertierung einer jeden Dualstelle ($\underline{a}_i = 0$, falls $a_i = 1$, und umgekehrt):

$$f^*(0, a_1a_2a_3a_4 \ldots) = \begin{cases} 0, a_2a_3a_4 \ldots, & \text{falls } x_0^* \in [0, 1/2) \\ 0, \underline{a}_2\underline{a}_3\underline{a}_4 \ldots, & \text{falls } x_0^* \in [1/2, 1). \end{cases} \tag{3.1}$$

Für rationale Anfangswerte x_0^* ist die Dualziffernfolge $\{a_i\}_i$ ab einer bestimmten Stelle periodisch, d. h., das durch f^* gegebene

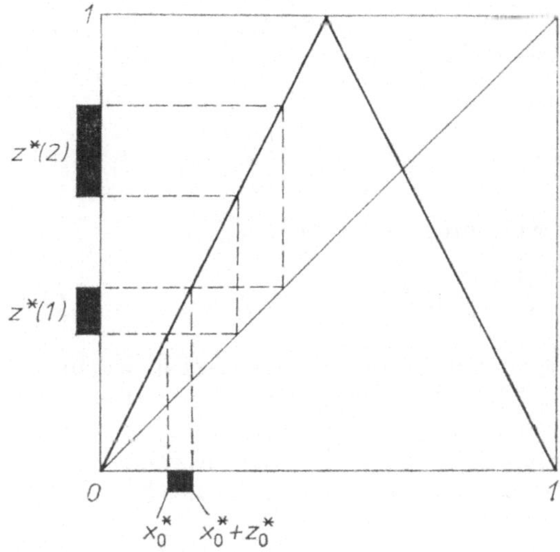

Abb. 3.1. Exponentielle Streckung einer kleinen Anfangsstörung z_0^* unter der Wirkung der Zeltabbildung

dynamische System bewegt sich nach einer gewissen Einlaufzeit auf einem periodischen Orbit. Wählt man dagegen „typische" irrationale Anfangswerte, so „irrt" die Phasenbahn im ganzen Intervall (0, 1) umher und generiert das natürliche Maß μ^*, welches in diesem Fall gleich dem LEBESGUE Maß auf [0, 1] ist. Generieren auch nicht alle irrationalen Anfangswerte μ^* (z. B. nicht $x_0^* = 0{,}101001000100001\ldots$), so haben doch die typischen Werte von $x_0^* \in (0, 1)$ (d. h. jene, die μ^* generieren) das LEBESGUE-Maß Eins. (Dies folgt aus BORELS Theorem über Normalzahlen; s. z. B. WALTERS, 1982, S. 35f.). Bei zufälliger Wahl einer Anfangsbedingung wird also mit der Wahrscheinlichkeit Eins ein typischer Wert für x_0^* gewählt, nur typische Anfangsbedingungen haben somit praktische Relevanz. Insbesondere erzeugen also rationale Anfangswerte untypische Trajektorien. Die zugehörigen periodischen Orbits sind überdies instabil, denn der Betrag des Anstiegs von f^* ist überall 2.

Wird nun zu einem typischen Anfangswert x_0^* eine zweite (typische) Anfangsbedingung $x_0^* + z_0^*$ betrachtet, die sich nur um eine infinitesimale Störung z_0^* von x_0^* unterscheidet, so wird diese Störung nach einer Iteration von f^* in ihrer Größe dem Anstieg von

f^* in x_0^* entsprechend geändert,

$$|z^*(1)| = |f^*(x_0^* + z_0^*) - f^*(x_0^*)| = \left|\frac{\mathrm{d}f^*}{\mathrm{d}x^*}(x_0^*)\right| |z_0^*|.$$

Nach t Iterationen erhält man

$$|z^*(t)| = |f^{*t}(x_0^* + z_0^*) - f^{*t}(x_0^*)| = \left|\frac{\mathrm{d}f^{*t}}{\mathrm{d}x^*}(x_0^*)\right| |z_0^*|.$$

Unter Beachtung der Kettenregel folgt hieraus

$$|z^*(t)| = |z_0^*| \prod_{i=0}^{t-1} \left|\frac{\mathrm{d}f^*}{\mathrm{d}x^*}\left(f^{*i}(x_0^*)\right)\right|. \tag{3.2}$$

Bei der Zeltabbildung ist der Betrag des Anstiegs in jedem der Punkte des Orbits $\{f^{*t}(x_0^*)\}_{t=0}^{\infty}$ gleich zwei und somit $|z^*(t)| = |z_0^*|\ 2^t$. Nach einer jeden Iteration wird die Größe der Störung verdoppelt. Den mittleren Streckungsfaktor $\langle\gamma\rangle$ pro Iteration erhält man durch die Bildung des geometrischen Mittelwertes der lokalen Streckungsfaktoren

$$\begin{aligned} \gamma(t) &\equiv \left|\frac{\mathrm{d}f^*}{\mathrm{d}x^*}\left(f^{*t}(x_0^*)\right)\right|, \\ \langle\gamma\rangle &\equiv \lim_{T\to\infty} \left(\prod_{t=0}^{T-1} \gamma(t)\right)^{1/T}. \end{aligned} \tag{3.3}$$

$\langle\gamma\rangle$ wird *Ljapunov-Zahl* genannt, und durch $\ln\langle\gamma\rangle$ ist der LE definiert:

$$\lambda \equiv \lim_{T\to\infty} T^{-1} \sum_{t=0}^{T-1} \ln \gamma(t), \tag{3.4}$$

vorausgesetzt, der Grenzwert (3.3) bzw. (3.4) existiert. Im betrachteten Beispiel der Zeltabbildung ist offenbar $\langle\gamma\rangle = 2$ und somit $\lambda = \ln 2$.[1]) Unter Beachtung der Kettenregel findet man leicht, daß der LE der t-ten Iterierten f^{*t} von f^* gleich λt ist. Die mittlere Änderung einer kleinen Störung nach t Iterationen ist somit durch $\langle|z^*(t)|\rangle_t = |z_0^*| \exp(\lambda t)$ gegeben. Im Falle der Ergodizität hängt λ nicht von der speziellen Anfangsbedingung x_0^* ab und kann somit alternativ als Scharmittel von $\ln|\mathrm{d}f^*/\mathrm{d}x^*|$ über das (f^*-invariante) natürliche Maß μ^* geschrieben werden,

$$\lambda = \int \ln|\mathrm{d}f^*/\mathrm{d}x^*|\, \mathrm{d}\mu^*.$$

[1]) Es ist üblich, den natürlichen Logarithmus $\log_e \equiv \ln$ zu verwenden. Wegen informationstheoretischer Interpretationen (s. Abschn. 3.3.) wird jedoch zuweilen auch der duale Logarithmus $\log_2 \equiv \mathrm{ld}$ benutzt.

Bei der Zeltabbildung, aber z. B. auch bei den BERNOULLI-Abbildungen (2.20), für die $\lambda = \ln k$ gilt, ist das mittlere Streckungsverhalten wegen der Konstanz der lokalen Streckungsfaktoren besonders leicht zu untersuchen. Ähnlich einfach sind die Verhältnisse bei eindimensionalen Abbildungen (2.2) eines Intervalls $I \subset \mathbb{R}$ in sich, die mit der Ausnahme endlich vieler Punkte überall in I expandierend sind $\left(\inf_{x \in I} |f'(x)| > 1\right)$ und bei denen folglich keine stabilen periodischen Orbits auftreten können. Nach LASOTA und YORKE (1973) existiert dann zumindest ein f-invariantes Maß, das absolut-stetig bez. des LEBESGUE-Maßes ist. Gibt es genau ein solches Maß, so ist das durch f gegebene dynamische System ergodisch bez. dieses Maßes (GROSSMANN und THOMAE, 1977) und wegen der Expansion chaotisch. (Über die Existenz solcher Maße für eindimensionale Abbildungen gibt es umfangreiche strenge Resultate, s. z. B. COLLET und ECKMANN, 1980.)

Treten aber neben einer Expansion auch Kontraktionen auf $(|\mathrm{d}f/\mathrm{d}x| < 1)$, so kann man i. allg. nicht sofort entscheiden, ob die Bewegung chaotisch ist. Gibt es jedoch einen C^1-Diffeomorphismus $h: \mathbb{R} \to \mathbb{R}$, durch den eine Abbildung f mit einer zweiten Abbildung f^* gemäß dem Diagramm (2.21) konjugiert ist, so ist f genau dann chaotisch, wenn f^* chaotisch ist. Beide Abbildungen haben in diesem Fall den gleichen LE, denn unter Beachtung der Kettenregel

$$\frac{\mathrm{d}f}{\mathrm{d}x} = \frac{\mathrm{d}h^{-1}}{\mathrm{d}y^*}\frac{\mathrm{d}f^*}{\mathrm{d}x^*}\frac{\mathrm{d}h}{\mathrm{d}x} = \frac{\mathrm{d}f^*}{\mathrm{d}x^*}\frac{\mathrm{d}h}{\mathrm{d}x}\bigg/\frac{\mathrm{d}h}{\mathrm{d}y}$$

gilt $\lambda = \int [\ln |\mathrm{d}f^*/\mathrm{d}x^*| + \ln |\mathrm{d}h/\mathrm{d}x| - \ln |\mathrm{d}h/\mathrm{d}y|] \,\mathrm{d}\mu$. Wegen der f-Invarianz von μ gilt $\int \ln |\mathrm{d}h/\mathrm{d}y| \,\mathrm{d}\mu = \int \ln |\mathrm{d}h/\mathrm{d}x| \,\mathrm{d}\mu$, und somit folgt unter Beachtung von (2.22) $\lambda = \int \ln |\mathrm{d}f^*/\mathrm{d}x^*| \,\mathrm{d}\mu^*$, d. h., der LE ist invariant bez. stetig differenzierbarer Koordinatentransformationen. Kennt man also eine chaotische Abbildung, so bestimmt diese eine ganze Klasse von chaotischen dynamischen Systemen, die durch Diffeomorphismen miteinander konjugiert sind und die alle den gleichen LE haben.

Wie schon in der Einleitung bemerkt wurde, ist z. B. die Zeltabbildung (1.3) durch den Diffeomorphismus $h(x) = \left(2 \arcsin \sqrt{x}\right)/\pi$ mit der logistischen Abbildung $f_4(x) = 4x(1 - x)$ konjugiert. Nach (2.22) folgt für die transformierte natürliche Wahrscheinlichkeitsdichte $\varrho(x) = |\mathrm{d}h/\mathrm{d}x| = 1/\left(\pi\sqrt{x(1 - x)}\right)$, die das natürliche Maß μ $\left(\mathrm{d}\mu = \varrho(x) \,\mathrm{d}x\right)$ von f_4 bestimmt. Beide Abbildungen haben jedoch den gleichen LE $= \ln 2$, was aus der aufgezeigten Invarianz des LE folgt.

Die zeitliche Entwicklung einer kleinen Störung z eines Orbits von f_4 ist nicht mehr gleichmäßig, denn im Intervall $(3/8, 5/8)$ ist der lokale Streckungsfaktor kleiner als Eins. Außerhalb dieses Intervalls findet jedoch Expansion statt, die im Zeitmittel überwiegt. Zur quantitativen Beschreibung der Ungleichförmigkeit des lokalen Streckungsverhaltens führten NICOLIS et al. (1983) den sog. *Ungleichförmigkeitsfaktor* (Non-Uniformity-Factor)

$$\mathrm{NUF} \equiv \sqrt{\lim_{T\to\infty} T^{-1} \sum_{t=0}^{T-1} (\ln \gamma(t) - \lambda)^2} \tag{3.5}$$

ein. Er stellt die Standardabweichung der *lokalen LE* $\ln \gamma(t)$ vom Mittelwert λ dar. Für die Zeltabbildung f^* verschwindet der NUF, während er für die konjugierte logistische Abbildung f_4 den Wert $\pi/(2\sqrt{3})$ annimmt. Dieses Beispiel zeigt somit, daß der NUF keine Invariante unter beliebigen Koordinatentransformationen ist.

Spektrum der Ljapunov-Exponenten

Für höherdimensionale dynamische Systeme (2.1) bzw. (2.2) werden LE nun analog zum beschriebenen eindimensionalen, zeitdiskreten Fall eingeführt. Zunächst wird angenommen, daß der Fluß $\boldsymbol{f}$ explizit bekannt ist (wie im zeitdiskreten Fall (2.2)). Um die zeitliche Entwicklung einer kleinen (infinitesimalen) Störung eines Anfangszustandes $\boldsymbol{x}_0$ zu untersuchen, wird ein Nachbar $\boldsymbol{y}_0$ von $\boldsymbol{x}_0$ gewählt und der Streckungsfaktor $|\boldsymbol{f}^t\boldsymbol{y}_0 - \boldsymbol{f}^t\boldsymbol{x}_0|/|\boldsymbol{y}_0 - \boldsymbol{x}_0|$ der Anfangsstörung $\boldsymbol{y}_0 - \boldsymbol{x}_0$ für $\boldsymbol{y}_0 \to \boldsymbol{x}_0$ nach der Zeit t betrachtet (ist dieser Faktor kleiner als Eins, so ist er selbstverständlich ein Stauchungsfaktor). Im Gegensatz zum eindimensionalen Fall hat man hier zu beachten, daß dieser Faktor i. allg. vom Weg abhängt, auf dem $\boldsymbol{y}_0$ gegen $\boldsymbol{x}_0$ strebt. Diese Abhängigkeit wird nun genauer untersucht, indem in einer Hilfskonstruktion ein (glattes) Kurvenstück $\{\mathfrak{C}(s)\}_{s\in[0,1]} \subset \mathbb{R}^n$ betrachtet wird, auf dem $\boldsymbol{y}_0$ gegen $\boldsymbol{x}_0$ strebt. Dabei sei $\mathfrak{C}(0) = \boldsymbol{x}_0$ sowie $\mathfrak{C}(1) = \boldsymbol{y}_0$, und der Tangentenvektor

$$\boldsymbol{z}_0 \equiv \lim_{s\to 0} \frac{\mathfrak{C}(s) - \boldsymbol{x}_0}{s}$$

an das Kurvenstück im Punkt $\boldsymbol{x}_0$ existiere und sei nicht der Nullvektor. Falls das Kurvenstück z. B. mit einem Stück der Trajektorie $\{\boldsymbol{f}^t\boldsymbol{x}_0\}_{t\in\mathbb{R}}$ übereinstimmt und für den Parameter $s = t$ gilt, so ist $\boldsymbol{z}_0$ der Geschwindigkeitsvektor $\boldsymbol{F}(\boldsymbol{x}_0)$ aus Gl. (2.1). Der Streckungsfaktor einer infinitesimalen Störung von $\boldsymbol{x}_0$, die in die Richtung des Tangentenvektors $\boldsymbol{z}_0$ zeigt, ist dann durch

$$\lim_{s\to 0} \frac{|\boldsymbol{f}^t\mathfrak{C}(s) - \boldsymbol{f}^t\boldsymbol{x}_0|}{|\mathfrak{C}(s) - \boldsymbol{x}_0|} = \frac{|\mathrm{D}\boldsymbol{f}^t(\boldsymbol{x}_0)\,\boldsymbol{z}_0|}{|\boldsymbol{z}_0|} \tag{3.6}$$

gegeben, wobei $\mathrm{D}\boldsymbol{f}^t(\boldsymbol{x}_0)$ die Funktionalmatrix (2.7) des Flusses $\boldsymbol{f}^t$ im Punkt $\boldsymbol{x}_0$ bezeichnet. Dabei ist

$$\begin{aligned} \boldsymbol{z}(t) &= \mathrm{D}\boldsymbol{f}^t(\boldsymbol{x}_0)\,\boldsymbol{z}_0 \\ &= \mathrm{D}\boldsymbol{f}\big(\boldsymbol{x}(t-1)\big)\,\mathrm{D}\boldsymbol{f}\big(\boldsymbol{x}(t-2)\big)\cdots\mathrm{D}\boldsymbol{f}(\boldsymbol{x}_0)\,\boldsymbol{z}_0 \end{aligned} \tag{3.7}$$

der Tangentenvektor im Punkt $\boldsymbol{f}^t\boldsymbol{x}_0$ an das durch den Fluß $\boldsymbol{f}^t$ transformierte Kurvenstück $\{\boldsymbol{f}^t\mathfrak{C}(s)\}_{s\in[0,1]}$ (in der zweiten Gleichung von (3.7) sei t ganzzahlig vorausgesetzt). $\mathrm{D}\boldsymbol{f}^t(\boldsymbol{x}_0)$ definiert somit eine lineare Abbildung, die Tangentenvektoren in Tangentenvektoren überführt. n linear unabhängige Tangentenvektoren im Punkt $\boldsymbol{x}(t) = \boldsymbol{f}^t\boldsymbol{x}_0$ $(t = 1, 2, 3, \ldots)$ (das konnen z. B. linear unabhängige Eigenvektoren von $\mathrm{D}\boldsymbol{f}^t(\boldsymbol{x}_0)$ sein) spannen den (n-dimensionalen linearen) *Tangentialraum* $T_{\boldsymbol{x}(t)}\mathbb{R}^n$ im Punkt $\boldsymbol{x}(t)$ auf (s. z. B. ARNOL'D, 1979). Nach dem ersten Zeitschritt liegt $\mathrm{D}\boldsymbol{f}(\boldsymbol{x}_0)\,\boldsymbol{z}_0 = \boldsymbol{z}(1)$ in $T_{\boldsymbol{x}(1)}\mathbb{R}^n$, nach dem zweiten liegt $\mathrm{D}\boldsymbol{f}\big(\boldsymbol{x}(1)\big)\,\boldsymbol{z}(1) = \boldsymbol{z}(2)$ in $T_{\boldsymbol{x}(2)}\mathbb{R}^n$ usw.

Zeigt nun $\boldsymbol{z}_0$ in die Richtung des i-ten (i. allg. komplexen) Eigenvektors von $\mathrm{D}\boldsymbol{f}(\boldsymbol{x}_0)$ $(i = 1, 2, \ldots, n)$, so ist der Streckungsfaktor (3.6) durch den Betrag $\gamma_i(t)$ des zugehörigen i-ten Eigenwertes gegeben. Der mittlere Streckungsfaktor pro Zeiteinheit ist dann das geometrische Mittel

$$\langle\gamma_i\rangle \equiv \lim_{t\to\infty} \gamma_i(t)^{1/t}, \quad i = 1, 2, \ldots, n,$$

und durch $\ln\langle\gamma_i\rangle$ ist der i-te LE

$$\lambda_i \equiv \lim_{t\to\infty} t^{-1} \ln \gamma_i(t), \quad i = 1, 2, \ldots, n, \tag{3.8}$$

definiert. Bei vorausgesetzter Ergodizität des dynamischen Systems (2.17) (wobei der Träger supp μ kompakt sei) liefern fast alle (bez. μ) Anfangszustände $\boldsymbol{x}_0$ die gleichen LE. (Dies folgt aus dem Multiplikativen Ergodentheorem von OSELEDEC, 1968.) Darüber hinaus ist mit den mittleren Streckungsfaktoren $\langle\gamma_i\rangle$ auch das Spektrum

$(\lambda_1, \lambda_2, \ldots, \lambda_n)$ der LE invariant unter (diffeomorphen) Koordinatentransformationen. Im Falle eines Fixpunktes $\bar{\boldsymbol{x}} = \boldsymbol{x}_0$ von $\boldsymbol{f}^t$ ist $\langle \gamma_i \rangle$ der Betrag des i-ten Eigenwertes von $\mathrm{D}\boldsymbol{f}^t(\bar{\boldsymbol{x}})$. Der Grenzübergang in (3.8) zur Bestimmung von λ_i ist in diesem Fall also nicht nötig.

Zeigt $\boldsymbol{z}_0$ nicht in die Richtung eines Eigenvektors von $\mathrm{D}\boldsymbol{f}^t(\boldsymbol{x}_0)$, so richtet sich die Störung $\boldsymbol{z}(t)$ im Laufe der Zeit jedoch so aus, daß sie möglichst schnell wächst (bzw. möglichst langsam kontrahiert), so daß $\lim_{t\to\infty} t^{-1} \ln (|\boldsymbol{z}(t)|/|\boldsymbol{z}_0|) = \lambda_i$ für irgendein $i \in \{1, 2, \ldots, n\}$ gilt. Der konkrete Wert von i hängt davon ab, ob die Projektionen von $\boldsymbol{z}_0$ auf gewisse Unterräume von $T_{\boldsymbol{x}_0}\mathbb{R}^n$ den Nullvektor ergeben oder nicht: Seien $\lambda^{(1)} > \lambda^{(2)} > \cdots > \lambda^{(\tilde{n})}$ wiederum die LE (3.8), nun aber nicht mehr ihrer Vielfachheit n_i $(= 1, 2, \ldots, n)$ entsprechend wiederholt $\left(n = \sum_{i=1}^{\tilde{n}} n_i\right)$. Dann gibt es lineare Unterräume $E^i_{\boldsymbol{x}(t)}$ $(i = 1, 2, \ldots, \tilde{n})$ von $T_{\boldsymbol{x}(t)}\mathbb{R}^n$ mit

$$T_{\boldsymbol{x}(t)}\mathbb{R}^n = E^1_{\boldsymbol{x}(t)} \supset E^2_{\boldsymbol{x}(t)} \supset \cdots \supset E^{\tilde{n}}_{\boldsymbol{x}(t)}, \tag{3.9}$$

wobei $E^i_{\boldsymbol{x}(t)}$ die Dimension $\sum_{j=i}^{\tilde{n}} n_j$ hat, und für $\boldsymbol{z}_0 \neq$ Nullvektor gilt

$$\lim_{t\to\infty} t^{-1} \ln |\boldsymbol{z}(t)| = \begin{cases} \lambda^{(i)}, & \text{falls } \boldsymbol{z}_0 \in E^i_{\boldsymbol{x}_0} \setminus E^{i+1}_{\boldsymbol{x}_0} \quad \text{für} \quad i = 1, 2, \ldots, \tilde{n} - 1 \\ \lambda^{(\tilde{n})}, & \text{falls } \boldsymbol{z}_0 \in E^{\tilde{n}}_{\boldsymbol{x}_0}. \end{cases} \tag{3.10}$$

Im zeitkontinuierlichen Fall hat man den Fluß $\boldsymbol{f}$ in der Regel nicht explizit gegeben. Zur Bestimmung der LE schreibt man deshalb das (i. allg. nichtlineare) System (2.1) um, indem man es entlang einer Trajektorie linearisiert: Sei $\boldsymbol{x}$ eine Referenztrajektorie (Lösung) von (2.1) und $\boldsymbol{x} + \boldsymbol{z}$ der um einen infinitesimalen Vektor $\boldsymbol{z}(t)$ gestörte Orbit, der auch Lösung von (2.1) ist. Dann gilt

$$\mathrm{d}(\boldsymbol{x} + \boldsymbol{z})/\mathrm{d}t = \boldsymbol{F}(\boldsymbol{x} + \boldsymbol{z}) = \boldsymbol{F}(\boldsymbol{x}) + \mathrm{D}\boldsymbol{F}(\boldsymbol{x})\, \boldsymbol{z}.$$

Aus $\mathrm{d}\boldsymbol{x}/\mathrm{d}t = \boldsymbol{F}(\boldsymbol{x})$ folgt dann für die Störung $\boldsymbol{z}$ das System linearer Differentialgleichungen

$$\mathrm{d}\boldsymbol{z}/\mathrm{d}t = \mathrm{D}\boldsymbol{F}(\boldsymbol{x})\, \boldsymbol{z} \tag{3.11}$$

mit der i. allg. zeitabhängigen Koeffizientenmatrix $\mathrm{D}\boldsymbol{F}(\boldsymbol{x}(t))$. Ist $\boldsymbol{x}$ ein Fixpunkt, so geht (3.11) in (2.9) über. Löst man also das gekoppelte System (2.1) und (3.11) zur Anfangsbedingung $(\boldsymbol{x}_0, \boldsymbol{z}_0)$, so erhält man $\boldsymbol{z}(t)$ und kann nach (3.10) die gesuchten LE bestimmen. (Zum Problem der Wahl der Richtung von $\boldsymbol{z}_0$ s. u.)

Spektraltypen von Attraktoren

Die Vorzeichen aus dem Spektrum der LE gestatten eine gewisse Klassifizierung der Attraktoren. Abb. 3.2 stellt mögliche Spektraltypen von Attraktoren zusammen, die in diesem Buch betrachtet werden. Durch gewisse Bedingungen treten im $\mathbb{R}^n$ nicht alle der 3^n

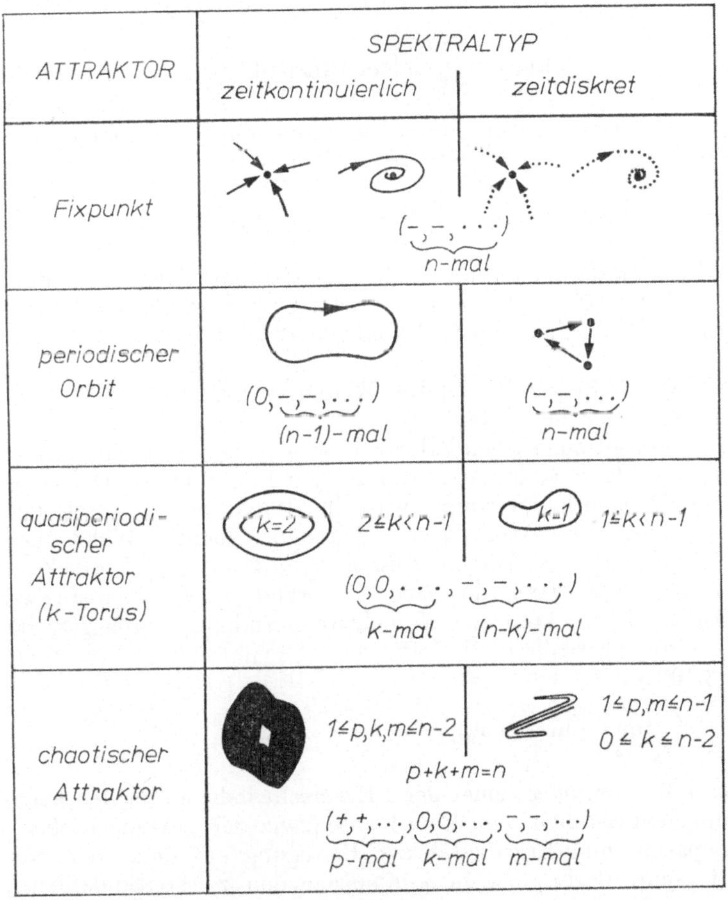

ATTRAKTOR	SPEKTRALTYP zeitkontinuierlich	SPEKTRALTYP zeitdiskret
Fixpunkt	$(\underbrace{-,-,\dots}_{n\text{-mal}})$	$(\underbrace{-,-,\dots}_{n\text{-mal}})$
periodischer Orbit	$(0,\underbrace{-,-,\dots}_{(n-1)\text{-mal}})$	$(\underbrace{-,-,\dots}_{n\text{-mal}})$
quasiperiodischer Attraktor (k-Torus)	$k=2$; $2 \le k < n-1$; $(\underbrace{0,0,\dots}_{k\text{-mal}},\underbrace{-,-,\dots}_{(n-k)\text{-mal}})$	$k=1$; $1 \le k < n-1$; $(\underbrace{0,0,\dots}_{k\text{-mal}},\underbrace{-,-,\dots}_{(n-k)\text{-mal}})$
chaotischer Attraktor	$1 \le p,k,m \le n-2$; $p+k+m=n$; $(\underbrace{+,+,\dots}_{p\text{-mal}},\underbrace{0,0,\dots}_{k\text{-mal}},\underbrace{-,-,\dots}_{m\text{-mal}})$	$1 \le p,m \le n-1$; $0 \le k \le n-2$; $p+k+m=n$; $(\underbrace{+,+,\dots}_{p\text{-mal}},\underbrace{0,0,\dots}_{k\text{-mal}},\underbrace{-,-,\dots}_{m\text{-mal}})$

Abb. 3.2. Vorzeichentypen des Spektrums der LJAPUNOV-Exponenten verschiedener Attraktoren

möglichen Variationen der Vorzeichen „+“ und „−“ sowie der Null auf. Berücksichtigt man, daß det $\mathrm{D}\boldsymbol{f}^t(\boldsymbol{x}_0)$ gleich dem Produkt der Eigenwerte von $\mathrm{D}\boldsymbol{f}^t(x_0)$ ist und somit $|\det \mathrm{D}\boldsymbol{f}^t(x_0)| = \prod_{i=1}^{n} \gamma_i(t)$ den Stauchungs- bzw. Streckungsfaktor eines Volumenelementes an der Stelle $\boldsymbol{x}_0$ unter der Wirkung von $\boldsymbol{f}^t$ beschreibt, so findet man für die Summe der LE

$$\sum_{i=1}^{n} \lambda_i = \lim_{t\to\infty} t^{-1} \ln |\det \mathrm{D}\boldsymbol{f}^t(\boldsymbol{x}_0)|$$

$$= \lim_{T\to\infty} T^{-1} \sum_{t=0}^{T-1} \ln \left|\det \mathrm{D}\boldsymbol{f}\big(\boldsymbol{x}(t)\big)\right|. \tag{3.12}$$

Im zeitkontinuierlichen Fall kann diese Summe auch aus dem Zeitmittel

$$\left\langle \operatorname{div} \boldsymbol{F}\big(\boldsymbol{x}(t)\big)\right\rangle_t = \sum_{i=1}^{n} \lambda_i \tag{3.13}$$

erhalten werden. Falls das Volumen (d. h. das LEBESGUE-Maß) von Gebieten $U \subset \mathbb{R}^n$ durch die Wirkung des dissipativen Phasenflusses im Mittel exponentiell kontrahiert wird, so ist die Summe der LE negativ. (Dies ist z. B. gewährleistet, wenn die Bedingung (2.6) bzw. (2.8) erfüllt ist.) Der Klassifizierung in Abb. 3.2 liegt diese Annahme zugrunde.

Im zeitkontinuierlichen Fall verschwindet darüber hinaus immer einer der LE, falls der Attraktor A kein Fixpunkt ist. Der zugehörige Tangentialunterraum wird im Punkt $\boldsymbol{x} \in A$ durch den Geschwindigkeitsvektor $\mathrm{d}\boldsymbol{x}/\mathrm{d}t = \boldsymbol{F}(\boldsymbol{x})$ aufgespannt. Wählt man z. B. in (3.7) die Anfangsstörung $\boldsymbol{z}_0 = \boldsymbol{F}(\boldsymbol{x}_0)$ ($\neq$ Nullvektor, falls $\boldsymbol{x}_0$ kein Fixpunkt ist), so erhält man $\boldsymbol{z}(t) = \boldsymbol{F}(\boldsymbol{f}^t\boldsymbol{x}_0) = \mathrm{D}\boldsymbol{f}^t(\boldsymbol{x}_0)\,\boldsymbol{F}(\boldsymbol{x}_0)$. Weil $\boldsymbol{x}_0 \in A$ nichtwandernd ist, kommt $\boldsymbol{f}^t\boldsymbol{x}_0$ für $t \to \infty$ immer wieder in die Nähe von $\boldsymbol{x}_0$, so daß für den Grenzwert in (3.10)

$$\lim_{t\to\infty} t^{-1} \ln |\boldsymbol{F}(\boldsymbol{f}^t\boldsymbol{x}_0)| = 0$$

gilt, d. h., zumindest einer der LE verschwindet unter den angenommenen Bedingungen. Eine Konsequenz der „exponentiellen“ Dissipation und Ergodizität der Bewegung auf dem Attraktor liegt somit darin, daß in n-dimensionalen zeitkontinuierlichen dynamischen Systemen chaotische Attraktoren (bei denen zumindest $\lambda_1 > 0$) nur für $n \geqq 3$ auftreten können. Die einzig möglichen Attraktoren in zweidimensionalen zeitkontinuierlichen Systemen sind Fixpunkte und periodische Orbits. Bei hyperbolischen Fixpunktattraktoren $\bar{x}$ sind alle LE negativ, denn die Funktionalmatrix $Df(\bar{x})$ hat hier nur Eigenwerte, deren Beträge jeweils kleiner als Eins sind.

Zur experimentellen Bestimmung der Ljapunov-Exponenten

Bei der experimentellen Bestimmung der LE sind zwei grundsätzlich verschiedene Situationen zu unterscheiden. Das ist zum einen das Computerexperiment, dem ein gewisses mathematisches Modell des realen Systems zugrunde liegt, d. h. eine gewisse Bewegungsgleichung (2.1) oder (2.2), deren Lösung numerisch zu konkreten Anfangsbedingungen zumindest approximativ bestimmt wird (analytische Lösungen sind i. allg. nicht möglich). Zum anderen ist es das „reale" Experiment, in welchem eine oder mehrere Zustandsgrößen gemessen werden (das ist i. allg. kein vollständiger Satz von Zustandsgrößen), woraus die LE bestimmt werden sollen, die dann a posteriori Hinweise für die Modellierung des realen Systems geben können. In beiden Situationen, und insbesondere in der zweiten, gibt es streng genommen immer nur die Möglichkeit einer gewissen Schätzung der LE. Besonders unter Physikern gibt es große Anstrengungen zur Entwicklung praktikabler Berechnungsalgorithmen, die aber teilweise noch einer soliden mathematischen Begründung entbehren. So sind z. B. wegen des endlichen Zahlenvorrates auf Digitalrechnern prinzipiell nur periodische Orbits zu erhalten, aber keine chaotischen (nichtperiodischen) Trajektorien. Wegen der mittleren exponentiellen Instabilität der Bewegung auf chaotischen Attraktoren kann man darüber hinaus i. allg. nicht erwarten, daß die zu einer vorgegebenen Anfangsbedingung lt. Existenzsatz eindeutig gehörende Trajektorie durch den numerisch zur selben Anfangsbedingung erhaltenen Orbit approximiert wird (s. z. B. Katsura und Fukuda, 1985, sowie die Bemerkungen zum Beschattungslemma für Orbits auf sog. hyperbolischen Mengen in Abschn. 6.1.). Darüber hinaus ist der Grenzübergang in (3.8) wegen der endlichen Rechenzeit nicht ausführbar. Trotz der angedeuteten Probleme kann man jedoch relativ zuverlässige Schätzungen der LE durch ein Computerexperiment erwarten, wenn durch den numerischen Orbit das natürliche Wahrscheinlichkeitsmaß zumindest approximativ generiert wird. Eine Vielzahl von Vergleichsrechnungen an analytisch lösbaren Modellsystemen rechtfertigt diese Erwartung, wenngleich leicht Gegenbeispiele gefunden werden können (s. z. B. McCauley und Palmore, 1986).

In realen Experimenten treten zunächst zum Computerexperiment analoge Schwierigkeiten auf, die sich hier aus der endlichen Meßgenauigkeit und -zeit sowie aus den immer vorhandenen Wechselwirkungen des Systems mit seiner Umwelt (deren zufällige Wirkung auf das System kurz „Rauschen" genannt wird) ergeben. (Der Grenzübergang: Rauschstärke $\sigma \to 0$ in Gl. (2.16) kann nicht vollzogen werden.) Streng genommen existieren LE für „verrauschte" dynamische Systeme nicht (sie haben hier den Wert Unendlich). Sind aber die Referenztrajektorie $\boldsymbol{x}$ und der gestörte Orbit $\boldsymbol{x} + \boldsymbol{z}$ für bestimmte Zeitabschnitte weit genug voneinander entfernt, so daß die Störung $|\boldsymbol{z}(t)|$ viel größer als die Rauschstärke σ ist und gleichzeitig klein genug (d. h. kleiner als ein gewisses $\delta > 0$), so daß ihre zeitliche Entwicklung noch näherungsweise durch das linearisierte System (3.7) bzw. (3.11) beschrieben werden kann, dann kann man aus der Untersuchung der Entwicklung von Störungen, für die $\sigma \ll |\boldsymbol{z}(t)| < \delta$ gilt, die gesuchten LE schätzen.

Im folgenden wird zunächst die von Benettin et al. (1980) vorgeschlagene Methode zur LE-Schätzung in einem Computerexperiment vorgestellt, die wegen ihrer Anschaulichkeit insbesondere das Verständnis zu den LE vertieft.

Bestimmung der Ljapunov-Exponenten im Computerexperiment

Zur Bestimmung des größten LE wählt man zunächst eine (typische) Anfangsbedingung $\boldsymbol{x}_0$ auf dem Attraktor oder aus seinem Einzugsgebiet und eine (fast) beliebige Anfangsstörung $\boldsymbol{z}_0 \in \mathbb{R}^n$, die bei zufälliger Wahl mit der Wahrscheinlichkeit Eins in $E^1_{\boldsymbol{x}_0} \setminus E^2_{\boldsymbol{x}_0}$ liegt (s. (3.9) und (3.10)), denn die Dimension des Tangentialunterraumes $E^2_{\boldsymbol{x}_0}$ ist kleiner als die Phasenraumdimension n (dies ist auch die Dimension von $E^1_{\boldsymbol{x}_0}$), so daß $E^2_{\boldsymbol{x}_0}$ eine Nullmenge bez. des n-dimensionalen Lebesgue-Maßes ist. Die zeitliche Entwicklung von $\boldsymbol{z}_0$ wird im zeitdiskreten Fall nach (3.7) durch Multiplikation (von rechts) mit der Funktionalmatrix $\mathrm{D}\boldsymbol{f}$ an den verschiedenen Punkten des Orbits $\{\boldsymbol{x}(t)\}_t$ bestimmt und im zeitkontinuierlichen Fall durch Lösung von (3.11). In beiden Fällen muß zur Bestimmung von $\boldsymbol{z}(t)$ simultan der Orbit $\boldsymbol{x}(t)$

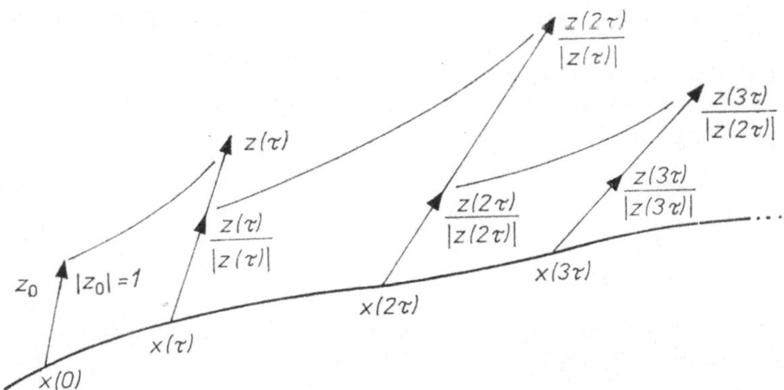

Abb. 3.3. Zur Illustration der Renormierungen des Störungsvektors $\boldsymbol{z}(t)$ im Tangentialraum an die Referenztrajektorie $\boldsymbol{x}$ zur Bestimmung des größten LJAPUNOV-Exponenten

des Ausgangssystems (2.2) bzw. (2.1) bestimmt werden. Aus (3.10) folgt dann $\lambda_1 = \lim\limits_{t\to\infty} t^{-1} \ln |\boldsymbol{z}(t)|$.

Im chaotischen Fall wächst $|\boldsymbol{z}(t)|$ im Mittel exponentiell, so daß sich für große Werte von t i. allg. numerische Überlaufprobleme ergeben. Dieser Schwierigkeit kann unter Beachtung der Linearität von (3.7) bzw. (3.11) begegnet werden: Mit $\boldsymbol{z}(t)$ ist auch $a \times \boldsymbol{z}(t)$, $a \in \mathbb{R}$, Lösung von (3.11), und in (3.7) gilt $\mathrm{D}\boldsymbol{f}^t(\boldsymbol{x}_0)\,(a \times \boldsymbol{z}_0) = a\, \mathrm{D}\boldsymbol{f}^t(\boldsymbol{x}_0)\, \boldsymbol{z}_0 = a \times \boldsymbol{z}(t)$. Deshalb kann die Störung in gewissen Zeitabständen mit geeigneten Faktoren multipliziert werden, so daß sie nicht zu groß wird. Dabei wird günstig $|\boldsymbol{z}_0| = 1$ gewählt und jeweils zu den Zeitpunkten $i\tau$ ($i = 1, 2, 3, \ldots; \tau > 0$) auf die Länge Eins renormiert, wie es in Abb. 3.3 illustriert ist. Man erhält dann die Sequenz von Renormierungsfaktoren

$$\{k_j \equiv |\boldsymbol{z}(j\tau)|/|\boldsymbol{z}((j+1)\,\tau)|\}_j,$$

so daß $\prod\limits_{j=0}^{i-1} k_j = 1/|\boldsymbol{z}(i\tau)|$ gilt. Für den LE λ_1 folgt somit

$$\lambda_1 = \lim_{i\to\infty} -i^{-1} \sum_{j=0}^{i-1} \tau^{-1} \ln k_j.$$

Für $j \to \infty$ und $\tau = 1$ im zeitdiskreten bzw. $\tau \to 0$ im zeitkontinuierlichen Fall wird $-\tau^{-1} \ln k_j$ der zu λ_1 gehörige lokale LE an der Stelle $\boldsymbol{x}(j\tau)$ genannt. Analog zu (3.5) kann nun ein zu λ_1 gehöriger NUF bestimmt werden.

Ist λ_1 bekannt, so kann daraus zuweilen das ganze Spektrum der LE bestimmt werden, unter Beachtung von (3.12) bzw. (3.13) und des Umstandes, daß evtl. einer der LE verschwindet. Zur Illustration sei das Pendel (1.5) betrachtet, dessen Bewegungsgleichung die Normalform

$$\begin{aligned} \dot{x}_1 &= x_2, \\ \dot{x}_2 &= -Bx_2 - (1 + A\cos x_3)\sin x_1, \\ \dot{x}_3 &= \Omega \end{aligned} \tag{3.14}$$

hat. Dabei wurde $x_3 \equiv \Omega t$ gesetzt, um ein autonomes System zu erhalten. Hier gilt

$$\operatorname{div} \boldsymbol{F} = -B,$$

d. h., das Pendel (3.14) ist ein dissipatives System für positive Werte des Dämpfungsparameters B. Im chaotischen Fall folgt unter Beachtung von (3.13)

$$(\lambda_1, \lambda_2, \lambda_3) = (\lambda_1, 0, -B - \lambda_1).$$

Im periodischen Regime gilt $\lambda_1 = 0$ und $\lambda_2, \lambda_3 < 0$. Um nun λ_2 zu bestimmen, muß die Anfangsstörung $\boldsymbol{z}_0$ aus $E^2_{\boldsymbol{x}_0} \setminus E^3_{\boldsymbol{x}_0}$ gewählt werden (s. Gl. (3.10)). Eine zufällig gewählte Störung $\boldsymbol{z}_0 \in \mathbb{R}^3$ liegt aber mit der Wahrscheinlichkeit Eins in $E^1_{\boldsymbol{x}_0} \setminus E^2_{\boldsymbol{x}_0}$. Aus der ursprünglichen Nichtautonomität von (3.14) ergibt sich jedoch sofort die Möglichkeit der speziellen Wahl von $\boldsymbol{z}_0$ aus $E^2_{\boldsymbol{x}_0} \setminus E^3_{\boldsymbol{x}_0}$. Dazu sei zunächst das zu (3.14) gehörige lineare System (3.11) betrachtet:

$$\begin{pmatrix} \dot{z}_1 \\ \dot{z}_2 \\ \dot{z}_3 \end{pmatrix} = \begin{pmatrix} 0 & 1 & 0 \\ -(1 + A\cos x_3)\cos x_1 & -B & A\sin x_1 \sin x_3 \\ 0 & 0 & 0 \end{pmatrix} \begin{pmatrix} z_1 \\ z_2 \\ z_3 \end{pmatrix}. \tag{3.15}$$

Störungen $\boldsymbol{z} = (0, 0, z_3)$ in der Zeitrichtung sind also konstant. Dieser Richtung entspricht somit ein verschwindender LE. Wählt man nun $\boldsymbol{z}(0) = \big(z_1(0), z_2(0), 0\big)$ ($\neq$ Nullvektor), so ist $z_3(t) = 0$ für $t \geqq 0$ und (3.15) reduziert sich auf das zweidimensionale System

$$\begin{pmatrix} \dot{z}_1 \\ \dot{z}_2 \end{pmatrix} = \begin{pmatrix} 0 & 1 \\ -(1 + A\cos \Omega t)\cos x_1 & -B \end{pmatrix} \begin{pmatrix} z_1 \\ z_2 \end{pmatrix}. \tag{3.16}$$

Wird zu (3.16) eine Anfangsbedingung $(z_1(0), z_2(0))$ zufällig gewählt, so liegt diese mit der Wahrscheinlichkeit Eins in $E^1_{x_0} \setminus E^2_{x_0}$ im chaotischen Fall und in $E^2_{x_0} \setminus E^3_{x_0}$ im periodischen Fall. Die simultane Integration von (3.14) und (3.16) liefert dann $\lambda \equiv \lim_{t\to\infty} t^{-1} \ln |\boldsymbol{z}(t)| = \lambda_1$, falls $\lambda \geqq 0$, bzw. $\lambda = \lambda_2$, falls $\lambda < 0$ (d. h. im periodischen Regime). Abb. 3.4 zeigt das somit erhaltene Spektrum der LE für das Pendel (3.14) als Funktion der Erregeramplitude A.

Für genügend hochdimensionale dynamische Systeme können jedoch in der Regel nicht alle anderen LE aus λ_1 bzw. λ_2 bestimmt werden. Dann muß nach (3.10) die Anfangsstörung aus den entsprechenden Tangentialunterräumen gewählt werden. Wie oben bemerkt wurde, liefert aber ein zufällig gewählter Vektor $\boldsymbol{z}_0 \in \mathbb{R}^n$ immer den größten LE. Auch wenn es gelänge, zur Bestimmung von $\lambda^{(i)}$ eine

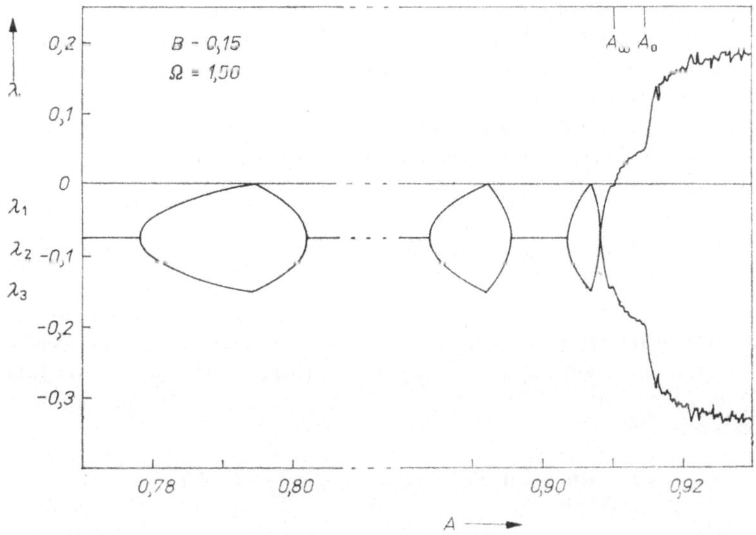

Abb. 3.4. Im Computerexperiment erhaltenes Spektrum der LJAPUNOV-Exponenten für das Pendel (3.14). Falls $A \lesssim 0{,}795$, so rotiert das Pendel kontinuierlich in einer Richtung mit der Periode $T = 2\pi/\Omega$. An den Stellen mit $\lambda_1 = 0 = \lambda_2$ treten periodenverdoppelnde Bifurkationen auf. Für $A > A_\infty$ ist die Bewegung chaotisch. An der Stelle $A = A_c$ tritt eine Krise auf (s. dazu Abschn. 5.3., vgl. auch Abb. 1.7 und 1.8)

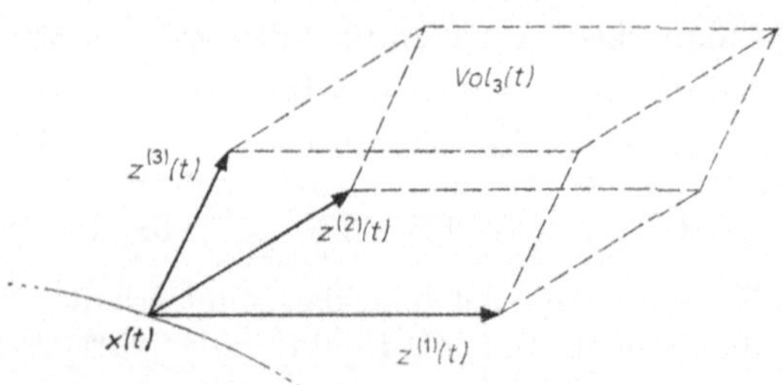

Abb. 3.5. Dreidimensionales Parallelepiped, dessen Volumen sich im Mittel gemäß $\langle \mathrm{Vol}_3\,(t)\rangle_t = \mathrm{Vol}_3\,(0) \times \exp\left(t(\lambda_1 + \lambda_2 + \lambda_3)\right)$ entwickelt

Störung $\boldsymbol{z}_0$ aus $E^i_{\boldsymbol{x}_0} \setminus E^{i+1}_{\boldsymbol{x}_0}$ zu wählen, so würde doch durch numerische Rundungsfehler der Tangentialunterraum $E^i_{\boldsymbol{x}(t)} \setminus E^{i+1}_{\boldsymbol{x}(t)}$ bald von $\boldsymbol{z}(t)$ verlassen werden, so daß schließlich wiederum der größte LE bestimmt werden würde. Nach Benettin et al. (1980) kann man dieses Problem lösen, indem die zeitliche Entwicklung k-dimensionaler Volumenelemente (Parallelepipede) der Größe $\mathrm{Vol}_k\,(t)$ $(k = 1, 2, \ldots, n)$ betrachtet wird, die durch k linear unabhängige Störungsvektoren $\boldsymbol{z}^{(1)}(t), \ldots, \boldsymbol{z}^{(k)}(t)$ aufgespannt werden, wie es in der Abb. 3.5 für den Fall $k = 3$ illustriert ist. Die zeitliche Entwicklung einer jeden dieser k Störungen wird durch (3.7) bzw. (3.11) bestimmt. Es gilt dann

$$\sum_{i=1}^{k} \lambda_i = \lim_{t\to\infty} t^{-1} \ln \mathrm{Vol}_k\,(t), \quad k = 1, 2, \ldots, n. \tag{3.17}$$

Für $k = 1$ ist diese Prozedur mit der beschriebenen Methode zur λ_1-Bestimmung identisch, und für $k = n$ wird in dieser Weise die mittlere Divergenz (3.12) bzw. (3.13) entlang des Orbits $\{\boldsymbol{f}^t\boldsymbol{x}_0\}_t$ bestimmt. Erhöht man sukzessive k, so erhält man schließlich alle LE

$$\lambda_k = \lim_{t\to\infty} t^{-1} \ln \left(\mathrm{Vol}_k\,(t)/\mathrm{Vol}_{k-1}\,(t)\right), \quad k = 1, 2, \ldots, n.$$

Bei einer direkten Anwendung dieser Methode ergeben sich wiederum i. allg. numerische Probleme, denn $\mathrm{Vol}_k\,(t)$ kann sehr schnell (exponentiell) recht groß oder klein werden. Darüber hinaus schmiegen sich die Störungen $\boldsymbol{z}^{(i)}(t)$ im Laufe der Zeit aneinander, so daß die Volumina $\mathrm{Vol}_k\,(t)$ numerisch nicht mehr bestimmt werden können. Diesen Problemen kann durch sukzessive

Reorthonormalisierung nach dem SCHMIDTschen Verfahren (s. z. B. BOSECK, 1981) begegnet werden. Praktisch wählt man dazu die Anfangsstörungen paarweise orthonormal,

$$(z_0^{(i)}, z_0^{(j)}) = \begin{cases} 1, & \text{falls } i = j \\ 0 & \text{andernfalls} \end{cases} \quad \text{für } i, j = 1, 2, \ldots, k.$$

((.,.) bezeichnet das Skalarprodukt aus Abschn. 2.1.) Nach der Zeit τ, die klein genug gewählt sei, so daß die erwähnten Probleme noch nicht auftreten, wird $V_1 \equiv \mathrm{Vol}_k(\tau)$ bestimmt und dann das System der Störungsvektoren $z^{(i)}(\tau)$, $i = 1, 2, \ldots, k$, der Reihe nach, von $i = 1$ beginnend, orthonormalisiert: $\bar{z}^{(1)}(\tau) \equiv z^{(1)}(\tau)/|z^{(1)}(\tau)|$ und

$$\bar{z}^{(i)}(\tau) \equiv \frac{z^{(i)}(\tau) - \sum_{j=1}^{i-1} \left(z^{(i)}(\tau), \bar{z}^{(j)}(\tau)\right) \bar{z}^{(j)}(\tau)}{\left|z^{(i)}(\tau) - \sum_{j=1}^{i-1} \left(z^{(i)}(\tau), \bar{z}^{(j)}(\tau)\right) \bar{z}^{(j)}(\tau)\right|} \tag{3.18}$$

für $i = 2, 3, \ldots, k$.

Die Vektoren $\bar{z}^{(i)}(\tau)$ werden nun genauso behandelt wie die ursprünglichen Anfangsstörungen $z^{(i)}$. Nach einem weiteren Zeitschritt τ erhält man somit $\bar{z}^{(i)}(2\tau)$, welche einen Parallelepiped des Volumens V_2 aufspannen. Die Vektoren $\bar{z}_0^{(i)}(2\tau)$ werden wiederum der Reihe nach orthonormiert usw. Schließlich erhält man

$$\sum_{i=1}^{k} \lambda_i = \lim_{l \to \infty} l^{-1} \sum_{i=1}^{l} \tau^{-1} \ln V_i. \tag{3.19}$$

Die beschriebene Methode der LE-Bestimmung ist sowohl für zeitdiskrete wie auch -kontinuierliche Systeme anwendbar. Kennt man jedoch den Fluß $\boldsymbol{f}$ explizit, so können die LE unmittelbar nach (3.7) und (3.8) bestimmt werden. Hierbei treten wiederum i. allg. numerische Probleme auf, falls die Glieder von $D\boldsymbol{f}^t(\boldsymbol{x}_0)$ für $t \to \infty$ schnell wachsen oder fallen. Durch geeignete Renormierungen können diese Probleme auch hier gelöst werden.

Ljapunov-Exponenten aus experimenteller Zeitreihe

Beim Experiment an einem realen dynamischen System mißt man i. allg. keinen vollständigen Satz von Zustandsgrößen. In der Regel kennt man nicht einmal die möglicherweise sehr große

Anzahl paarweise unabhängiger Zustandsvariablen. Meist wird nur eine skalare Größe $u(t)$ als Funktion der Zeit t (diskret oder kontinuierlich) gemessen, so daß zunächst kaum die Aussicht zu bestehen scheint, eine gewisse Schätzung der LE oder anderer, in den folgenden Abschnitten betrachteter charakteristischer Größen geben zu können. Dieses Problem kann jedoch durch geeignete Einbettungen gelöst werden. Sei

$$\{\boldsymbol{u}(t)\}_t \tag{3.20}$$

ein gewisser m-dimensionaler Vektor von Zeitsignalen, die aus einem Experiment an einem dynamischen System stammen (häufig gilt $m = 1$). Dann können z. B. durch mehrfache Differentiation von $\boldsymbol{u}(t)$ nach der Zeit neue Zeitsignale erhalten werden, die zu einem Vektor

$$\boldsymbol{x}(t) \equiv \left(\boldsymbol{u}^{(0)}(t), \boldsymbol{u}^{(1)}(t), \boldsymbol{u}^{(2)}(t), \ldots, \boldsymbol{u}^{(k-1)}(t)\right) \in \mathbb{R}^n \tag{3.21}$$

$$\text{mit} \quad n = k \times m \quad \text{und} \quad \boldsymbol{u}^{(i)}(t) = \frac{\mathrm{d}^i \boldsymbol{u}(t)}{\mathrm{d}t^i}, \quad i = 0, 1, 2, \ldots, k-1,$$

zusammengefaßt werden. Weil die Differentiation experimentell gewonnener Zeitsignale (3.20) in der Regel problematisch ist, betrachtet man besser verschiedene zeitliche Versetzungen des Ausgangssignals (Packard et al., 1980),

$$\boldsymbol{u}^{(i)}(t) = \boldsymbol{u}(t + i\tau), \quad i = 0, 1, 2, \ldots, k-1.$$

τ kann dabei prinzipiell beliebig (aber positiv) gewählt werden. Wegen des immer vorhandenen „Rauschens“ sollte jedoch τ groß genug sein, so daß die Struktur des Attraktors gut aufgelöst wird (s. dazu Fraser und Swinney, 1986). Die Einbettungsdimension n sollte so groß gewählt werden, daß sich der Orbit (3.21) in $\mathbb{R}^n$ nicht schneidet, würde dies doch einem deterministischen Modell widersprechen. Aber auch bei der Annahme, daß wesentliche Aspekte der Bewegung des Systems durch ein deterministisches Modell (2.1) oder (2.2) beschrieben werden können, kann diese Bedingung für genügend lange Zeitreihen wegen des immer vorhandenen „Rauschens“ i. allg. nicht für endliche Werte von n erfüllt werden. Findet die Bewegung jedoch auf einem Attraktor (bzw. in dessen Nähe) statt, der eine endliche Hausdorff-Dimension HD hat (zur Definition und Schätzung von HD s. Abschn. 3.2.), so reicht es, $n \geqq 2 \times \mathrm{HD} + 1$ zu wählen (Takens, 1981,

MAÑÉ, 1981). Das skizzierte Verfahren der Einbettung stellt bei vorausgesetzter deterministischer Dynamik eine gewisse Koordinatentransformation dar, bez. der die LE invariant sind.

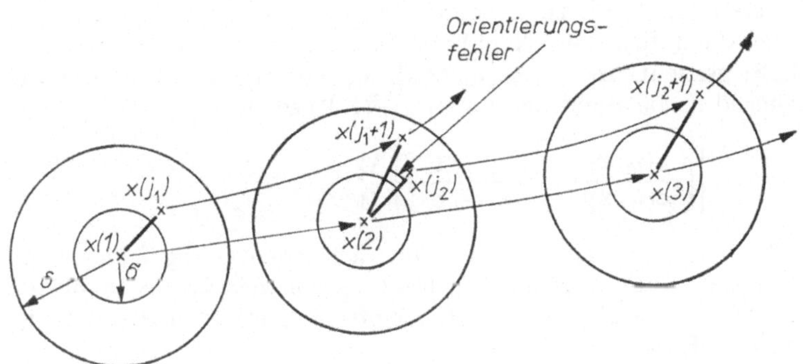

Abb. 3.6. Illustration der Methode zur Bestimmung der LJAPUNOV-Exponenten aus experimentellen Daten

Das konstruierte Zeitsignal (3.21) werde nun zu den Zeitpunkten $t \times \Delta t$, $t = 1, 2, \ldots, N$, betrachtet, wobei Δt ein nahezu beliebiges Zeitinkrement bezeichnet ($0 < \Delta t \ll \tau$). Man erhält somit im Phasenraum $\mathbb{R}^n$ eine Punktfolge

$$\{\boldsymbol{x}(t)\}_{t=1}^{N}. \tag{3.22}$$

Um die Entwicklung einer kleinen Störung des Orbits zu untersuchen und daraus schließlich λ_1 zu schätzen, werden benachbarte Punkte aus (3.22) betrachtet. Wie oben erläutert wurde, muß dabei gewährleistet sein, daß diese Abstände groß gegenüber der Rauschstärke σ sind, aber kleiner als ein gewisses $\delta > 0$, welches den Linearitätsbereich kennzeichnet. (Zur Schätzung von σ s. Abschn. 3.2.).

Zum Anfangspunkt $\boldsymbol{x}(1)$ wird nun ein benachbarter Punkt $\boldsymbol{x}(j_1)$ aus (3.22) in der Kugelschale

$$K_{\sigma,\delta}\big(\boldsymbol{x}(1)\big) \equiv \{\boldsymbol{x} \in \mathbb{R}^n \mid \sigma < |\boldsymbol{x} - \boldsymbol{x}(1)| < \delta\} \tag{3.23}$$

gesucht (Abb. 3.6). Sei $\boldsymbol{x}(j_1 + i) \in K_{\sigma,\delta}\big(\boldsymbol{x}(1 + i)\big)$ für $i = 1, 2, \ldots, p_1$ sowie $\boldsymbol{x}(j_1 + p_1 + 1) \notin K_{\sigma,\delta}\big(\boldsymbol{x}(2 + p_1)\big)$ und werde zur Abkürzung die Störung $z(j, i) \equiv x(j) - x(i)$ eingeführt, dann ist

$$l_1(i) \equiv \frac{1}{i \times \Delta t} \ln \frac{|z(j_1 + i, 1 + i)|}{|z(j_1, 1)|}, \quad i = 1, 2, \ldots, p_1,$$

der erste lokale LE zur Evolutionszeit $i \times \Delta t$. Nun wird ein möglichst dicht liegender Nachbar $x(j_2)$ von $x(2)$ aus der Zeitreihe (3.22) gesucht $\big(x(j_2) \in K_{\sigma,\delta}(x(2))\big)$, so daß $z(j_2, 2)$ zumindest annähernd in die Richtung von $z(j_1 + 1, 2)$ zeigt, d. h.,

$$\left|\left(\frac{z(j_2, 2)}{|z(j_2, 2)|}, \frac{z(j_1 + 1, 2)}{|z(j_1 + 1, 2)|}\right)\right|$$

sollte möglichst nahe 1 sein, um den Orientierungsfehler klein zu halten. Dann wird die Entwicklung von $z(j_2, 2)$ wie zuvor von $z(j_1, 1)$ betrachtet usw. Im t-ten Zeitschritt erhält man somit die lokalen LE

$$l_t(i) \equiv \frac{1}{i \times \Delta t} \ln \frac{|z(j_t + i, t + i)|}{|z(j_t, t)|}, \quad i = 1, 2, \ldots, p_t. \tag{3.24}$$

Hierbei wird immer vorausgesetzt, daß $j_t + i$ sowie $t + i \leqq N$. Falls in $K_{\sigma,\delta}\big(x(t)\big)$ kein Punkt aus (3.22) liegt, so kann an dieser Stelle $l_t(i)$ nicht bestimmt werden. Dann muß im darauffolgenden Zeitschritt in $K_{\sigma,\delta}\big(x(t + 1)\big)$ ein beliebiger Nachbar von $x(t + 1)$ aus (3.22) genommen werden, ohne die Richtung von $z(j_{t+1}, t + 1)$ optimieren zu können. Ist dies nur ausnahmsweise der Fall, so ergeben die Mittelwerte der lokalen LE (3.24) eine Schätzung des größten LE für verschiedene Evolutionszeiten $i \times \Delta t$,

$$\frac{1}{N_i} \sum_{t=1}^{N_i} l_t(i) \xrightarrow[N \to \infty]{} \lambda_1(i), \tag{3.25}$$

wobei N_i die Anzahl der lokalen LE zur Evolutionszeit $i \times \Delta t$ bezeichnet, die in der beschriebenen Weise aus einem Orbit (3.22) der Länge N erhalten wurde. Trägt man $\lambda_1(i)$ über der Evolutionszeit $i \times \Delta t$ auf, so erhält man evtl. in einem gewissen Bereich $[i_\sigma, i_\delta]$ ein Plateau, in dem $\lambda_1(i)$ annähernd konstant ist und dann eine gewisse Schätzung des gesuchten größten LE λ_1 darstellt. Wird der Abstandsparameter σ oder das Zeitinkrement Δt zu klein gewählt, so überschätzt $\lambda_1(i)$ für $i < i_\sigma$ den LE λ_1, denn das mittlere Streckungs- bzw. Stauchungsverhalten kleiner Störungen wird dann vorrangig durch die zufälligen Fluktuationen (Rauschen) in der Meßreihe bestimmt. Je größer andererseits die Evolutionszeit ist ($i > i_\delta$), desto weniger lokale LE $l_t(i)$ gehen bei vorgegebener Orbitlänge N in den Mittelwert $\lambda_1(i)$ ein. Dies führt im chaotischen Fall zur Unterschätzung von λ_1, wie auch ein zu großer Wert des Abstandsparameters δ und die Orientierungsfehler (Abb. 3.6) bei der Nachbarsuche i. allg. zur Unterschätzung des größten LE führen.

Der skizzierte Algorithmus kann zur Schätzung weiterer LE $\lambda_2, \lambda_3, \ldots$ ausgebaut werden, indem wie im Computerexperiment die zeitliche Entwicklung von k-dimensionalen Volumenelementen untersucht wird. Je größer die Rauschstärke und je kürzer die Zeitreihen, desto problematischer wird jedoch solch eine Schätzung. Viele unerwähnt gebliebene Details zur LE-Schätzung nach der obigen Methode sind z. B. der Arbeit von Wolf et al. (1985) zu entnehmen. Eine andere Methode zur LE-Bestimmung, die auf einer Schätzung der Funktionalmatrizen $\mathrm{D}\boldsymbol{f}(\boldsymbol{x}(t))$ ($t = 1, 2, \ldots, N$) beruht, haben Eckmann und Ruelle (1985) sowie Sano und Sawada (1985) vorgeschlagen. Details dieser Methode haben Eckmann et al. (1986) beschrieben. Einen Überblick hierzu gibt Mayer-Kress (1986).

Kurths und Herzel (1987) werteten eine solare Zeitreihe von nur 640 Meßdaten aus, welche die Intensität des elektromagnetischen Strahlungsflusses (bei 778 MHz) einer charakteristischen Feinstruktur während eines Flares angeben. Unter anderem schätzten sie den größten LE zu

$$\lambda_1 \approx 0{,}08 \text{ bit}/(\Delta t \times \ln 2) \quad (\Delta t = 0{,}064 \text{ s}),$$

indem sie $\lambda_1(i)$ über der Evolutionszeit auftrugen (Abb. 3.7).

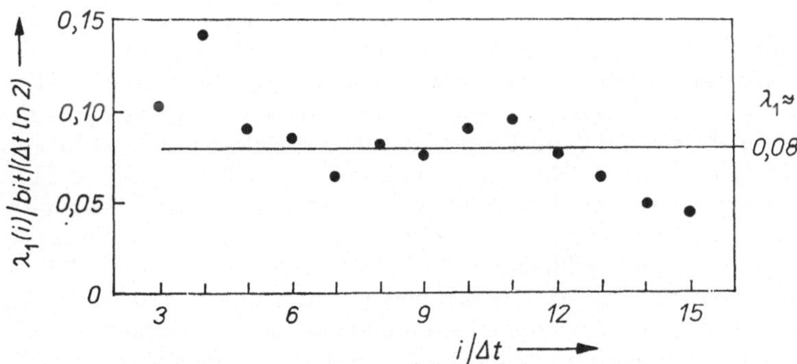

Abb. 3.7. Größter Ljapunov-Exponent λ_1 (in bit/($\Delta t \times \ln 2$)) der solaren Zeitreihe in Abhängigkeit von der Evolutionszeit i ($\Delta t = 0{,}064$ s)

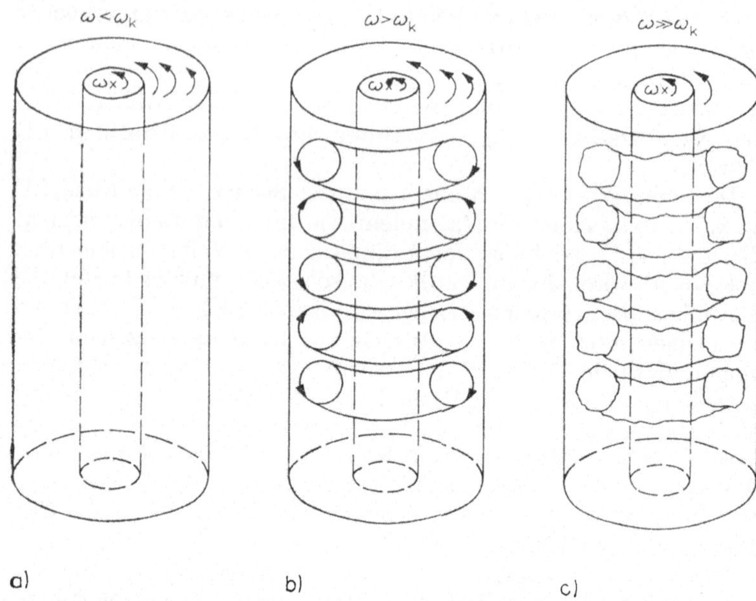

Abb. 3.8. COUETTE-TAYLOR-Strömung im laminaren Regime (a), bei ausgebildeten TAYLOR-Ringen (b) und im turbulenten (chaotischen) Regime (c)

Zur weiteren Illustration sei die COUETTE-TAYLOR-Strömung einer Flüssigkeit zwischen zwei koaxial angeordneten Zylindern mit unterschiedlichem Radius erwähnt, wobei der innere Zylinder mit der Winkelgeschwindigkeit ω rotiert, während der äußere ruht (Abb. 3.8). ω ist der REYNOLDS-Zahl R proportional. Bei genügend kleinen Werten von ω bildet sich eine laminare Strömung aus (Abb. 3.8a)). Oberhalb eines kritischen Wertes $\omega_k (\sim R_k)$ treten die sog. TAYLOR-Ringe auf. Die Flüssigkeit umkreist hierbei die Zylinderachse schraubenförmig auf einem Torus (Abb. 3.8b)). Bei einer weiteren Erhöhung von ω oszillieren die Flüssigkeitsteilchen zusätzlich längs der ursprünglichen Torusachse, zunächst periodisch und schließlich turbulent (chaotisch) (Abb. 3.8c)). BRANDSTÄTER et al. (1983) maßen im Bereich $(10 \cdots 15)\ \omega/\omega_k$ die radiale Geschwindigkeitskomponente der Flüssigkeit in Abständen von etwa 6 ms und konstruierten aus einer Folge von 2^{15} geglätteten (tiefpaßgefilterten) Meßwerten durch höherdimensionale Einbettung quasi zeitkontinuierliche Orbits, aus denen sie dann mit einer ähnlichen Methode, wie sie oben beschrieben wurde, den größten LE schätzten. Abb. 3.9 zeigt ihr Ergebnis für eine 5-dimensionale Einbettung. Wurde auch eine gewisse Abhängigkeit der λ_1-Werte von der Einbettungsdimension gefunden, so konnte doch das Anwachsen von λ_1 bei einer Vergrößerung von R unabhängig davon erhalten werden. Es bestätigt die Erwartung, daß die empfindliche Abhängigkeit von den Anfangsbedingungen zunimmt, wenn die Reynolds-Zahl erhöht wird. (In den folgenden Abschnitten werden weitere Ergebnisse zu diesen Beispielen chaotischer Systeme vorgestellt.)

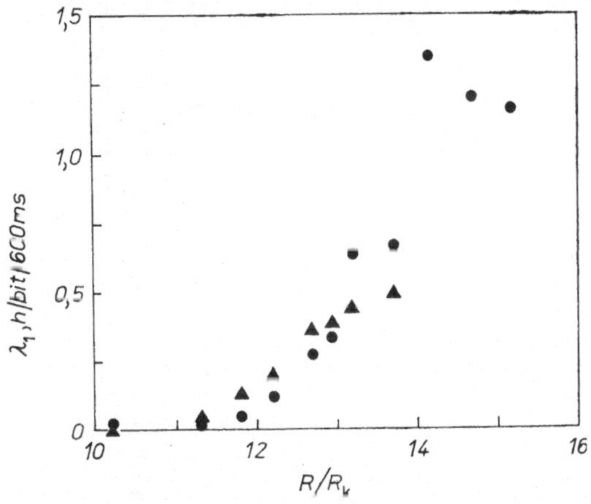

Abb. 3.9. Experimentell erhaltene Werte des größten Ljapunov-Exponenten λ_1 (Punkte) und der Kolmogorov-Sinaj-Entropie h (Dreiecke) (in bit/600 ms) einer Couette-Taylor-Strömung als Funktion der Reynolds-Zahl R (Zur Definition von h s. Abschn. 3.3.)

3.2. Fraktale Dimensionen

Die Attraktoren in Abb. 1.5, 1.7d)–g), 1.8, 1.10c) und 1.11 haben eine komplizierte Struktur, die für chaotische Attraktoren typisch ist. Abb. 3.10 zeigt einen solchen Attraktor für ein zweidimensionales zeitdiskretes dynamisches System. Die diffizile Struktur ist vermutlich auf beliebig kleinen Skalen vorhanden und wird durch instabile Mannigfaltigkeiten gebildet, die sich eng aneinander schmiegen. Mengen mit einer solch komplizierten Struktur auf beliebig kleinen Skalen werden nach Mandelbrot (1977, 1983)

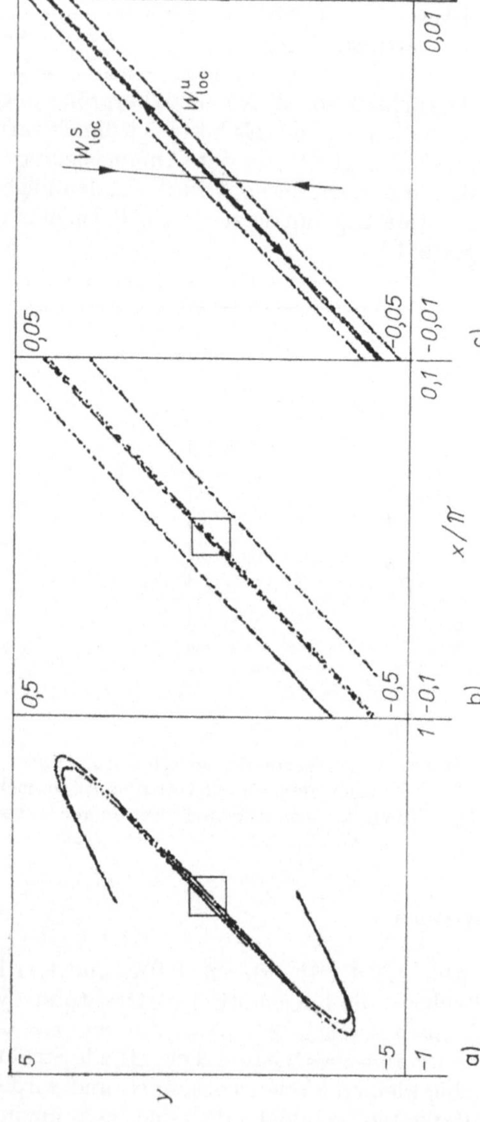

Abb. 3.10. Chaotischer Attraktor der Standardabbildung mit Dissipation (Gl. 4.22) für $K = 4{,}1$ und $b = e^{-2}$. Die Vergrößerungen der Bereiche um den instabilen Fixpunkt (0, 0) zeigen eine gewisse „Selbstähnlichkeit". In c) sind die lokale stabile und instabile Mannigfaltigkeit W^s_{loc} und W^u_{loc} angegeben. Im Gegensatz zur Richtung von W^u_{loc} ist der Attraktor in der Richtung von W^s_{loc} offenbar fraktal

fraktal genannt. Fraktale Mengen (kurz: *Fraktale*) treten auch in vielen anderen naturwissenschaftlichen Bereichen auf (z. B. sind Oberflächen von Festkörpern, Küstenlinien u. v. a. m. auf gewissen Skalen quasi fraktal). Ihre quantitative Charakterisierung gelingt mittels *fraktaler Dimensionen*. In der Theorie nichtlinearer dynamischer Systeme sind es vor allem die chaotischen Attraktoren, aber z. B. auch Grenzen von Einzugsgebieten gewisser Attraktoren (s. Abschn. 5.4.), die eine komplizierte geometrische Struktur haben und durch verschiedene fraktale Dimensionen beschrieben werden können.

Die fraktale Dimension eines Attraktors gibt, populär ausgedrückt, die Anzahl paarweise unabhängiger Zustandsgrößen an, welche die Bewegung auf dem Attraktor charakterisieren (Takens, 1981, Mañé, 1981). Sie kann auch im chaotischen Fall erheblich kleiner als die Phasenraumdimension n sein und ersetzt in gewissem Sinne das Konzept der „Anzahl der relevanten Fourier-Moden" aus der Theorie linearer dynamischer Systeme, gilt doch für die hier betrachteten nichtlinearen Systeme das Superpositionsprinzip für Fourier-Moden nicht mehr.

Die Entstehung der diffizilen Strukturen eines chaotischen Attraktors kann intuitiv als eine Folge der mittleren exponentiellen Streckung bzw. Stauchung eines Volumenelementes in Richtung der instabilen bzw. stabilen Mannigfaltigkeiten verstanden werden, mit anschließenden Faltungen infolge der Nichtlinearität des Phasenflusses (s. hierzu auch Kap. 6).

In Abschn. 2.3. wurde schon bemerkt, daß Attraktoren wegen der Dissipation meist Nullmengen bez. des n-dimensionalen Lebesgue-Maßes sind. Will man ihnen eine Dimension zuordnen, auf deren Grundlage ein gewisses Maß eingeführt werden kann, so daß der Attraktor bez. dieses Maßes keine Nullmenge mehr ist, so sollte diese Dimension kleiner als n sein. So sind z. B. zeitkontinuierliche periodische Orbits geschlossene Kurven und k-Tori sind k-dimensionale Hyperflächen. Kurven sind bez. des ein- und k-Tori bez. des k-dimensionalen Lebesgue-Maßes keine Nullmengen, sondern haben ein positives endliches Maß. Sie haben die (topologische) Dimension Eins bzw. k. Schon intuitiv ordnet man dem offenbar chaotischen Attraktor in Abb. 3.10 eine Dimension größer als Eins zu, erscheint er doch komplexer, als etwa eine einfache Kurve. Wie oben bemerkt wurde, kann diese Dimension jedoch wegen der Dissipation nicht gleich der Phasenraumdimension $n = 2$ sein. Somit stellt sich die Frage nach einer nichtganzzahligen Dimension.

Kapazität und Hausdorff-Dimension

Um das „Volumen" einer gewissen Teilmenge $A \subset \mathbb{R}^n$ zu messen, kann man naiv wie folgt vorgehen: Man überdeckt diese Menge zunächst mit n-dimensionalen Würfeln der Kantenlänge δ. Bezeichne $N(\delta, A)$ die kleinste Anzahl solcher Elementarwürfel, die zur Überdeckung von A notwendig sind. Dann ist

$$V_{n,\delta}(A) \equiv N(\delta, A)\, \delta^n \tag{3.26}$$

eine gewisse Schätzung des Volumens von A, die mit Verfeinerung des Maßstabes δ immer genauer wird. Mißt man auf diese Weise z. B. das Volumen eines zeitkontinuierlichen Orbits $\mathfrak{O}$ in $\mathbb{R}^n$ $(n > 1)$ der Periode $T < \infty$, so erhält man für $\delta \to 0$ das Volumen Null. Bezeichnet nämlich $l(\mathfrak{O})$ die Länge von $\mathfrak{O}$ $\left(l(\mathfrak{O}) = \int_0^T |\mathrm{d}\boldsymbol{x}/\mathrm{d}t|\, \mathrm{d}t\right)$, so reichen $N(\delta, A) \approx l(\mathfrak{O})/\delta$ Würfel zur Überdeckung von $\mathfrak{O}$ aus, so daß $V_{n,\delta}(\mathfrak{O}) \approx l(\mathfrak{O})\, \delta^{n-1}$, und mit $n > 1$ folgt $\lim\limits_{\delta \to 0} V_{n,\delta}(\mathfrak{O}) = 0$. Das gleiche Resultat erhält man, wenn in (3.26) anstelle von n eine beliebige reelle Zahl $d > 1$ steht. Andererseits hat der Orbit für $d < 1$ ein unendlich großes Volumen. Nur für $d = 1$ wird dem Orbit in der beschriebenen Weise ein endliches Volumen zugeordnet, das nicht Null ist, denn $\lim\limits_{\delta \to 0} V_{1,\delta}(\mathfrak{O}) = l(\mathfrak{O})$. Die eindimensionalen Elementarwürfel sind dem zeitkontinuierlichen periodischen Orbit offenbar zur Volumenmessung angepaßt. $d = 1$ ist in diesem Fall die sog. *Kapazität* von $\mathfrak{O}$. Das gleiche Resultat erhält man, wenn z. B. Kugeln des Radius δ anstelle der Würfel zur Überdeckung verwendet werden.

Allgemein wird die Kapazität $D_K(A)$ einer (kompakten) Menge $A \subset \mathbb{R}^n$ durch

$$D_K(A) \equiv \lim_{\delta \to 0} - \frac{\log N(\delta, A)}{\log \delta} \tag{3.27}$$

definiert. (Falls dieser Grenzwert nicht existiert, so ist lim sup anstelle von lim zu setzen.) Die Kapazität einer Menge A gibt an, wie sich die Anzahl $N(\delta, A)$ der zu ihrer Überdeckung nötigen n-dimensionalen Elementarkugeln ändert, wenn der Radius δ dieser Kugeln immer kleiner wird: $N(\delta, A) \sim \delta^{-D_K(A)}$. Der Proportionalitätsfaktor ist das D_K-dimensionale Volumen $V_{D_K}(A) = \lim_{\delta \to 0} V_{D_K,\delta}(A)$. Ein k-Torus T^k ($k < n$) hat z. B. die Kapazität $D_K(T^k) = k$.

Eine „feinere" Volumenmessung erhält man i. allg., wenn zur Überdeckung von A eine größere Anzahl von Elementarelementen zur Auswahl steht. Sei $\beta(\delta) \equiv \{B_i\}$ eine (abzählbare) Familie von Teilmengen $B_i \subset \mathbb{R}^n$, so daß $\delta_i \equiv \sup\{|\boldsymbol{x} - \boldsymbol{y}| \, |\boldsymbol{x}, \boldsymbol{y} \in B_i\} \leqq \delta$ für alle B_i aus $\beta(\delta)$ gilt und $\bigcup_i B_i \supseteq A$. Dann kann (3.26) wie folgt verallgemeinert werden:

$$m_{d,\delta}(A) \equiv \inf_{\beta(\delta)} \sum_i \delta_i^d ,$$

wobei $d \in \mathbb{R}$ und das Infimum über alle genügend feine ($\delta_i < \delta$) abzählbare Überdeckungen $\beta(\delta)$ von A zu bilden ist. (A muß hier nicht notwendig kompakt sein.) Dann heißt

$$m_d(A) \equiv \lim_{\delta \to 0} m_{d,\delta}(A)$$

Hausdorff-Maß von A zur Dimension d (HAUSDORFF, 1919). Es gibt nun genau eine reelle Zahl $D_H(A)$, so daß

$$m_d(A) = \begin{cases} 0, & \text{falls} \quad d > D_H(A) \\ \infty, & \phantom{\text{falls}} \quad d < D_H(A). \end{cases}$$

Diese Zahl heißt *Hausdorff-Dimension* (HD) von A. Das zugehörige HAUSDORFF-Maß $m_{D_H}(A)$ kann jede positive reelle Zahl einschließlich 0 und ∞ sein.

Für periodische Orbits bzw. k-Tori stimmen D_H und D_K überein. Da jedoch beim HAUSDORFF-Maß mehr Elementarelemente zur Überdeckung zugelassen sind, gilt allgemein

$$D_H \leqq D_K . \tag{3.28}$$

Für die Punktmenge $A = \{1/i\}_{i=1}^\infty$ fallen z. B. beide Dimensionen auseinander, denn A ist abzählbar, und abzählbare Mengen haben immer die HD Null. Letzteres wird sofort verständlich, wenn man die abzählbare Menge durch Mengen B_i des Durchmessers $\delta_i = \delta^{i/d}$ mit beliebigem $d > 0$ und $0 < \delta < 1$ überdeckt. Man erhält dann $\sum_i \delta_i^d = \delta/(1 - \delta)$. Diese Summe wird also für jedes $d > 0$ und $\delta \to 0$ beliebig klein, so daß die HAUSDORFF-Dimension von A Null sein muß. Hingegen erhält man für die Kapazität $D_K(A) = 1/2$. Bei „typischen" Attraktoren wird jedoch $D_H = D_K$ erwartet (FARMER et al., 1983). Hat eine Teilmenge von $\mathbb{R}^n$ ein positives

n-dimensionales LEBESGUE-Maß μ_L, dann ist ihre HD n. Deshalb ist die HD gerade zur Unterscheidung von Nullmengen bez. μ_L, wie es die hier betrachteten Attraktoren sind, relevant.

Reguläre Attraktoren wie Fixpunkte $\bar{\boldsymbol{x}}$ ($D_K(\bar{\boldsymbol{x}}) = D_H(\bar{\boldsymbol{x}}) = 0$), periodische Orbits und k-Tori sind durch ganzzahlige Werte der Kapazität bzw. der HD charakterisiert, während für chaotische Attraktoren diese Dimensionen in der Regel nichtganzzahlige Werte annehmen, was sie als Fraktale ausweist.[1])

Man kann leicht Mengen konstruieren, für die D_H bzw. D_K nichtganzzahlig sind. Ein klassisches Beispiel hierfür stellt die *Cantor-Menge* dar. Zu ihrer Konstruktion nimmt man das Intervall $[0, 1]$ auf der reellen Achse und entfernt sukzessive die offenen Intervalle

$$(1/3, 2/3),$$
$$(i/3^2, (i+1)/3^2) \quad \text{für} \quad i = 1, 7,$$
$$(i/3^3, (i+1)/3^3) \quad \text{für} \quad i = 1, 7, 19, 25, \text{usw.},$$

wie es in Abb. 3.11 illustriert ist. Schließlich verbleiben nur noch die reellen Zahlen x aus $[0, 1]$, welche eine triadische Entwicklung der Form $x = \sum_i a_i/3^i$ mit $a_i = 0$ oder 2 für alle i zulassen und die

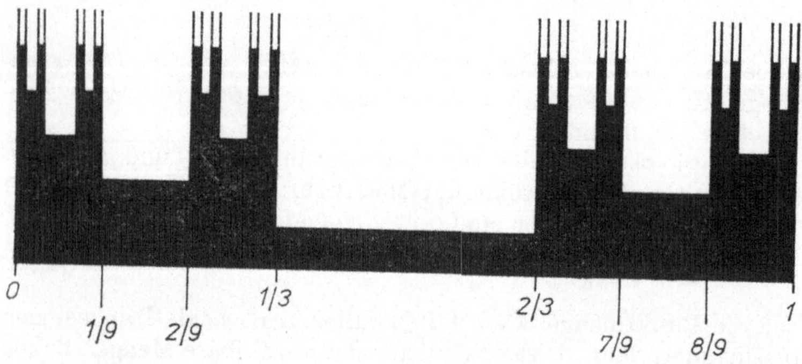

Abb. 3.11. Illustration der ersten fünf Schritte zur Konstruktion der CANTOR-Menge, welche die HAUSDORFF-Dimension $\log_3 2$ hat

---

[1]) MANDELBROT (1977, S. 294f.) nennt eine Menge A ein *Fraktal*, falls $D_H > D_T$, wobei D_T die topologische Dimension von A bezeichnet. Gleichzeitig weist er jedoch auf einige Probleme solch einer Definition hin. Allgemein gilt $D_H \geqq D_T$, wobei D_T lt. Definition (s. z. B. RINOW, 1975) immer ganzzahlig ist. Ein nichtganzzahliger Wert von D_H von A bedeutet also nach MANDELBROT, daß A ein Fraktal ist.

CANTOR-Menge C bilden. Überdeckt man C durch Intervalle der Länge $\delta(i) = 1/3^i$ für $i = 1, 2, 3, \ldots$, so benötigt man zumindest $N(\delta(i), C) = 2^i$ Intervalle. Nach (3.27) hat C somit die Kapazität $D_K(C) = \log_3 2$, die hier gleich der HD $D_H(C)$ ist. Für das zugehörige HAUSDORFF-Maß erhält man $m_{D_H}(C) = 1$. (Bez. des eindimensionalen LEBESGUE-Maßes ist C jedoch eine Nullmenge.) Chaotische Attraktoren haben in der Regel transversal zu den instabilen Mannigfaltigkeiten, durch die sie gebildet werden, eine der CANTOR-Menge „ähnliche", diffizile (fraktale) Struktur (Abb. 3.10c).

Zur experimentellen Bestimmung der Kapazität

Die Bestimmung der HD eines Attraktors direkt nach ihrer Definition ist in der Regel sehr schwierig. Einfacher ist hingegen die experimentelle Schätzung der Kapazität eines Attraktors, welche dann nach (3.28) zumindest eine obere Schranke der (interessanteren) HD angibt.

Zur Bestimmung der Kapazität wird A mit einem Netz von disjunkten Elementarwürfeln (Boxen) der Kantenlänge δ überdeckt und $N(\delta, A)$ für $\delta \to 0$ durch Auswertung einer möglichst langen Zeitreihe (3.22) geschätzt. (Diese Zeitreihe kann im Computerexperiment aus einer geeigneten stroboskopischen Darstellung oder POINCARÉ-Abbildung erhalten werden — s. Abschn. 2.1.). Wird im realen Experiment kein vollständiger Satz von Zustandsgrößen gemessen, so kann ebenso wie bei der LE-Bestimmung (s. Abschn. 3.1.) durch Einbettung eine höherdimensionale Zeitreihe (3.22) erhalten werden und aus dieser die Kapazität geschätzt werden, denn die Dimensionen sind invariant bez. (stetig differenzierbarer) Koordinatentransformationen (GRASSBERGER, 1983). Wird nun $N(\delta, A)$ über δ doppeltlogarithmisch aufgetragen und die Einbettungsdimension n sukzessive erhöht, so stellt sich evtl. in einem bestimmten δ-Bereich für genügend große Werte von n ein annähernd konstanter Anstieg ein, dessen Betrag dann eine gewisse Schätzung der Kapazität $D_K(A)$ darstellt. Wegen des immer vorhandenen Rauschens in experimentell erhaltenen Zeitreihen ist jedoch die Änderung von $N(\delta, A)$ für genügend kleine δ-Werte durch die Einbettungsdimension n bestimmt ($N(\delta, A) \sim \delta^{-n}$ für $\delta \to 0$), so daß A im Experiment prinzipiell immer nur auf genügend großen Skalen als quasi fraktal angesehen werden kann, d. h., zufällige Fluktuationen zerstören den fraktalen Charakter der Attraktoren auf genügend feinen Skalen.

Der skizzierte Algorithmus ist in der Regel noch für $D_K \lesssim 3$ praktikabel. Im höherdimensionalen Fall setzt er aber sehr lange Zeitreihen und großen Aufwand an Rechenzeit und Speicherplatz voraus. Neben der Kapazität und der HD gibt es jedoch eine weitere Klasse von dimensionsähnlichen Größen, welche u. U. bedeutend leichter zu schätzen sind, mit dem Spektrum der LE in Verbindung stehen und darüber hinaus das dynamische System umfassender beschreiben, weil sie nicht nur die Geometrie des Attraktors, sondern das auf ihm gegebene natürliche Maß (s. Abschn. 2.3.) charakterisieren.

Dimensionen des natürlichen Maßes

Bezeichne μ das (natürliche) Maß auf (dem Attraktor) A, dann wird die *Hausdorff-Dimension des Maßes* μ als die „kleinste" HD einer Teilmenge $B \subset A$ definiert, die das Maß Eins hat,

$$D_H(\mu) \equiv \inf_{B:\mu(B)=1} D_H(B). \tag{3.29}$$

Aus dieser Definition folgt unmittelbar

$$D_H(\mu) \leqq D_H(A).$$

$D_H(\mu)$ gibt eine globale Charakterisierung des Maßes μ, während die im folgenden definierte *punktweise Dimension* $D_P(\boldsymbol{x}, \mu)$ das Maß μ lokal im Punkt $\boldsymbol{x} \in A$ charakterisiert. Zur Definition von $D_P(\boldsymbol{x}, \mu)$ sei eine n-dimensionale δ-Kugel $K_\delta(\boldsymbol{x}) \equiv \{\boldsymbol{y} \in \mathbb{R}^n \mid |\boldsymbol{x} - \boldsymbol{y}| < \delta\}$ um $\boldsymbol{x}$ betrachtet, dann wird

$$D_P(\boldsymbol{x}, \mu) \equiv \lim_{\delta \to 0} \frac{\log \mu\big(K_\delta(\boldsymbol{x})\big)}{\log \delta} \tag{3.30}$$

definiert, vorausgesetzt, dieser Grenzwert existiert. Im Falle der Ergodizität von μ folgt aus der Existenz von $D_P(\boldsymbol{x}, \mu)$ ihre Konstanz (fast überall bez. μ), und nach Young (1982) gilt

$$D_H(\mu) = D_P(\boldsymbol{x}, \mu) \quad \text{für fast alle (bez. } \mu) \quad \boldsymbol{x} \in A. \tag{3.31}$$

Die Beziehung (3.31) erlaubt enorme Vereinfachungen bei einer numerischen Bestimmung von $D_H(\mu)$, reicht es doch, die Änderung $\mu\big(K_\delta(\boldsymbol{x})\big) \sim \delta^{D_P(\boldsymbol{x},\mu)}$ für nur einen (typischen) Punkt $\boldsymbol{x} \in A$

zu untersuchen. Dies gelingt um so besser, je länger die Zeitreihe (3.22) ist:

$$\mu\big(K_\delta(\boldsymbol{x}(t))\big) = C_t(\delta) \quad \text{mit}$$

$$C_t(\delta) \equiv \lim_{N\to\infty} N^{-1} \sum_{i=1}^{N} \theta(\delta - |\boldsymbol{x}(t) - \boldsymbol{x}(i)|) \quad \text{und} \tag{3.32}$$

$$\theta(\varepsilon) \equiv \begin{cases} 0, & \text{falls } \varepsilon \leqq 0 \\ 1, & \text{falls } \varepsilon > 0. \end{cases}$$

$C_t(\delta)$ gibt die relative Anzahl der Punkte aus der Zeitreihe (3.22) an, deren Abstand zu einem bestimmten Punkt $\boldsymbol{x}(t)$ aus (3.22) kleiner als δ ist.

Young (1982) fand darüber hinaus, daß die punktweise Dimension bzw. die HD des Maßes μ gleich der von Balatoni und Rényi (1956) eingeführten *Informationsdimension* D_{I} ist, welche ebenfalls als eine Dimension des (natürlichen) Maßes anzusehen ist. Sowohl D_{I} als auch die Kapazität D_{K} sind Elemente einer einparametrigen Familie $\{D_q\}_{q\in\mathbb{R}}$ von sog. Rényi-*Dimensionen* (s. z. B. Rényi, 1977), die besonders durch die Arbeit von Grassberger (z. B. 1983) für die Charakterisierung chaotischer Systeme Bedeutung erlangt haben.

Rényi-Dimensionen

Eine jede der Rényi-Dimensionen (RD) ist mit einem bestimmten Informationsmaß verknüpft, dessen Bedeutung für dynamische Systeme im Falle des Shannonschen Informationsmaßes zunächst erläutert wird.

Sei β eine Überdeckung des Attraktors A mit Boxen B_i, welche die Eigenschaften (2.24) erfüllen, und bezeichne p_i das natürliche Maß (2.25) der Box $B_i \in \beta$. Jede dieser Boxen wird als Makrozustand (kurz: Zustand) des dynamischen Systems interpretiert, der mittels einer Meßapparatur zu einem beliebigen Zeitpunkt bestimmt werden kann. Unter Verwendung des Shannonschen Informationsmaßes liefert dann eine Messung im Mittel die Information

$$H(\beta, \mu) \equiv -\sum_{i=1}^{M} p_i \,\mathrm{ld}\, p_i \tag{3.33}$$

($p_i \,\mathrm{ld}\, p_i = 0$, falls $p_i = 0$).[1]) Ist der Attraktor z. B. ein Fixpunkt und μ das natürliche Maß (2.15), so ist für eine beliebige Partitionierung β genau eine Box mit der Wahrscheinlichkeit Eins belegt (alle anderen Boxen haben folglich das natürliche Maß Null). Eine Messung des Zustandes liefert dann keine Information ($H(\beta, \mu_{\bar{x}}) = 0$ für alle β). Wird das System jedoch in mehr als einem Zustand mit positiven Wahrscheinlichkeiten angetroffen, so gilt $H(\beta, \mu) > 0$. Ist μ das natürliche Maß auf einem Attraktor, der kein Fixpunkt oder zeitdiskreter periodischer Orbit ist, so wird bei einer sukzessiven Verfeinerung der Messung ($\delta \to 0$) immer mehr Information pro Messung erhalten. Die Dimension D_{I} charakterisiert die Zunahme dieser Information,

$$D_{\mathrm{I}}(\mu) \equiv \lim_{\delta \to 0} - \frac{H(\beta(\delta), \mu)}{\mathrm{ld}\, \delta} \tag{3.34}$$

mit

$$H(\beta(\delta), \mu) \equiv \inf_{\beta : \emptyset(\beta) \leq \delta} H(\beta, \mu) \qquad \text{und}$$

$$\emptyset(\beta) \equiv \max_{B_j \in \beta} \left\{\sup \{|x - y| \mid x, y \in B_j\}\right\},$$

vorausgesetzt, dieser Grenzwert existiert. Ist die punktweise Dimension (3.30) fast überall (bez. μ) konstant, so gilt mit (3.31) (Young, 1982):

$$D_{\mathrm{H}}(\mu) = D_{\mathrm{I}}(\mu). \tag{3.35}$$

$D_{\mathrm{H}}(\mu)$ wird dann auch schlechthin *Dimension des Maßes* μ genannt (Young, 1982, Farmer et al., 1983).

---

[1]) Sei $\{p_i\}_{i=1}^{M}$ eine diskrete Wahrscheinlichkeitsverteilung, wobei p_i die Wahrscheinlichkeit für das Eintreten des Ereignisses (Zustandes) B_i bezeichnet. Sei weiterhin angenommen, daß sich zwei Experimentatoren E_1 und E_2 gegenüberstehen, wobei E_1 Kenntnis über das konkret eingetretene Ereignis B_i habe und E_2 den ersten Experimentator nach diesem Ereignis befrage. Dabei seien nur Entscheidungsfragen, die entweder mit „Ja" oder „Nein" zu beantworten sind, zugelassen. Auf der Grundlage der Kenntnis der Wahrscheinlichkeiten $\{p_i\}_{i=1}^{M}$ kann E_2 eine optimale Fragestrategie entwickeln, so daß er bei einer k-mal ($k \to \infty$) wiederholten Durchführung des Versuches im Mittel mit einer minimalen Anzahl von Fragen pro Versuch auskommt, die durch den Wert der Shannon-Information gegeben ist. (Exakte Formulierungen zur statistischen Deutung der Information sind z. B. Rényi (1977) zu entnehmen.)

Es gilt immer $0 \leq H(\beta, \mu) \leq \mathrm{ld}\, M$, wobei die untere bzw. obere Schranke genau dann angenommen wird, wenn alle p_i bis auf eines verschwinden bzw. wenn $p_i = 1/M$ für alle $i = 1, 2, \ldots, M$.

Verwendet man in (3.34) anstelle des SHANNONschen Informationsmaßes (3.33) die RÉNYI-*Informationen* q-ter Ordnung (s. z. B. RÉNYI, 1977)

$$H^{(q)}(\beta, \mu) \equiv (1 - q)^{-1} \operatorname{ld} \sum_{i=1}^{M} p_i^q, \quad q \geqq 0, \tag{3.36}$$

so werden analog zu (3.34) die RÉNYI-*Dimensionen* q-ter Ordnung definiert,

$$D_q(\mu) \equiv \lim_{\delta \to 0} - \frac{H^{(q)}(\beta(\delta), \mu)}{\operatorname{ld} \delta}, \quad q \geqq 0, \tag{3.37}$$

vorausgesetzt, diese Grenzwerte existieren. Für $q \to 1$ geht (3.36) in (3.33) und somit $D_q(\mu)$ in die Informationsdimension D_{I} über. Die RÉNYI-Dimension 0-ter Ordnung entspricht der Kapazität D_{K}. (Dabei ist in (3.36) $p_i^0 = 0$ zu setzen, falls $p_i = 0$.)

Die RÉNYI-Dimensionen sind invariant bez. stetig differenzierbarer Koordinatentransformationen (C^1-Diffeomorphismen) (GRASSBERGER, 1983, OTT et al., 1984). $H^{(q)}(\beta, \mu)$ und somit $D_q(\mu)$ fallen mit wachsender Ordnung q monoton,

$$D_q(\mu) \geqq D_r(\mu) \quad \text{für} \quad q < r. \tag{3.38}$$

Maße auf Attraktoren, für die D_q mit wachsender Ordnung q echt monoton fällt, werden *Wahrscheinlichkeitsfraktal* (FARMER, 1982), *inhomogenes Fraktal* (PALADIN und VULPIANI, 1984) oder *Multifraktal* (GREBOGI et al., 1987a, 1988) genannt. Es sei betont, daß ein Maß μ ein Multifraktal sein kann, obwohl die punktweise Dimension (3.30) fast überall bez. μ konstant ist. HALSEY et al. (1986) untersuchten diesen Sachverhalt genauer, indem sie ebenso wie beim Übergang von der Kapazität zur HAUSDORFF-Dimension (s. o.) bei der Einführung verallgemeinerter Dimensionen q-ter Ordnung Überdeckungen des Attraktors A mit Teilmengen $B_i \subset \mathbb{R}^n$ variablen Durchmessers δ_i betrachteten. Dazu führten sie zunächst die folgende Größe ein, welche, in Analogie zur statistischen Mechanik, Zustandssumme genannt wird,

$$\Gamma(q, d, \{B_i\}, \delta) \equiv \sum_i (p_i/\delta_i^d)^q \, \delta_i^d,$$

wobei $\bigcup_i B_i \supseteqq A$, $p_i = \mu(B_i)$, $\delta_i < \delta$, $q \geqq 0$ und $d \geqq 0$. Die Zustandssumme wird von der speziellen Überdeckung unabhängig, indem in Analogie zur Definition der HAUSDORFF-Dimension

$$\Gamma(q, d) \equiv \lim_{\delta \to 0} \begin{cases} \sup \{\Gamma(q, d, \{B_i\}, \delta)\} & \\ & \text{für} \\ \inf \{\Gamma(q, d, \{B_i\}, \delta)\} & \end{cases} \begin{matrix} q > 1 \\ \\ q < 1 \end{matrix}$$

gebildet wird, wobei das Supremum bzw. Infimum über alle genügend feine ($\delta_i < \delta$) Überdeckungen $\{B_i\}_{i=1}^N$ von A genommen wird. Für eine feste reelle Zahl $q \geqq 0$, $q \neq 1$, verschwindet $\Gamma(q, d)$ oder ist unendlich groß. (Für $q < 1$ bzw. $q > 1$ und hinreichend kleine Werte von d ist $\Gamma(q, d)$ unendlich groß bzw. Null.) Der Wert für d, bei welchem der Wechsel von ∞ auf 0 bzw. umgekehrt stattfindet, wird mit $\tilde{D}_q$ bezeichnet. Allgemein gilt analog zu (3.28)

$$\tilde{D}_q \leqq D_q.$$

Für einen „typischen“ Attraktor mit dem zugehörigen natürlichen Maß μ wird jedoch $\tilde{D}_q = D_q$ erwartet. Für $q = 0$ erhält man die Hausdorff-Dimension des Attraktors, $D_{\mathrm{H}}(A) = \tilde{D}_0(A)$, und die Informationsdimension folgt aus $\lim\limits_{q \to 1} \tilde{D}_q = D_{\mathrm{I}}(\mu)$.

Bezeichne nun $f(\alpha)$ die Hausdorff-Dimension derjenigen Teilmenge $B(\alpha)$ des Attraktors A, deren Punkte jeweils die punktweise Dimension α haben, $B(\alpha) \equiv \{\boldsymbol{x} \in A \mid D_{\mathrm{P}}(\boldsymbol{x}, \mu) = \alpha\}$. ($f(\alpha)$ wird *Spektrum der Singularitäten* des Maßes μ genannt; α heißt auch *Stärke der Singularität.*) Falls α nicht mit der Hausdorff-Dimension $D_{\mathrm{H}}(\mu)$ übereinstimmt, so folgt aus den obigen Ausführungen zur punktweisen Dimension, daß $B(\alpha)$ eine Nullmenge bez. des ergodischen Maßes μ ist ($\mu(B(\alpha)) = 0$, falls $\alpha \neq D_{\mathrm{H}}(\mu)$; $\mu(B(\alpha)) = 1$, falls $\alpha = D_{\mathrm{H}}(\mu)$). Halsey et al. (1986) zeigten nun, daß aus den folgenden Beziehungen $\tilde{D}_q$ explizit bestimmt werden kann, falls $f(\alpha)$ gegeben ist: Es gilt zunächst

$$\frac{\mathrm{d}f(\alpha)}{\mathrm{d}\alpha} = q.$$

Hieraus kann $\alpha(q)$ bestimmt werden, denn es gilt allgemein $\dfrac{\mathrm{d}^2 f(\alpha)}{\mathrm{d}\alpha^2} < 0$. Schließlich folgt $\tilde{D}_q$ aus

$$(q - 1)\,\tilde{D}_q = q\alpha(q) - f(\alpha(q)).$$

Ist umgekehrt $\tilde{D}_q$ gegeben, so erhält man $f(\alpha)$ aus den obigen Beziehungen unter Beachtung von

$$\alpha(q) = \frac{\mathrm{d}}{\mathrm{d}q}\,[(q - 1)\,\tilde{D}_q].$$

Im Maximum α_0 von $f(\alpha)$ gilt $f(\alpha_0) = \tilde{D}_0(A)$. (Für weiterführende Studien hierzu, unter Verwendung des thermodynamischen Formalismus dynamischer Systeme, s. z. B. Bohr und Rand, 1987.)

Experimentelle Bestimmung der Rényi-Dimensionen

Die Bestimmung der RÉNYI-Dimensionen aus einer Zeitreihe (3.22) ist direkt nach ihrer Definition (3.37) i. allg. sehr aufwendig, müssen doch dazu die Wahrscheinlichkeiten p_i der Boxen einer Partitionierung von A mit Würfeln der Kantenlänge δ für $\delta \to 0$ bestimmt werden, wobei die Anzahl der besetzten Boxen wie $\delta^{-D_K(A)}$ wächst. Nach Ideen von GRASSBERGER sowie HENTSCHEL und PROCACCIA (1983) kann man jedoch für ganzzahlige Werte $q \geqq 2$ wie folgt verfahren: p_i^q gibt die Wahrscheinlichkeit dafür an, daß q statistisch unabhängige Punkte $\boldsymbol{x}(t_1), \boldsymbol{x}(t_2), \ldots, \boldsymbol{x}(t_q)$ aus (3.22) in der Box B_i zu finden sind. (Im interessanten chaotischen Fall kann man annehmen, daß schon zeitlich relativ dicht liegende Punkte aus (3.22) bez. ihrer Boxzugehörigkeit quasi statistisch unabhängig sind — s. hierzu insbesondere Abschn. 3.3.) Die Summe $\sum_{i=1}^{M} p_i^q$ gibt dann die Wahrscheinlichkeit dafür an, daß ein q-Tupel von Punkten aus (3.22) in der gleichen Box liegt. Bis auf einen Faktor der Größenordnung Eins ist dies aber die relative Anzahl der q-Tupel von Punkten aus (3.22), bei denen alle paarweisen Abstände der Punkte kleiner als δ sind,

$$\sum_{i=1}^{M(\delta)} p_i^q \sim C(q, \delta) \quad \text{mit} \tag{3.39}$$

$$C(q, \delta) \equiv \lim_{N \to \infty} N^{-q} \times \{\text{Anzahl der } q\text{-Tupel } (\boldsymbol{x}_{i_1}, \ldots, \boldsymbol{x}_{i_q}) \text{ von verschiedenen Punkten aus der Zeitreihe (3.22) mit } |\boldsymbol{x}_{i_k} - \boldsymbol{x}_{i_l}| < \delta \text{ für alle } k, l = 1, 2, \ldots, q\}$$

$$\text{für } q = 2, 3, 4, \ldots$$

Aus (3.36) und (3.37) folgt dann

$$D_q(\mu) = \lim_{\delta \to 0} \frac{1}{q-1} \frac{\log C(q, \delta)}{\log \delta}. \tag{3.40}$$

$C(2, \delta)$ kann als Korrelationsintegral (über das Intervall $[0, \delta)$) der räumlichen Abstandsverteilungsdichte der Punkte aus (3.22) interpretiert werden (GRASSBERGER und PROCACCIA, 1983a, b). $D_2(\mu)$ heißt deshalb auch *Korrelationsexponent*. Für $q = 2$ kann (3.39) auch als arithmetisches Mittel über die in (3.32) eingeführte

Größe $C_t(\delta)$ geschrieben werden:

$$C(2, \delta) = \langle C_t(\delta) \rangle_t = \lim_{N \to \infty} N^{-1} \sum_{t=1}^{N} C_t(\delta) \sim \sum_{i=1}^{M(\delta)} p_i^2 . \tag{3.41}$$

Aus (3.40) folgt somit für den Korrelationsexponenten

$$\langle C_t(\delta) \rangle_t \sim \delta^{D_2(\mu)} \quad \text{für} \quad \delta \to 0 . \tag{3.42}$$

Für beliebige reelle $q \geqq 0$ verhalten sich die Summen in (3.36) etwa wie

$$\langle C_t(\delta)^{q-1} \rangle_t \sim \sum_{i=1}^{M(\delta)} p_i^q \quad \text{für} \quad \delta \to 0$$

(GRASSBERGER, 1983, PALADIN und VULPIANI, 1984), so daß mit (3.36) und (3.37) auch

$$D_q(\mu) = \lim_{\delta \to 0} \frac{1}{q-1} \frac{\log \langle C_t(\delta)^{q-1} \rangle_t}{\log \delta} \tag{3.43}$$

folgt. Für $q \to 1$ erhält man daraus die Informationsdimension,

$$\langle \log C_t(\delta) \rangle_t \sim D_{\mathrm{I}}(\mu) \log \delta \quad \text{für} \quad \delta \to 0 , \tag{3.44}$$

und für $q = 0$ die Kapazität,

$$\langle C_t(\delta)^{-1} \rangle_t \sim \delta^{-D_{\mathrm{K}}} \quad \text{für} \quad \delta \to 0 . \tag{3.45}$$

Wie bei der oben beschriebenen direkten Bestimmung der Kapazität erhält man auch hier die gesuchten Dimensionen $D_q(\mu)$ günstig aus dem Anstieg einer entsprechenden doppeltlogarithmischen Darstellung von $\langle C_t(\delta)^{q-1} \rangle_t^{1/(q-1)}$ über δ (im Fall $q = 1$ ist $\langle \log C_t(\delta) \rangle_t$ über $\log \delta$ aufzutragen). Schließlich sei bemerkt, daß die Bestimmung der RD nach (3.43) bes. für $q = 2$ unter Praktikern weite Anerkennung gefunden hat, wenngleich sie bisher einer strengen mathematischen Begründung entbehrt. Weitere Details bzw. Methoden zur Bestimmung verschiedener Dimensionen aus Zeitreihen können z. B. dem von MAYER-KRESS (1986) herausgegebenen Buch bzw. den folgenden Originalarbeiten entnommen werden: TAKENS, 1981, 1983, GRASSBERGER und PROCACCIA, 1984, GRASSBERGER, 1985, BADII und POLITI, 1984, a, b, c, 1985.

Abb. 3.12 zeigt eine Darstellung des Korrelationsintegrals $\langle C_t(\delta) \rangle_t$ für einen experimentell erhaltenen chaotischen Attraktor des Pendels (1.4). Hierbei wurden etwa $N = 1500$ Werte der

Winkelgeschwindigkeit in Abständen der Erregerperiode $T = 2\pi/\omega \approx 0{,}6$ s gemessen und zweidimensional eingebettet. Für große Werte von δ liegen alle Punkte der Zeitreihe (3.22) in einer jeden δ-Kugel $K_\delta(\boldsymbol{x}(t))$, $t = 1, 2, \ldots, N$, und folglich gilt $\log \langle C_t(\delta)\rangle_t = 0$. Für genügend kleine Werte von δ folgt ein linearer Bereich, in dem annähernd (3.42) mit $D_2(\mu) = 1{,}8 \pm 0{,}03$ gilt. Unterschreitet δ schließlich den Rauschpegel σ, so ist der Anstieg durch die Einbettungsdimension $n = 2$ gegeben. Aus dem Verlauf der Kurve in Abb. 3.12 kann somit der Rauschpegel σ geschätzt werden.

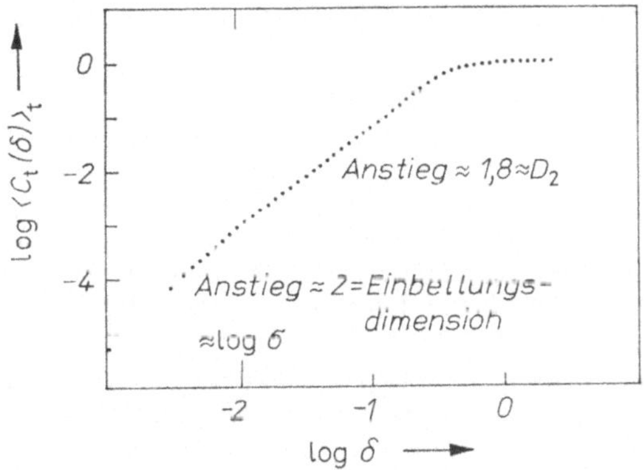

Abb. 3.12. Darstellung des Korrelationsintegrals $\langle C_t(\delta)\rangle_t$ über dem Abstandsparameter δ zur Bestimmung der Korrelationsdimension D_2 aus der Zeitreihe eines Experiments mit dem Pendel (1.5) ($A \approx 1{,}65$, $\Omega \approx 1{,}52$, $B \approx 0{,}026$) bei zweidimensionaler Einbettung. Der untere „Knick" markiert die Rauschstärke σ der Zeitreihe

Während man beim stroboskopisch dargestellten Pendelattraktor Werte der fraktalen Dimension zwischen 1 und 2 von vornherein erwartet, ist die Frage nach der Dimension z. B. bei der solaren Zeitreihe aus Abschn. 3.1. bedeutend interessanter. Abb. 3.13 zeigt eine zu Abb. 3.12 analoge Darstellung für verschiedene Einbettungsdimensionen n. Für $n \geqq 4$ stellt sich ein nahezu konstanter Anstieg im signifikanten δ-Bereich ein, der eine Schätzung der Korrelationsdimension $D_2(\mu) = 3{,}5 \pm 0{,}3$ zuläßt. Aus entsprechenden Darstellungen schätzten Kurths und Herzel (1987) nach (3.44) und (3.45) die Informationsdimension $D_\mathrm{I}(\mu) = 3{,}7 \pm 0{,}3$ und die Kapazität $D_\mathrm{K} = 3{,}8 \pm 0{,}3$.

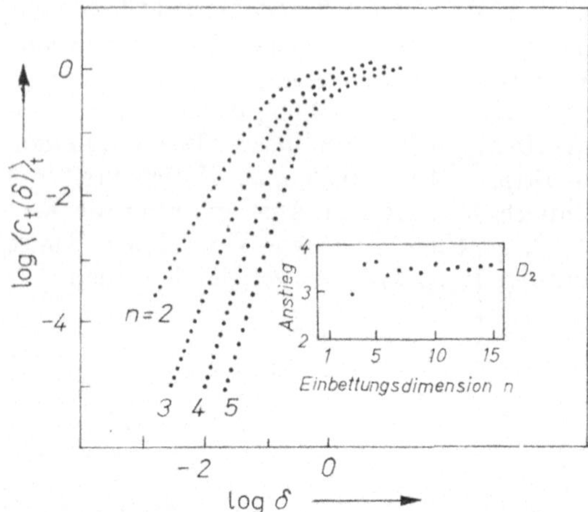

Abb. 3.13. Darstellung des Korrelationsintegrals $\langle C_t(\delta)\rangle_t$ über dem Abstandsparameter δ für verschiedene Einbettungsdimensionen n bei der solaren Zeitreihe. Der Anstieg im signifikanten δ-Bereich ist für Einbettungsdimensionen $n \geqq 4$ annähernd konstant und stellt somit eine Schätzung der Korrelationsdimension D_2 dar

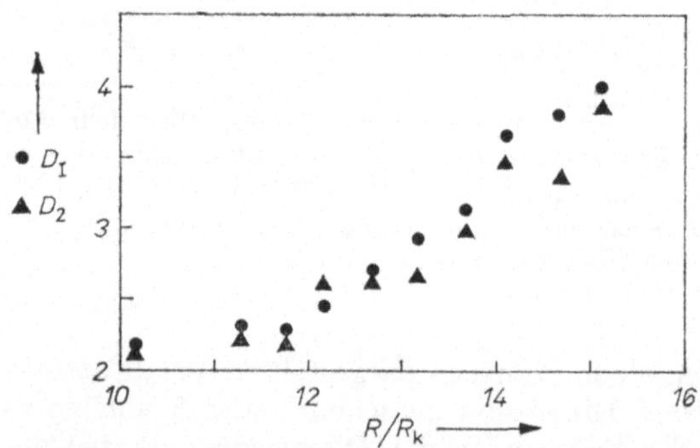

Abb. 3.14. Informationsdimension D_I und Korrelationsdimension D_2 aus Couette-Taylor-Strömungsexperimenten als Funktion der Reynolds-Zahl R

Im Fall der Couette-Taylor-Strömung (s. Abschn. 3.1.) schätzten Brandstäter et al. (1983) sowohl $D_2(\mu)$ als auch $D_I(\mu)$ für verschiedene Werte der Reynolds-Zahl R (Abb. 3.14). Trotz der Fehler von etwa $\pm 0{,}3$ bei $R/R_k = 10{,}1$ und $\pm 0{,}8$ bei $R/R_k = 15{,}2$

widerspiegelt Abb. 3.14, daß nach Eintritt turbulenter Strömungen (d. h. für $R/R_k \gtrsim 11{,}5$, so daß in Abb. 3.9 λ_1 bzw. $h > 0$) die Dimension des chaotischen Attraktors (d. h. die Zahl der „aktiven" Freiheitsgrade) endlich und für $R/R_k < 16$ sicherlich kleiner als 5 ist. Dies ist gerade deshalb bemerkenswert, weil das System zunächst unendlich viele Freiheitsgrade besitzt, kann es doch durch partielle Differentialgleichungen (die NAVIER-STOKES-Gleichungen) beschrieben werden. Die aufgezeigten Ergebnisse zur solaren Zeitreihe und zum Strömungsexperiment geben Hinweise für eine Modellierung gewisser Prozesse in der Korona der Sonne bzw. von turbulenten Flüssigkeitsströmungen durch niedrigdimensionale dynamische Systeme z. B. der Form (2.1) oder (2.2).

Ljapunov-Dimension

In (3.17) wurde zur Bestimmung der Summe der k größten LE die Entwicklung des Volumens $\mathrm{Vol}_k(t)$ k-dimensionaler Volumenelemente betrachtet ($k = 1, 2, \ldots, n$). Im chaotischen Fall wächst $\mathrm{Vol}_1(t)$ im Mittel exponentiell, denn λ_1 ist dann positiv. Andererseits kontrahiert der dissipative Phasenfluß zumindest $\mathrm{Vol}_n(t)$. Folglich gibt es eine Zahl k mit $1 \leqq k \leqq n$, so daß $\mathrm{Vol}_k(t)$ unter der Wirkung des Flusses exponentiell wächst oder indifferent ist $\left(\sum_{i=1}^{k} \lambda_i \geqq 0\right)$, aber $(k+1)$-dimensionale Volumenelemente kontrahiert werden $\left(\sum_{i=1}^{k+1} \lambda_i < 0\right)$. Das HAUSDORFF-Maß des Attraktors sollte deshalb zur Dimension $d = k + 1$ verschwinden, aber für $d = k$ positiv (endlich oder unendlich) sein. Für die HD erwartet man somit $k \leqq D_{\mathrm{H}} < k + 1$. Setzt man nun die Funktion $g(k) \equiv \sum_{i=1}^{k} \lambda_i$, $k = 1, 2, \ldots, n-1$, formal für reelle Werte $s \in [k, k+1)$ fort, indem $g(s) \equiv g(k) + (s-k)\,\lambda_{k+1}$ gesetzt wird, so verschwindet $g(s)$ für genau ein $s \in [1, n)$. Dieser Wert heißt *Ljapunov-Dimension*,

$$D_{\mathrm{L}} \equiv k + \frac{\sum_{i=1}^{k} \lambda_i}{|\lambda_{k+1}|}, \text{ wobei } \sum_{i=1}^{k} \lambda_i \geqq 0 \text{ und } \sum_{i=1}^{k+1} \lambda_i < 0. \tag{3.46}$$

KAPLAN und YORKE (1978, 1979) vermuteten, daß in „typischen" Fällen

$$D_{\mathrm{H}}(\mu) = D_{\mathrm{L}} \tag{3.47}$$

gilt (s. auch Frederickson et al., 1983). Diese Beziehung hat besonders für Computer-Experimente große Bedeutung, sind hier doch LE in der Regel bedeutend leichter zu bestimmen als Dimensionen. Gibt es auch viele Hinweise für die Gültigkeit der Vermutung (3.47) (s. z. B. Russel et al., 1980, und Young, 1982), so ist sie doch in bestimmten Fällen nicht erfüllt (s. z. B. Farmer et al., 1983, Grassberger und Procaccia, 1983a, b). Der allgemeine Gültigkeitsbereich von (3.47) ist heute noch nicht vollständig geklärt. Ist der Fluß $\boldsymbol{f}^t$ jedoch ein C^2-Diffeomorphismus und μ ein zugehöriges ergodisches invariantes Maß (mit kompaktem Träger supp μ), dann gilt (Ledrappier, 1981)

$$D_{\mathrm{H}}(\mu) \leqq D_{\mathrm{L}}. \tag{3.48}$$

(Weitere Zusammenhänge zwischen LE und Dimensionen haben u. a. Grassberger und Procaccia (1984) untersucht.) Sowohl LE als auch verschiedene Dimensionen stehen mit einer weiteren interessanten charakteristischen Größe in Verbindung, die Aussagen über die Zustandsvoraussagbarkeit für ein dynamisches System macht und im folgenden Abschnitt vorgestellt wird.

3.3. Entropien

In diesem Buch werden dynamische Modellsysteme betrachtet, die in dem Sinne deterministisch sind, als aus einem Anfangszustand $\boldsymbol{x}_0$ jeder zukünftige Zustand $\boldsymbol{x}(\boldsymbol{x}_0, t)$ eindeutig bestimmt ist (s. Abschn. 2.1.). Um den Zustand eines realen Systems vorherzusagen, kann man wie folgt vorgehen: Zunächst modelliert man das reale System, worunter hier die Aufstellung der Bewegungsgleichung (2.1) bzw. (2.2) verstanden wird. (Eventuell haben die mathematischen Modelle nicht diese Form, sondern sind z. B. partielle Differentialgleichungen. Solche Fälle werden jedoch der Einfachheit wegen hier nicht betrachtet.) Dann mißt man den aktuellen Zustand $\boldsymbol{x}_0$ des realen Systems, geht mit diesem speziellen Anfangszustand in die Modellrechnungen ein (d. h. löst das entsprechende Anfangswertproblem) und kann somit aus der erhaltenen Lösungskurve alle zukünftigen Zustände des realen Systems vorhersagen. In einigen Fällen hat dieses Vorgehen tatsächlich zu beeindruckenden Erfolgen geführt, denkt man z. B. an Halleys Vorhersage der Wiederkehr des nach ihm benannten Kometen für das Jahr 1758 (16 Jahre nach Halleys Tod). Im allgemeinen ist es jedoch äußerst schwierig, zum einen die relevanten Modellgleichungen zu finden und zum anderen diese zur Anfangsbedingung $\boldsymbol{x}_0$ zu lösen. Hier wird jedoch vorausgesetzt, daß dies ausgeführt ist und das dynamische Modellsystem in der Form (2.17) vorliegt. Dann steht jedoch noch das Problem der Messung des Anfangszustandes $\boldsymbol{x}_0$. Wird hier auch die prinzipielle Möglichkeit einer beliebig genauen Messung von $\boldsymbol{x}_0$ vorausgesetzt, so ist doch deren Realisierung mit einem unendlich hohen Aufwand an Meßtechnik bzw. Meßzeit verbunden, so daß von einer exakten Messung von $\boldsymbol{x}_0$ praktisch nicht ausgegangen werden kann. Ungenauigkeiten in der Messung von $\boldsymbol{x}_0$ haben bei stabilen Bewegungen i. allg. keine wesentlichen Konsequenzen auf die Zustandsvoraussagen, wie es das Beispiel des HALLEYschen Kometen eindrucksvoll zeigt, denn ähnliche Anfangsbedingungen führen hier in der Regel zu ähnlichen Lösungskurven. Die Stabilität der Bewegung gewährleistet auch, daß praktisch immer vorhandene Störungen, die in der Modellgleichung nicht berücksichtigt werden, keinen wesentlichen Einfluß auf die Bewegung des Systems haben, sofern sie nur hinreichend klein sind. Anders sind die Verhältnisse jedoch bei chaotischen Systemen, bei denen kleine Meßungenauigkeiten bzw. Störungen im Mittel exponentiell anwachsen und somit die Möglichkeit der Zustandsvoraussage i. allg. stark eingeschränkt wird.

Sei zur Illustration wiederum die Zeltabbildung (1.3) betrachtet, bei der eine kleine Ungenauigkeit δ in der Messung von x_0 nach einer jeden Iteration verdoppelt wird. Nach etwa $-\text{ld}\,\delta$ Zeitschritten (Iterationen) erstreckt sie sich auf das gesamte Intervall (0, 1), so daß Voraussagen über spätere Zustände nicht möglich sind. Mißt man jedoch nach einer jeden Iteration den aktuellen Zustand des Systems mit der gleichen Ungenauigkeit δ, so erhält man damit genau 1 bit zusätzliche Information über den Anfangszustand (Abb. 3.15) und somit auch Information über gewisse zukünftige Zustände. In der Dualdarstellung (3.1) bedeutet dies, daß bei einer Messung mit der Ungenauigkeit $\delta = 2^{-l}$ etwa die ersten l Ziffern von x_0 bestimmt werden und mit einer jeden weiteren Messung nach einer jeden Iteration zusätzlich die jeweils nächste Ziffer. Bei einer typischen irrationalen Anfangsbedingung (s. Abschn. 3.1.) ist das die Eins oder die Null jeweils mit der Wahrscheinlichkeit 1/2, so daß unter Verwendung des SHANNONschen Informationsmaßes (3.33) die Information 1 bit pro Iteration erhalten wird. Dies ist gerade die *Kolmogorov-Sinaj-Entropie* (KSE) der Zeltabbildung. Sie ist offenbar wesentlich durch das mittlere Streckungsverhalten und somit durch den LE bestimmt. Vereinfacht ausgedrückt gibt die KSE die Rate des Informationstransportes von Mikro- zu Makroskalen an. Im folgenden wird dies genauer ausgeführt.

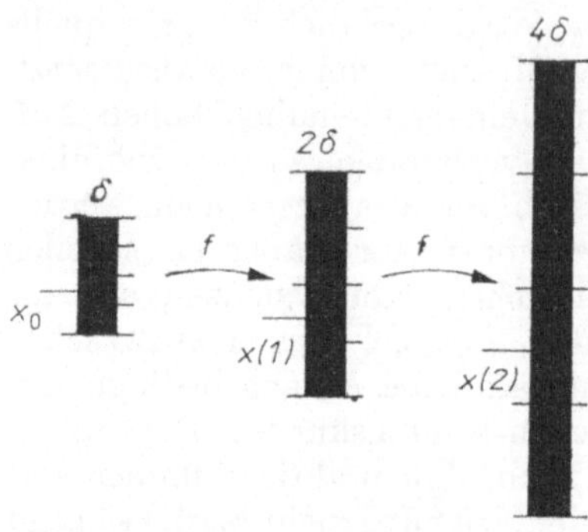

Abb. 3.15. Wirkung der Zeltabbildung (1.3) auf eine kleine Meßungenauigkeit δ. Wird mit der gleichen Ungenauigkeit ein späterer Systemzustand $x(1)$ oder $x(2)$ gemessen, so wird damit Information über den Anfangszustand x_0 erhalten, die aus einer direkten Messung von x_0 mit der gleichen Ungenauigkeit δ nicht erhalten werden kann

Transinformation

Sei β wiederum eine Überdeckung des Attraktors A mit Boxen B_i, $i = 1, 2, \ldots, M$, welche die Eigenschaften (2.24) erfüllen. Jede dieser Boxen wird nun als Makrozustand (kurz auch Zustand genannt) interpretiert, der mit einer Meßapparatur zu den Zeitpunkten $t = 0, 1, 2, \ldots$ bestimmt werden kann. Eine Trajektorie wird dann von der Meßapparatur als *Symbolsequenz* registriert:

$$\{\boldsymbol{f}^t\boldsymbol{x}_0\}_{t=0}^{\infty} \xrightarrow{\boldsymbol{f}^t\boldsymbol{x}_0 \in B_{i(t)}} \{i(t)\}_{t=0}^{\infty}. \tag{3.49}$$

Sei $p_i \equiv \mu(B_i)$ die Wahrscheinlichkeit, mit der das Symbol i aus dem Alphabet $\{i\}_{i=1}^{M}$ in der Symbolsequenz auftritt, falls $\boldsymbol{x}_0$ eine „typische" Anfangsbedingung ist (s. Abschn. 2.3. und 3.1.). Bei einer Messung zu einem beliebigen Zeitpunkt $t_0 = 0$ wird im Mittel die Information $H(\beta, \mu)$ erhalten (s. Gl. (3.33)). Mit einer solchen Messung erhält man i. allg. auch Information $I(t)$ über einen zukünftigen Zustand $B_{i(t)}$: Bezeichne $p_{j/i}(t)$ die bedingte Wahrscheinlichkeit für einen Übergang von B_i zu B_j nach der Zeit t,

$$p_{j/i}(t) = \begin{cases} \mu(f^{-t}B_j \cap B_i)/\mu(B_i), & \text{falls } \mu(B_i) \neq 0, \\ 0 & \text{andernfalls.} \end{cases} \tag{3.50}$$

Dann ist

$$H_c(t) \equiv -\sum_{i=1}^{M} p_i \sum_{j=1}^{M} p_{j/i}(t) \operatorname{ld} p_{j/i}(t) \tag{3.51}$$

die (mittlere) Unsicherheit über einen zukünftigen Zustand $B_{i(t)}$, die verbleibt, wenn ein gegenwärtiger Zustand $B_{i(0)}$ bekannt ist. Die Differenz

$$I(t) \equiv H(\beta, \mu) - H_c(t) \tag{3.52}$$

ist die gesuchte *Transinformation*. Es gilt immer

$$0 \leqq I(t) \leqq H(\beta, \mu) \tag{3.53}$$

(s. z. B. RÉNYI, 1977). Ein Zustand $B_{i(t)}$ ist auf der Grundlage einer Messung eines Anfangszustandes $B_{i(0)}$

(i) „voraussagbar", falls $I(t) = H(\beta, \mu)$ (d. h., $p_{j/i}(t) = 1$ oder 0 für $i, j = 1, 2, \ldots, M$),

(ii) „eingeschränkt voraussagbar", falls $0 < I(t) < H(\beta, \mu)$ (d. h., von zumindest einem Zustand kann nach der Zeit t in mehr als einen Zustand übergegangen werden, wobei aber für zumindest einen der Übergänge $p_{j/i}(t) \neq p_j$),

(iii) „nicht voraussagbar", falls $I(t) = 0$ (d. h., $p_{j/i}(t) = p_j$ für $i, j = 1, 2, \ldots, M$ mit $p_i \neq 0$).

Ein dynamisches System (2.17) ist genau dann mischend, wenn für alle (μ-meßbaren) Partitionierungen $\lim_{t\to\infty} I(t) = 0$ gilt. Die Transinformation $I(t)$ kann auch umgekehrt als die Information über einen vergangenen Zustand $B_{i(-t)}$ ($t > 0$) interpretiert werden, die aus einer Messung des gegenwärtigen Zustandes $B_{i(0)}$ erhalten wird. Insbesondere heißt dies, daß das System für $I(t) = 0$ seinen Anfangszustand nach der Zeit t „vergessen" hat.

Wird z. B. bei einem zeitdiskreten Orbit der Periode m fein genug gemessen, so daß alle m Punkte durch β aufgelöst werden, dann gilt $H(\beta, \mu) = \operatorname{ld} m = I(t)$ für alle $t = 0, 1, 2, \ldots$, d. h., alle zukünftigen Zustände sind voraussagbar, wenn $B_{i(0)}$ bekannt ist. Bei chaotischen Systemen fällt die Transinformation jedoch für genügend feine Messungen (d. h. feine Partitionierungen β) ab.

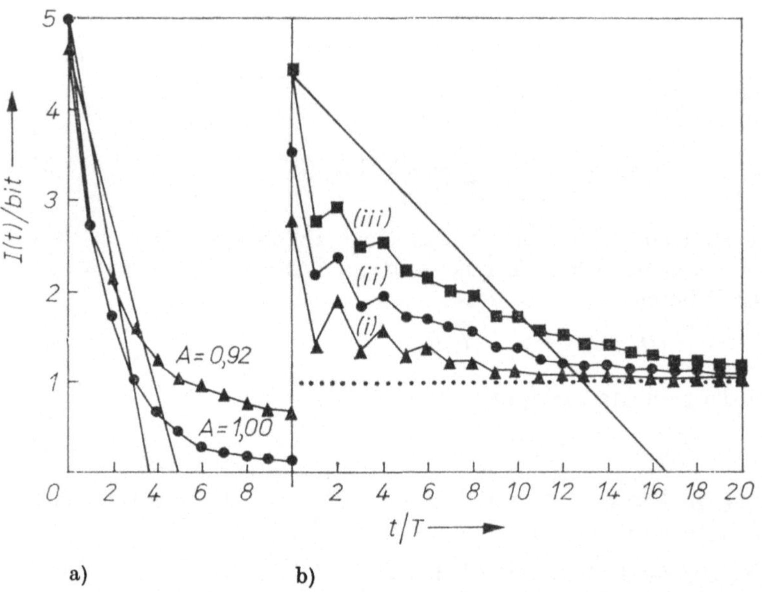

Abb. 3.16. Typisches Verhalten der Transinformation $I(t)$ beim Pendel (1.5) ($B = 0{,}15$; $\Omega = 1{,}56$) als Funktion der Voraussagezeit t ($T = 2\pi/\Omega$) im chaotischen Regime. In a) führt eine Erhöhung der Erregeramplitude A von 0,92 auf 1,00 zur Vergrößerung des Ljapunov-Exponenten λ_1 von $\approx 0{,}92$ auf $\approx 1{,}32$ bit/T, was bei derselben Meßgenauigkeit zur zusätzlichen Einschränkung der Zustandsvoraussagbarkeit führt. Für $A = 1$ hat das Pendel nach etwa $10T$ seinen Anfangszustand vergessen. Voraussagen über Zustände, die nach mehr als $10T$ angenommen werden, sind praktisch unmöglich. In b) wurde für $A = 0{,}9145$ die Meßgenauigkeit von (i) zu (iii) zweimal verdoppelt, was zu einer Erhöhung der Information über zukünftige Zustände führt. Der chaotische Attraktor ($\lambda_1 \approx 0{,}27$ bit/T) besteht hier aus zwei Teilen (sog. Bändern — s. Kap. 5. sowie Abb. 1.7e) und Abb. 3.4), die von einem stroboskopisch dargestellten Orbit alternierend angelaufen werden. Die Bänder sind unterschiedlich groß, so daß Expansion und Kontraktion einander abwechseln, was sich in den „Zickzacklinien“ widerspiegelt. Für $t \geqq 20T$ kann bei den verwendeten Meßgenauigkeiten nur vorausgesagt werden, in welchem der Bänder sich das System befinden wird, was der Information 1 bit entspricht. Die Geraden in a) und b) geben eine Schätzung des Abfalls der Transinformation durch den Ljapunov-Exponenten λ_1: $I(t) \approx I(0) - \lambda_1 t$ (s. Gl. (3.66) und (3.67))

Abb. 3.16 zeigt dies für das Pendel (1.5) im chaotischen Regime. (Die Ergebnisse stammen aus Computerexperimenten, wobei die Phasenbahn im unteren Totpunkt der Erregung stroboskopisch dargestellt wurde.)

Kolmogorov-Sinaj-Entropie

Kennt man nicht nur den gegenwärtigen Zustand $B_{i(0)}$ des Systems, sondern auch gewisse vergangene Zustände $B_{i(t)}$, $t = -1, -2, -3, \ldots$, so kann sich dadurch die Transinformation über einen zukünftigen Zustand erhöhen. (Falls die Symbolsequenz (3.49) eine MARKOV-Kette der Ordnung k ist, so liefern genau die Zustände $B_{i(t)}, t = -1, -2, \ldots, -k+1$, zusätzliche Information.) Aber selbst wenn alle vergangenen Zustände bekannt sind, verbleibt i. allg. noch eine gewisse Unsicherheit über zukünftige Zustände. Im folgenden wird dies genauer betrachtet.

Sind $\alpha \equiv \{A_j\}_{j=1}^{M(\alpha)}$ und $\beta \equiv \{B_i\}_{i=1}^{M(\beta)}$ zwei beliebige (μ-meßbare) Partitionierungen des Attraktors A eines zeitdiskreten dynamischen Systems (2.17), dann bezeichnet im folgenden $\alpha \vee \beta$ die (verfeinerte) Partitionierung von A, welche aus allen Boxen der Form

$$A_j \cap B_i, \quad j = 1, 2, \ldots, M(\alpha), \quad i = 1, 2, \ldots, M(\beta),$$

besteht. $f^{-t}\beta$ sei die Partitionierung, welche aus allen Teilmengen von A besteht, die durch f^t auf jeweils genau eine der Boxen aus β abgebildet werden. Dann ist das natürliche Maß

$$p_{i(w-1)\ldots i(0)} \equiv \mu\left(\bigcap_{t=0}^{w-1} f^{-t} B_{i(t)}\right) \tag{3.54}$$

einer Box aus der Partitionierung $\bigvee_{t=0}^{w-1} f^{-t}\beta$ die Wahrscheinlichkeit dafür, daß in der Symbolsequenz (3.49) ein bestimmtes *Wort* $\mathfrak{W} \equiv \{i(t)\}_{t=0}^{w-1}$ der Länge w $(= 1, 2, 3, \ldots)$ auftritt. Mit (3.33) ist dann

$$\begin{aligned} H_w &\equiv H\left(\bigvee_{t=0}^{w-1} f^{-t}\beta, \mu\right) \\ &= -\sum_{i(w-1),\ldots,i(0)=1}^{M} p_{i(w-1)\ldots i(0)} \operatorname{ld} p_{i(w-1)\ldots i(0)} \end{aligned}$$

die Information, welche man (im Mittel) erhält, wenn ein Wort $\mathfrak{W}$ gemessen wird. Kennt man ein vergangenes Wort $\mathfrak{W} \equiv \{i(t)\}_{t=1-w}^{0}$, so hat man damit über einen zukünftigen Zustand $B_{i(t)}$ ($t = 1, 2, 3, \ldots$) noch die Unsicherheit

$$H_{c;w}(t) = H\left(\left(\bigvee_{j=0}^{w-1} \boldsymbol{f}^{-j}\beta\right) \vee \boldsymbol{f}^{1-w-t}\beta, \mu\right) - H_w. \tag{3.55}$$

Die Transinformation über $B_{i(t)}$ aus der Information über ein Anfangswort $\mathfrak{W}$ ist dann

$$I_w(t) = H(\beta, \mu) - H_{c;w}(t). \tag{3.56}$$

Es gilt immer $0 \leqq I_w(t) \leqq H(\beta, \mu)$. Für $w = 1$ geht (3.55) bzw. (3.56) in (3.51) bzw. (3.52) über. Die Folge $\{H_{c;w}(t)\}_{w=1}^{\infty}$ ist monoton fallend, d. h., die Unsicherheit über $B_{i(t)}$ kann nicht zunehmen, wenn immer mehr vergangene Zustände bekannt werden. Andererseits ist die Folge durch Null beschränkt, so daß der Grenzwert

$$h(\beta, \mu, \boldsymbol{f}, t) \equiv \lim_{w\to\infty} H_{c;w}(t) \tag{3.57}$$

existiert. Er gibt die Unsicherheit über den zukünftigen Zustand $B_{i(t)}$ ($t = 1, 2, 3, \ldots$) an, welche verbleibt, wenn alle vergangenen Zustände bekannt sind. Für $t = 1$ heißt

$$h(\beta, \mu, \boldsymbol{f}) \equiv h(\beta, \mu, \boldsymbol{f}, 1) = \lim_{w\to\infty} w^{-1} H_w \tag{3.58}$$

Kolmogorov-Sinaj-Entropie (KSE) (oder *metrische Entropie*) *des symbolischen Systems*, das aus dem ursprünglichen dynamischen System (2.17) durch die Einführung der Partitionierung β entsteht. $h(\beta, \mu, \boldsymbol{f})$ ist also die Unsicherheit über den zukünftigen Zustand $B_{i(1)}$, die verbleibt, wenn alle vergangenen Zustände $B_{i(0)}$, $B_{i(-1)}$, $B_{i(-2)} \ldots$ bekannt sind. Anders interpretiert gibt $h(\beta, \mu, \boldsymbol{f})$ die „neue" Information, welche pro Iteration mit einer Messung im Mittel erhalten wird. Das ist Information über den Anfangsmikrozustand $\boldsymbol{x}_0$, die infolge der mittleren expandierenden Wirkung des Phasenflusses $\boldsymbol{f}^t$ in bestimmten Richtungen im Phasenraum von Mikro- zu Makroskalen transportiert wird und somit in Messungen mit einer bestimmten Ungenauigkeit, welche die Makroskale definiert, erhalten wird. In diesem Sinne gibt $h(\beta, \mu, \boldsymbol{f})$ die Rate der Informationsproduktion des symbolischen dynamischen Systems an.

Die KSE des Ausgangssystems (2.17) wird durch

$$h_\mu(\boldsymbol{f}) \equiv \sup_{\beta} h(\beta, \mu, \boldsymbol{f}) \tag{3.59}$$

definiert, wobei das Supremum über alle μ-meßbaren Partitionierungen β zu bilden ist (Kolmogorov, 1958, 1959, Sinaj, 1959). $h_\mu(\boldsymbol{f})$ ist also die höchstmögliche Rate der Informationsproduktion eines symbolischen Systems, das aus (2.17) durch eine Partitionierung β entsteht. Sind zwei dynamische Systeme $(A, \mu, \boldsymbol{f}^t)$ und $(A^*, \mu^*, \boldsymbol{f}^{*t})$ einander *isomorph* (d. h., existiert eine umkehrbar eindeutige Abbildung $\boldsymbol{h}$: $A \to A^*$, so daß ein zu (2.21) analoges Diagramm kommutativ ist, und $\boldsymbol{h}$ maßerhaltend ist: $\mu^*(\boldsymbol{h}(B)) = \mu(B)$ für alle μ-meßbaren Mengen $B \subseteqq A$), so haben beide Systeme die gleiche KSE: $h_\mu(\boldsymbol{f}) = h_{\mu^*}(\boldsymbol{f}^*)$. (Die Umkehrung dieser Aussage gilt i. allg. nicht, s. z. B. Walters, 1982, S. 108.) Eine zu (3.59) alternative Darstellung ist

$$h_\mu(\boldsymbol{f}) = \lim_{\emptyset(\beta)\to 0} h(\beta, \mu, \boldsymbol{f}), \tag{3.60}$$

wobei $\emptyset(\beta)$ wiederum den größten Durchmesser der Boxen aus β bezeichnet (s. Gl. (3.34)). Falls

$$\lim_{s\to\infty} \emptyset\left(\bigvee_{t=0}^{s} \boldsymbol{f}^{-t}\beta\right) = 0,$$

so gilt $h_\mu(\boldsymbol{f}) = h(\beta, \mu, \boldsymbol{f})$, d. h., die i. allg. schwierige Bildung des Supremums in (3.59) kann für diese speziellen β umgangen werden. Für zeitkontinuierliche Systeme (2.17) ist die Begriffsbildung vollkommen analog, wenn der Fluß $\boldsymbol{f}^t$ mit $t = 1$ betrachtet wird. Allgemein gilt

$$h_\mu(\boldsymbol{f}^t) = |t| \times h_\mu(\boldsymbol{f}) \text{ für } t \in \mathbb{R} \text{ (bzw. } t \in \mathbb{Z} \text{ oder } \mathbb{Z}^+\text{)}. \tag{3.61}$$

(Mehr Details zur KSE können z. B. den Büchern von Billingsley (1965), Arnol'd und Avez (1968) sowie Walters (1982) entnommen werden.)

Für periodische und quasiperiodische Bewegungen verschwindet die KSE $h_\mu(\boldsymbol{f})$, während sie für stochastische („verrauschte") Systeme unendlich ist. Chaotische Systeme zeichnen sich hingegen durch einen echt positiven, endlichen Wert der KSE aus. Das zeitlich lineare Anwachsen (3.61) von $h_\mu(\boldsymbol{f}^t)$ im chaotischen Fall widerspiegelt die exponentielle Divergenz benachbarter Trajektorien (zumindest $\lambda_1 > 0$).

Zur Illustration sei wiederum die Zeltabbildung (1.3) betrachtet, mit dem Lebesgue-Maß auf [0, 1] als zugehörigem natürlichem

Maß μ und mit den Partitionierungen

$$\beta_{M,\delta} \equiv \{[(i-1+\delta)/M,\ (i+\delta)/M)\}_{i=0}^{M} \text{ mit } 0 \leqq \delta < 1\,. \tag{3.62}$$

Für „natürliche" Partitionierungen $\beta_{M,0}$ mit $M = 2^k$, $k = 1, 2, 3, \ldots$, ist $H_{c;w}(1) = 1$ bit für $w = 1, 2, 3, \ldots$ Die gesamte mögliche Information über $B_{i(1)}$ wird also mit der Messung von $B_{i(0)}$ erhalten. Die Kenntnis der vergangenen Zustände $B_{i(-1)}$, $B_{i(-2)}$, $B_{i(-3)}, \ldots$ liefert in diesem Fall keine zusätzliche Information über $B_{i(1)}$ (die entsprechende Symbolfrequenz (3.49) ist hier eine MARKOV-Kette erster Ordnung). Wird die Messung jedoch dahingehend verändert, daß die Partitionierung verschoben wird, so daß nun $\delta = 1/2$, dann gilt

$$H_{c;w}(1) = 1 + (2^k - 1)/2^{k+w},$$

d. h., jeder vergangene Zustand liefert nun eine gewisse Information über $B_{i(1)}$. In jedem Falle gilt aber für die verwendeten Partitionierungen $h(\beta_{M,\delta}, \mu, f) = h_\mu(f) = 1$ bit.

In ihren Strömungsexperimenten haben BRANDSTÄTER et al. (1983) die KSE für spezielle Partitionierungen β direkt nach Definition bestimmt, indem sie die Verbundwahrscheinlichkeiten (3.54) für große Wortlängen schätzten und nach (3.55) für $w = 1 = t$ die Differenz $H_{w+1} - H_w \approx h(\beta, \mu, \boldsymbol{f})$ (w groß) bestimmten. Die Ergebnisse sind in Abb. 3.9 dargestellt. Wie zu erwarten war, vergrößert sich die Rate der Informationsproduktion, wenn die Bewegung turbulenter (chaotischer) wird, d. h. bei einer Vergrößerung der REYNOLDS-Zahl.

Nach SHAWS (1981) Argumentation sollten über zukünftige Zustände gewisse Voraussagen gemacht werden können, solange die „neu produzierte" Information $t \times h_\mu(\boldsymbol{f})$ nicht die „alte" Information $H(\beta, \mu)$ über den Anfangszustand übersteigt. Für die Voraussagezeit ergibt sich somit

$$t_{\mathrm{V}} \approx H(\beta, \mu)/h_\mu(\boldsymbol{f})\,. \tag{3.63}$$

Zustände, die das System nach Verstreichen der Zeit t_{V} annimmt, sind praktisch nicht voraussagbar. Setzt man hierbei noch nach (3.34) $H(\beta, \mu) \approx D_{\mathrm{I}}(\mu)$ ld (c/δ) (c ist hierbei eine gewisse Normierungskonstante), so erhält man eine simple Beziehung zwischen der Voraussagezeit t_{V} und der Meßgenauigkeit $1/\delta$ (FARMER, 1982):

$$t_{\mathrm{V}} \approx \frac{D_{\mathrm{I}}(\mu)}{h_\mu(\boldsymbol{f})} \operatorname{ld} \frac{c}{\delta} \quad (\delta \text{ genügend klein})\,. \tag{3.64}$$

Die Voraussagezeit vergrößert sich also etwa nur logarithmisch mit der Meßgenauigkeit! Um die Voraussagezeit nur zu verdoppeln, muß die Meßgenauigkeit quadriert werden. Die Proportionalitätskonstante $D_{\mathrm{I}}(\mu)/h_\mu(f)$ ist eine charakteristische Invariante des dynamischen Systems. Wird $h_\mu(f)$ z. B. für das Pendel (1.5) durch den positiven LE angenähert (exakte Beziehungen zwischen KSE, LE und HD werden weiter unten erläutert), so erhält man eine gewisse (i. allg. jedoch grobe — s. POMPE et al., 1986) Schätzung der Voraussagezeit, wie die Geraden in Abb. 3.16 illustrieren.

In Abschn. 3.1. wurde ein positiver, aber endlicher Wert des größten LE als Definition eines chaotischen dynamischen Systems (2.17) angegeben. Eine dazu alternative Forderung ist: $0 < h_\mu(f) < \infty$. Beide Charakterisierungen (Definitionen) für chaotische Systeme sind in gewissem Sinne verträglich, wie die im folgenden erläuterten Zusammenhänge zwischen KSE, LE und verschiedenen Dimensionen zeigen.

Beziehungen zwischen Entropie, Ljapunov-Exponenten und Dimensionen

Die Bestimmung der KSE eines dynamischen Systems (2.17) ist direkt nach ihrer Definition (3.59) vor allem wegen der notwendigen Bildung des Supremums i. allg. nicht praktikabel. Diese Schwierigkeit ist einer der Gründe, weshalb Beziehungen zwischen der KSE und anderen charakteristischen Größen (LE und Dimensionen) von besonderem Interesse sind. (LE werden im folgenden ebenso wie die KSE in bit/Zeiteinheit gemessen, d. h., in (3.8) und (3.10) ist ld statt ln zu verwenden.)

Um die erwähnten Zusammenhänge zu erläutern, wird zunächst der eindimensionale zeitdiskrete Fall betrachtet: Das natürliche Maß habe die Informationsdimension $D_{\mathrm{I}}(\mu)$ $\left(= D_{\mathrm{H}}(\mu)\right)$. Bei einer Messung mit der Ungenauigkeit $\delta \ll 1$ wird dann nach (3.34) die Information $H\left(\beta(\delta), \mu\right) = D_{\mathrm{I}}(\mu) \operatorname{ld}(c/\delta)$ erhalten (c ist wiederum eine gewisse Normierungskonstante). Nach einer Iteration wird ein Intervall der Länge δ im Mittel um den Faktor $2^\lambda > 1$ gestreckt, denn im chaotischen Fall ist der LE λ positiv. Folglich wird bei einer weiteren Messung mit der gleichen Ungenauigkeit δ soviel „neue" Information erhalten, wie umgekehrt bei einer um den Faktor $1/2^\lambda$ (< 1) verfeinerten Messung zum Anfangszeitpunkt hätte zusätzlich erhalten werden können. $H\left(\beta(\delta/2^\lambda), \mu\right) - H\left(\beta(\delta), \mu\right) = \lambda D_{\mathrm{I}}(\mu)$ ist dann diese „neue"

Information, d. i. aber die KSE

$$h_\mu(f) = \lambda D_{\mathrm{I}}(\mu).$$

Für die Zeltabbildung ist z. B. $D_{\mathrm{I}}(\mu) = 1$ und somit $h_\mu(f) = \lambda$. Im allgemeinen gilt aber $0 \leqq D_{\mathrm{I}}(\mu) \leqq 1$ und somit $h_\mu(f) \leqq \lambda$.

Im mehrdimensionalen Fall kann man ähnlich heuristisch argumentieren (GRASSBERGER und PROCACCIA, 1984), indem alle positiven LE $\lambda^{(i)}$ und die zugehörigen *partiellen Informationsdimensionen* (bzw. *partielle Hausdorff-Dimensionen*) $D^{(i)}$ betrachtet werden, die gewissermaßen die „Informationsdichte" auf jenen Teilmengen des Attraktors charakterisieren, die durch die Wirkung des Flusses f mit dem Faktor $2^{\lambda^{(i)}}$ im Mittel gestreckt werden. (Das sind bestimmte Teilmengen der instabilen Mannigfaltigkeiten, die den Attraktor bilden und die zu den linearen Räumen $E^i_{x(t)} \setminus E^{i+1}_{x(t)}$ mit $\lambda^{(i)} > 0$ aus (3.9) bzw. (3.10) tangential liegen — Details hierzu sind z. B. in ECKMANN und RUELLE (1985) zu finden.) Dabei gilt $0 \leqq D^{(i)} \leqq n_i$, wobei n_i wiederum die Vielfachheit des (positiven) LE $\lambda^{(i)}$ bezeichnet (s. Abschn. 3.1.). Für die KSE erwartet man somit

$$h_\mu(f) = \sum_i \lambda^{(i)} D^{(i)}, \tag{3.65}$$

wobei die Summe über alle i mit $\lambda^{(i)} > 0$ zu bilden ist. Unter den Voraussetzungen, daß f ein C^2-Diffeomorphismus und μ ein zugehöriges f-invariantes ergodisches (BOREL-)Wahrscheinlichkeitsmaß ist, haben LEDRAPPIER und YOUNG (1985) die Gültigkeit der interessanten Beziehung (3.65) streng bewiesen. Ein jeder der Summanden $\lambda^{(i)}D^{(i)}$ in (3.65) kann auch als *partielle Kolmogorov-Sinaj-Entropie* interpretiert werden. Ist μ in den instabilen Richtungen absolut stetig bez. des LEBESGUE-Maßes (μ heißt dann *Sinaj-Ruelle-Bowen-Maß*; kurz: SRB-Maß), so folgt $D^{(i)} = n_i$, und (3.65) geht in die Identität von PESIN (1977) über:

$$h_\mu(f) = \sum_i{}^{+} \lambda_i, \tag{3.66}$$

wobei die Summe über alle positiven LE zu bilden ist (ein jeder LE erscheint in (3.66) so oft als Summand, wie seine Vielfachheit n_i angibt). Gibt es auch dynamische Systeme (2.17), für welche die Identität in (3.66) gilt, so ist es doch bisher weitgehend unklar, wie häufig in praktisch relevanten Systemen ein natürliches Maß ein SRB-Maß ist. (LEDRAPPIER und YOUNG (1985) haben die Maße, für welche (3.66) gilt, genauer charakterisiert.) Im allgemeinen folgt jedoch aus (3.65) RUELLES (1978) Relation

$$h_\mu(f) \leqq \sum_i{}^{+} \lambda_i . \tag{3.67}$$

Schließlich sei noch eine interessante Beziehung angegeben, die für zweidimensionale zeitdiskrete chaotische Systeme (2.17) (d. h., $\lambda_1 > 0$ und $\lambda_2 < 0$) gilt, wenn f ein C^2-Diffeomorphismus ist und das zugehörige (natürliche) Maß μ einen beschränkten und abgeschlossenen (d. h. kompakten) Träger hat (YOUNG, 1982):

$$D_H(\mu) = h_\mu(f)\,(1/\lambda_1 - 1/\lambda_2) . \tag{3.68}$$

Gilt hierbei PESINS Identität (3.66), so geht die rechte Seite von (3.68) in die Formel (3.46) für die LJAPUNOV-Dimension über, und folglich wird die Identität (3.47) erhalten. Jedoch gilt i. allg. $h_\mu(f) \leqq \lambda_1$ und folglich in Übereinstimmung mit LEDRAPPIERS Relation (3.48)

$$D_H(\mu) \leqq 1 + \lambda_1/|\lambda_2| .$$

Ist es auch in der Regel schwierig, die partiellen Dimensionen z. B. im Computerexperiment zu schätzen, so kann doch zumindest nach (3.67) aus den relativ einfach zu bestimmenden positiven LE (s. Abschn. 3.1.) eine obere Schranke für die KSE angegeben werden. Untere Schranken für $h_\mu(f)$ liefern gewisse verallgemeinerte Entropien.

Verallgemeinerte Entropien

Wie bei den RÉNYI-Dimensionen aus Abschn. 3.2. können auch hier verallgemeinerte charakteristische Größen eingeführt werden, indem anstelle des SHANNONschen Informationsmaßes die RÉNYI-Informationen q-ter Ordnung (3.36) verwendet werden. Analog zu (3.58) und (3.60) wird nun die *Entropie q-ter Ordnung* eines zeitdiskreten dynamischen Systems (2.17) durch

$$h_\mu^{(q)}(f) \equiv \lim_{\emptyset(\beta)\to 0} \lim_{w\to\infty} w^{-1} H^{(q)}\left(\bigvee_{t=0}^{w-1} f^{-t}\beta, \mu\right) \quad \text{für} \quad 0 \leqq q < \infty \tag{3.69}$$

definiert, falls diese Grenzwerte existieren (GRASSBERGER und PROCACCIA, 1983c). Aus dem monotonen Abfall der RÉNYI-Dimensionen mit wachsendem q folgt analog zu (3.38)

$$h_\mu^{(q)}(f) \geqq h_\mu^{(r)}(f) \quad \text{für } q < r . \tag{3.70}$$

Für $q \to 1$ geht (3.69) in (3.60) über und für $q \to 0$ in die sog. *topologische Entropie* $h^{(0)}(\boldsymbol{f})$ des Flusses $\boldsymbol{f}$ auf dem Attraktor A. $h^{(0)}(\boldsymbol{f})$ charakterisiert die Zunahme der Anzahl $N(w)$ der möglichen Worte $\mathfrak{W}$ aus einer Symbolsequenz (3.49) (wobei $\emptyset(\beta) \to 0$), wenn die Wortlänge w zunimmt:

$$N(w) \sim 2^{h^{(0)}(\boldsymbol{f}) \times w} \quad (w \text{ hinreichend groß}).$$

Hat man eine Zeitreihe (3.22) aus einem Experiment erhalten, so kann man nach Ideen von Takens (1983) sowie Grassberger und Procaccia (1983c) ähnlich wie bei der Bestimmung der Rényi-Dimensionen (s. Abschn. 3.2.) verfahren, um verschiedene Entropien q-ter Ordnung zu schätzen. Dazu hat man jedoch nun nicht nur die Korrelation zwischen Punkten aus (3.22), sondern zwischen ganzen Orbitabschnitten (d. h. Worten) zu untersuchen. Im Fall $q = 2$ gilt z. B.

$$\sum p^2_{i(w-1)\dots i(0)} \sim C_w(2, \delta) \quad \text{mit}$$

$$C_w(2,\delta) \equiv \lim_{N\to\infty} N^{-2} \sum_{i,j} \Theta\left(\delta^2 - \sum_{l=0}^{w-1} |\boldsymbol{x}(i+l) - \boldsymbol{x}(j+l)|\right). \tag{3.71}$$

Aus (3.36) und (3.69) folgt somit

$$h^{(2)}_\mu(\boldsymbol{f}) \approx \Delta t^{-1} \lim_{\delta\to 0} \lim_{w\to\infty} \operatorname{ld}\left(C_w(2, \delta)/C_{w+1}(2, \delta)\right)$$

(Δt ist hierbei das Zeitinkrement der Zeitreihe (3.22)). $C_w(2, \delta)$ stellt die Wahrscheinlichkeit dar, daß zwei statistisch unabhängige Punkte $\boldsymbol{x}(i)$ und $\boldsymbol{x}(j)$ über wenigstens w Zeitschritte dichter als δ benachbart sind — im Sinne der euklidischen Norm $|\cdot|$ (s. Abschnitt 2.1.). Man findet aber, daß die Entropie unabhängig von der in (3.71) verwendeten Norm ist, sofern diese nur der euklidischen äquivalent ist. Gleiches trifft für die im Abschnitt 3.2. eingeführten fraktalen Dimensionen zu (s. Gl. (3.32) und (3.39)). Verwendet man z. B. zur Bestimmung der Dimension D_2 (Gln. (3.32), (3.41) und (3.42)) die Maximumnorm $|(u(1), u(2), \dots, u(n))|_{\max} \equiv \max \{u(i)\}^n_{i=1}$ (zur Einfachheit sei die Zeitreihe (3.20) eindimensional: $m = 1$), so kann das Korrelationsintegral (3.41) auch als Wahrscheinlichkeit interpretiert werden, daß zwei Punkte aus (3.20) über n hintereinanderfolgende Zeitschritte einen Abstand kleiner als δ haben (n = Einbettungsdimension). Mit dieser Interpretation kann man die Entropie $h^{(2)}_\mu(\boldsymbol{f})$ erhalten, indem man in der doppelt-logarithmischen Darstellung des Korrelationsintegrals (3.41) $\langle C_{t,n}(\delta)\rangle_t \equiv \langle C_t(\delta)\rangle_t$ über δ (s. z. B. Abb. 3.13) zunächst einen festen

Wert δ^* für δ aus dem Bereich wählt, wo der Anstieg der Kurven für hinreichend große Werte der Einbettungsdimension n konstant ist (gleich der Dimension D_2 – s. Abschnitt 3.2.). Der Abstand $a_n \equiv \text{ld}\,\langle C_{t,n}(\delta^*)\rangle_t - \text{ld}\,\langle C_{t,n+1}(\delta^*)\rangle_t$ nimmt im chaotischen Fall für hinreichend große n einen konstanten positiven Wert an, aus dem die Entropie bestimmt werden kann:

$$h_\mu^{(2)}(\boldsymbol{f}) = \lim_{n\to\infty} a_n \text{ bit}/\tau .$$

(τ ist hierbei die Verzögerungszeit zur Konstruktion höherdimensionaler Zustandsvektoren entsprechend (3.21).) Nach (3.70) ist $h_\mu^{(2)}(\boldsymbol{f})$ eine untere Schranke der KSE $h_\mu(\boldsymbol{f}) \equiv h_\mu^{(1)}(\boldsymbol{f})$. Kurths und Herzel (1987) haben z. B. auf diese Weise für die solare Zeitreihe (s. Abschn. 3.1. und 3.2.) den Wert $h_\mu^{(2)}(\boldsymbol{f}) \approx 0{,}04 \text{ bit}/(\Delta t \times \ln 2)$ erhalten.

4. Universalität auf dem Wege zum Chaos

In Kap. 1. haben wir gesehen, daß ein parametrisch angeregtes Pendel mit Dämpfung bei Vergrößerung der Amplitude der äußeren Erregung immer kompliziertere Bewegungen ausführt. Es gibt heute viele experimentelle und theoretische Hinweise dafür, daß der Übergang von einfachen zu komplizierteren und unregelmäßigen Bewegungsformen bei kontinuierlicher Veränderung eines Parameters durchaus typisch für nichtlineare Systeme ist, die durch Bewegungsgleichungen der Form (2.1) bzw. (2.2) beschrieben werden.

Bezeichnet man mit r einen Parameter, der bestimmend für den Charakter der Bewegung ist und im Experiment variiert werden kann (*Kontrollparameter*), so läßt sich die Lösung als Zeitfunktion $\boldsymbol{x}(t) = \boldsymbol{f}_r^t(\boldsymbol{x}(0))$ schreiben, wobei r innerhalb eines experimentellen Laufes bzw. während der Berechnung der Phasentrajektorie $\boldsymbol{x}(t)$ konstant zu halten ist. Gewöhnlich nimmt man an, daß es einen Parameterwert gibt, z. B. $r = 0$, für den die asymptotische Bewegung des Systems auf einfachen Attraktoren (z. B. Fixpunkten oder Grenzkreisen) stattfindet. Wie schon in der Einführung gezeigt wurde, vollzieht sich der Übergang von einfacher zu komplizierter Bewegung, indem der Kontrollparameter eine Folge von Bifurkationsstellen durchläuft. Wir werden noch sehen, daß es sich dabei um Bifurkationen verschiedener Art handeln kann, so daß man heute von unterschiedlichen Wegen oder Routen zum Chaos spricht.

In diesem Zusammenhang sei darauf hingewiesen, daß man bei Systemen mit zwei oder mehr Parametern auf beliebig vielen verschiedenen Wegen im Parameterraum zu chaotischen Bewegungsformen gelangen kann. Es ist jedoch nicht sinnvoll, jede beliebige Folge von Parameteränderungen, die am Ende zum Chaos führt, als Route zum Chaos zu bezeichnen. Wir verstehen unter einer Route zum Chaos eine Bifurkationsfolge, die sich durch charakteristische Gesetzmäßigkeiten auszeichnet und in deren Ergebnis ein chaotischer Bewegungszustand erreicht wird. Man spricht in diesem Zusammenhang auch von einem „Szenario".

Der Erforschung der Gesetzmäßigkeiten, denen die verschiedenen Routen zum Chaos unterliegen, ist eine große Zahl von Arbeiten gewidmet (s. z. B. Cvitanović, 1984). Dabei konnten unter Verwendung sowohl numerischer als auch analytischer Methoden einige bemerkenswerte Ergebnisse erhalten werden, auf die wir im folgenden näher eingehen wollen. Es sei jedoch darauf hingewiesen, daß es sowohl im realen als auch im Computerexperiment äußerst schwierig ist, diese Gesetzmäßigkeiten aufzufinden. Jede numerische Integration liefert ja genau wie das entsprechende Experiment für einen vorgegebenen Parametersatz und einen Anfangszustand $\boldsymbol{x}(0)$ jeweils nur eine Lösungskurve $\boldsymbol{x}(t)$. Um aber Gesetzmäßigkeiten der Änderung des Charakters der Bewegung zu erkennen, muß man sehr viele Rechnungen mit jeweils geringfügig veränderten Parameterwerten und unterschiedlichen Startwerten durchführen, wobei noch zu berücksichtigen ist, daß diese einzelnen Läufe sehr lang sein müssen, da ja nach dem Charakter der Lösung im asymptotischen Regime gefragt wird. Es ist daher wichtig, die mathematischen Systeme, welche den entsprechenden realen Vorgang modellieren, so einfach wie möglich zu halten, wobei gleichzeitig die wesentlichen Aspekte der Bewegung des realen Systems erhalten bleiben müssen.

In Abschn. 1.1. haben wir mit der logistischen Abbildung (1.2) bereits ein einfaches mathematisches Modell kennengelernt, mit dessen Hilfe man Aussagen über typisches Verhalten nichtlinearer dynamischer Systeme gewinnen kann. Wir werden sehen, daß viele Ergebnisse, die man am Beispiel dieser eindimensionalen Abbildung erhält, für einen großen Anwendungsbereich gelten, wobei sogar einige quantitative Resultate universelle Bedeutung haben.

4.1. Über Periodenverdopplungen zum Chaos

In Abschn. 1.1. wurde bereits erläutert, daß die logistische Abbildung stabile periodische Lösungen besitzt und daß mit wachsendem Kontrollparameter r eine Folge von Periodenverdopplungen zu beobachten ist, wobei die Verdopplungen in immer kürzeren Abständen auf der r-Skala einsetzen. Diese sog. *Heugabelbifurkationen* sollen nun etwas genauer analysiert werden.

Wie schon gezeigt, besitzt (1.2) für $1 < r < 3$ einen stabilen Fixpunkt $\bar{x} = 1 - 1/r$ sowie den instabilen Fixpunkt Null. Für $r = 3$ wird $\bar{x}$ ebenfalls instabil, und es entstehen zwei stabile Fixpunkte $\bar{x}_1$ und $\bar{x}_2$ der zweiten Iterierten f_r^2 (vgl. Abb. 1.2). Daneben ist der „alte" Fixpunkt $\bar{x}$ von f_r auch Fixpunkt von f_r^2. Aus

$$f_r^{2\prime}(\bar{x}) = \big(f_r'(\bar{x})\big)^2$$

schließen wir, daß $\bar{x}$ auch bezüglich f_r^2 (und aller höherer Iterierten) instabil ist, falls er instabiler Fixpunkt von f_r ist ($|f_r'(\bar{x})| > 1$). Dasselbe trifft für den Nullpunkt zu.

Wir stellen weiterhin fest, daß die stabilen Fixpunkte $\bar{x}_1$ und $\bar{x}_2$ durch f_r aufeinander abgebildet werden. Es gilt nämlich wegen $\bar{x}_1 = f_r^2(\bar{x}_1)$

$$f_r^2\big(f_r(\bar{x}_1)\big) = f_r\big(f_r^2(\bar{x}_1)\big) = f_r(\bar{x}_1),$$

d. h., $f_r(\bar{x}_1)$ ist ebenso wie $\bar{x}_1$ Fixpunkt von f_r^2. Nun hat aber f_r^2 als weitere Fixpunkte neben $\bar{x}_2$ nur $\bar{x}$ und 0. Es kann aber weder $f_r(\bar{x}_1) = 0$ noch $f_r(\bar{x}_1) = \bar{x}$ sein, da beide Möglichkeiten nicht mit der Forderung $f_r\big(f_r(\bar{x}_1)\big) = \bar{x}_1$ in Einklang zu bringen sind. Es muß also $f_r(\bar{x}_1) = \bar{x}_2$ und umgekehrt $f_r(\bar{x}_2) = \bar{x}_1$ sein. Ein solches Fixpunktpaar zu f_r^2 ist ein Attraktor von f_r mit der Periode zwei oder ein stabiler *Zweierzyklus*.

Vergrößert man r über einen bestimmten Wert r_2 hinaus, so werden auch die Fixpunkte $\bar{x}_1$, $\bar{x}_2$ von f_r^2 instabil, wobei sie wegen

$$f_r^{2\prime}(\bar{x}_1) = f_r'\big(f_r(\bar{x}_1)\big)\, f_r'(\bar{x}_1) = f_r'(\bar{x}_2)\, f_r'(\bar{x}_1) = f_r^{2\prime}(\bar{x}_2)$$

gleichzeitig (d. h. für denselben Wert von r) instabil werden.

Abb. 4.1 zeigt das Schema der nächsten Periodenverdopplung anhand einer Vergrößerung des quadratischen Bereiches um den Schnittpunkt des Graphen von f_r^2 mit der 45°-Geraden bei $\bar{x}_2$. Es entsteht ein Attraktor der Periode 4 in Form von vier stabilen

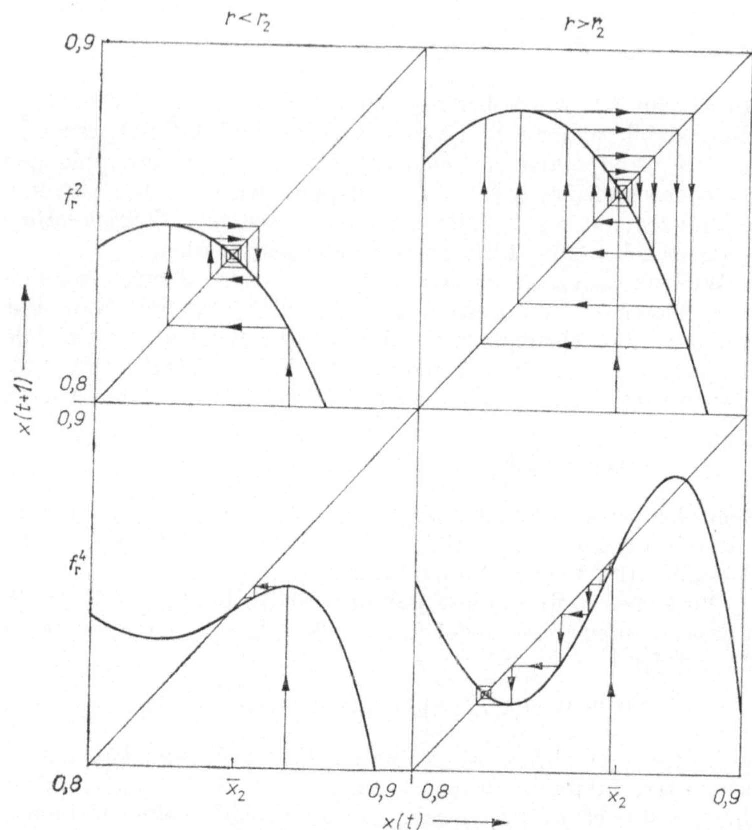

Abb. 4.1. Segmente der Graphen von f_r^2 und f_r^4 für $r < r_2$ und $r > r_2$

Fixpunkten der vierten Iterierten $f_r^4 = f_r^2 \circ f_r^2$. In verallgemeinerter Form können wir feststellen: Für $r_{n-1} < r < r_n$ hat f_r einen stabilen 2^{n-1}-Zyklus, bestehend aus den Punkten $\bar{x}_i$ $(i = 1, 2, \ldots, 2^{n-1})$ mit

$$f_r(\bar{x}_i) = \bar{x}_{i+1}\,, \quad f_r^{2^{n-1}}(\bar{x}_i) = \bar{x}_i \tag{4.1}$$

sowie

$$\left|\frac{\mathrm{d}}{\mathrm{d}x} f_r^{2^{n-1}}(\bar{x}_1)\right| = \left|\prod_i f_r'(\bar{x}_i)\right| < 1\,. \tag{4.2}$$

An der Stelle r_n werden alle Punkte dieses Zyklus gleichzeitig instabil, und es entsteht ein 2^n-Zyklus, der im Intervall $r_n < r < r_{n+1}$ stabil ist. Die Elemente dieses Zyklus sind die Fixpunkte von

$$f_r^{2^n} = f_r^{2^{n-1}} \circ f_r^{2^{n-1}}. \tag{4.3}$$

Einige numerische Resultate

Bevor wir in unseren Überlegungen fortfahren, führen wir zwei wesentliche Ergebnisse an, die zunächst auf numerischem Wege (FEIGENBAUM, 1978, GROSSMANN und THOMAE, 1977) gefunden wurden. Abb. 4.2 zeigt in schematischer Form das Bifurkationsdiagramm aus Abschn. 1.1. Man erkennt leicht die Bifurkationsstellen $r_1, r_2, \ldots$ Die Werte $R_1, R_2, \ldots$ charakterisieren die Stellen, wo der jeweilige Zyklus den Punkt $\bar{x}_1 = 1/2$ enthält. d_n ist der Abstand zwischen $\bar{x}_1$ und dem nächstgelegenen Punkt des 2^n-Zyklus. Da $f_r'(1/2) = 0$ ist, gilt offensichtlich

$$\frac{\mathrm{d}}{\mathrm{d}x} f_{R_n}^{2^n}(\bar{x}_1) = \prod_i f'_{R_n}(\bar{x}_i) = 0. \tag{4.4}$$

Einen solchen Zyklus bezeichnet man als *superstabil* (der LJAPUNOV-Exponent ist an diesen Stellen $-\infty$), bzw. man spricht von einem *Superzyklus*.

Die angekündigten Resultate sind nun

$$\lim_{n\to\infty} \frac{d_n}{d_{n+1}} = -\alpha \tag{4.5}$$

sowie

$$\lim_{n\to\infty} \frac{r_n - r_{n-1}}{r_{n+1} - r_n} = \lim_{n\to\infty} \frac{R_n - R_{n-1}}{R_{n+1} - R_n} = \delta \tag{4.6}$$

mit den FEIGENBAUM-Konstanten

$$\alpha = 2{,}5029078\ldots, \quad \delta = 4{,}6692016\ldots \tag{4.7}$$

Die Abstände d_n verringern sich also mit wachsendem n in geometrischer Progression. Gleichzeitig werden die Intervalle (r_{n-1}, r_n), innerhalb derer ein Zyklus mit der Periode 2^{n-1} stabil ist, jeweils um den Faktor $1/\delta$ kleiner. Die r_n (wie auch die R_n) streben gemäß

$$r_n = r_\infty - \mathrm{const} \cdot \delta^{-n}$$

gegen einen festen Wert $r_\infty = R_\infty = 3{,}5699456\ldots$ Für diesen Wert von r ist also die Bewegung nichtperiodisch: Das System

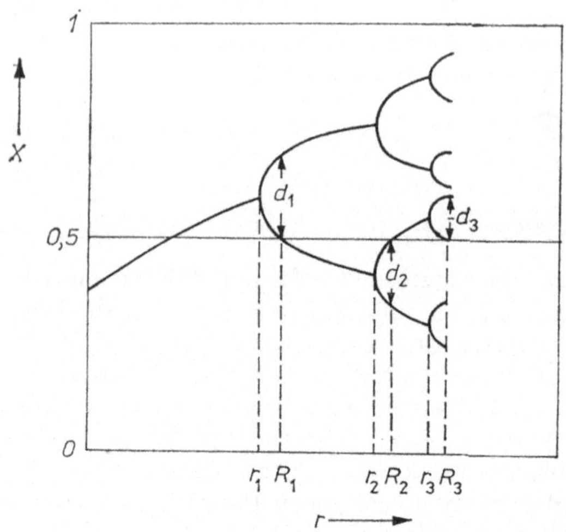

Abb. 4.2. Bifurkationsschema der logistischen Abbildung. Die r_n geben die Bifurkationsstellen an, die R_n charakterisieren die superstabilen Zyklen, die d_n sind die Abstände des Fixpunktes $\bar{x}_1 = 1/2$ von $f_{R_n}^{2^n}$ zum jeweils am nächsten gelegenen Fixpunkt

kehrt für beliebig lange endliche Zeiten nicht wieder in den Ausgangspunkt zurück. Wir werden noch sehen, daß damit die Schwelle zur chaotischen Bewegung erreicht ist.

Selbstähnlichkeit und Renormierung

Aus Abb. 4.2 können wir entnehmen, daß die d_n gerade die Abstände zwischen den Elementen $\bar{x}_1 = 1/2$ und $\bar{x}_{2^{n-1}+1}$ sind, d. h., es gilt

$$d_n = f_{R_n}^{2^{n-1}}(1/2) - 1/2. \tag{4.8}$$

Durch eine einfache Koordinatentransformation $x \to x - 1/2$ können wir den Punkt $x = 1/2$ in den Punkt $x = 0$ verschieben, so daß (4.8) zu

$$d_n = f_{R_n}^{2^{n-1}}(0) \tag{4.9}$$

wird. (Zur Vereinfachung der Schreibweise wird in (4.9) und den folgenden Ausführungen die transformierte Abbildung ebenfalls mit f_r bezeichnet.) Aus der Beziehung (4.5) folgt unmittelbar, daß die „renormierten“ Abstände

$$(-\alpha)^n \, d_{n+1}$$

gegen einen endlichen Wert konvergieren, d. h.,

$$\lim_{n\to\infty} (-\alpha)^n \, f_{R_{n+1}}^{2^n}(0)$$

muß existieren, wenn (4.5) gilt.

Dieses Ergebnis soll nun auf eine ganze Umgebung von $x = 0$ erweitert werden. Abb. 4.3 zeigt Ausschnitte superstabiler Zyklen

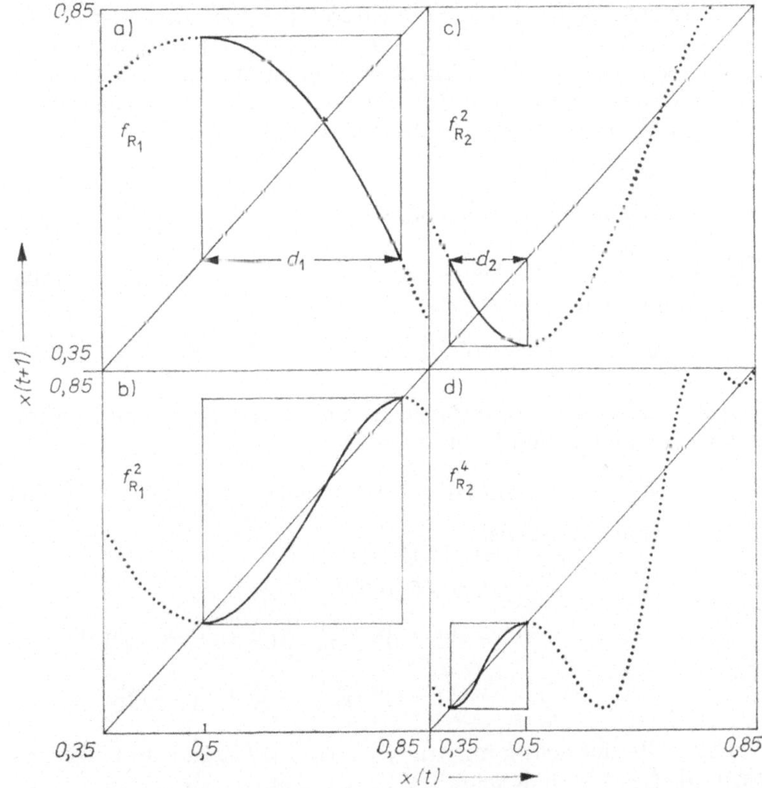

Abb. 4.3. Segmente von f_r und f_r^2 für $r = R_1$ sowie von f_r^2 und f_r^4 für $r = R_2$. Die Kurvenstücke innerhalb des Quadrates mit der Seitenlänge d_2 in c) und d) fallen nach Spiegelung und Vergrößerung um $\alpha \approx d_1/d_2$ mit denjenigen in a) bzw. b) zusammen

für $r = R_1$ und $r = R_2$. Das Kurvenstück in dem Quadrat mit der Seitenlänge d_2 in Abb. 4.3c) ist annähernd ein um den Faktor $1/\alpha$ verkleinertes Abbild der im Quadrat mit der Seitenlänge d_1 einbeschriebenen Kurve in Abb. 4.3a), d. h., nimmt man f_r^2 für den Parameterwert R_2 als Funktion von $x/(-\alpha)$ und vergrößert um den Faktor $-\alpha$, so erhält man ein Kurvenstück, das sich nur wenig von f_{R_1} unterscheidet. Man vermutet nun, daß die renormierten Funktionen $(-\alpha)^n f_{R_{n+1}}^{2^n}\big(x/(-\alpha)^n\big)$ gegen eine Funktion $g_1(x)$ gemäß

$$\lim_{n\to\infty} (-\alpha)^n f_{R_{n+1}}^{2^n}\big(x/(-\alpha)^n\big) = g_1(x) \tag{4.10}$$

konvergieren. g_1 ist demnach nur durch das Verhalten der $f_{R_{n+1}}^{2^n}(x)$ in unmittelbarer Nähe von $x = 0$ bestimmt, d. h. durch die Ordnung des Maximums der Funktion f_r. g_1 ist also universell in dem Sinne, daß es sich für alle Abbildungen f mit dem gleichen Maximum (z. B. quadratisch) um dieselbe Funktion handeln muß.

Bestimmung der Feigenbaum-Konstanten

Man kann (4.10) verallgemeinern, indem man eine ganze Familie von Funktionen

$$g_i(x) \equiv \lim_{n\to\infty} (-\alpha)^n f_{R_{n+i}}^{2^n}\big(x/(-\alpha)^n\big), \quad i = 0, 1, 2, \ldots, \tag{4.11}$$

einführt. Alle diese Funktionen hängen miteinander über die folgende Transformation T zusammen:

$$g_{i-1}(x) = (-\alpha)\, g_i\big(g_i(-x/\alpha)\big) \equiv Tg_i(x) \quad (i = 1, 2, \ldots). \tag{4.12}$$

Es gilt nämlich zunächst

$$\begin{aligned} g_{i-1}(x) &= \lim_{n\to\infty} (-\alpha)^n f_{R_{n+i-1}}^{2^n}\big(x/(-\alpha)^n\big) \\ &= \lim_{n\to\infty} (-\alpha)\,(-\alpha)^{n-1} f_{R_{n-1+i}}^{2^{n-1+1}}\big((-\alpha)^{-1} x/(-\alpha)^{n-1}\big) \\ &= \lim_{m\to\infty} (-\alpha)\,(-\alpha)^m f_{R_{m+i}}^{2^{m+1}}\big((-\alpha)^{-1} x/(-\alpha)^m\big). \end{aligned}$$

Unter Berücksichtigung von $f^{2^{m+1}} = f^{2^m} \circ f^{2^m}$ und durch Erweitern mit $(-\alpha)^m$ erhält man

$$\begin{aligned} g_{i-1}(x) &= \lim_{m\to\infty} (-\alpha)\,(-\alpha)^m f_{R_{m+i}}^{2^m}\Big\{(-\alpha)^{-m}\,(-\alpha)^m f_{R_{m+i}}^{2^m}\big((-\alpha)^{-1} x/(-\alpha)^m\big)\Big\} \\ &= -\alpha g_i\big(g_i(-x/\alpha)\big). \end{aligned}$$

FEIGENBAUM (1978) vermutete, daß die g_i im Grenzfall $i \to \infty$ gegen eine Funktion

$$g(x) = \lim_{i\to\infty} g_i(x) \tag{4.13}$$

konvergieren. Der entsprechende Beweis wurde von COLLET et al. (1980) erbracht. $g(x)$ muß dann eine Fixpunktlösung der Funktionalgleichung

$$g(x) = Tg(x) = -\alpha g\big(g(-x/\alpha)\big) \tag{4.14}$$

sein, die zur Bestimmung von α benutzt werden kann. Diese universelle Gleichung wurde von P. CVITANOVIĆ in Zusammenarbeit mit M. J. FEIGENBAUM (1978) gefunden.

Die analytische Behandlung der Gl. (4.14) ist ein schwieriges mathematisches Problem. FEIGENBAUM (1979) begnügte sich daher zunächst mit einem „pragmatischen" Vorgehen, indem er $g(x)$ durch ein Polynom endlicher Länge annäherte und die Koeffizienten sowie die Konstante α auf numerischem Wege berechnete. Berücksichtigt man, daß f_r ein quadratisches Maximum hat, sowie den Umstand, daß neben $g(x)$ auch $ag(x/a)$ ($a \in \mathbb{R}$) eine Lösung von (4.14) ist, d. h., daß insbesondere $g(0)$ nur bis auf einen konstanten Faktor bestimmbar ist und deshalb gleich Eins gesetzt werden darf, so kommt man zu der Schlußfolgerung, daß eine Lösung von (4.14) folgendermaßen aussehen sollte:

$$g(x) = 1 + bx^2 + \cdots \tag{4.15}$$

In der Tat liefert bereits eine solche erste Näherung (Einsetzen in (4.14) und Koeffizientenvergleich bei den verschiedenen Potenzen von x)

$$b \approx -1{,}366, \quad \alpha \approx 2{,}73,$$

was in Anbetracht der groben Näherung schon recht gut mit FEIGENBAUMS Wert (4.7) übereinstimmt.

Gl. (4.14) beschreibt die *Selbstähnlichkeit* im Ortsraum unter Iteration und Renormierung durch α. Ein Blick auf Abb. 4.2 wie auch die Beziehung (4.6) weist aber darauf hin, daß die Periodenverdopplungskaskade selbstähnlich sowohl im x-Raum als auch im Parameterraum ist: Jeder Zweig in Abb. 4.2 sieht wie der ganze Baum aus. Wie die folgenden Darlegungen zeigen, kann man diese Tatsache ausnutzen, um eine universelle Gleichung zu konstruieren, die sowohl α als auch δ bestimmt.

Möge T^* folgende Operation bezeichnen: Zweifache Iteration, Renormierung von x durch α, Verschiebung des Parameters r von R_n nach R_{n+1} und Renormierung durch δ, also

$$T^* f^{2^n}_{R_n+\Delta_n p}(x) \equiv -\alpha f^{2^{n+1}}_{R_n+\Delta_n(1+p/\delta_n)}(-x/\alpha). \tag{4.16}$$

Hier ist R_n wieder der Wert von r, für den ein superstabiler 2^n-Zyklus existiert, Δ_n ist der Abstand zwischen R_{n+1} und R_n und $\delta_n \equiv \Delta_n/\Delta_{n+1}$. p gewährleistet eine kontinuierliche Parametrisierung.

Wenden wir T^* unendlich oft an, so erwarten wir im Ergebnis eine universelle Funktion

$$g(x, p) = \lim_{i\to\infty} (T^*)^i f^{2^n}_{R_n+\Delta_n p}(x). \tag{4.17}$$

$g(x, p)$ ist invariant unter der Selbstähnlichkeitsoperation T^*, d. h., sie genügt der universellen Gleichung

$$g(x, p) = -\alpha g[g(-x/\alpha, 1 + p/\delta), 1 + p/\delta]. \tag{4.18}$$

Diese Gleichung lösten Vul und Chanin (1982) sowie Goldberg et al. (1983), indem sie $g(x, p)$ durch eine zweifache Potenzreihe

$$g(x, p) = \sum_{j=0}^{N} \sum_{k=0}^{M} c_{jk} x^{2j} p^k$$

mit den Normierungsbedingungen

$$g(0, 0) = 0, \quad g(0, 1) = 1, \quad g(1, 1) = 0$$

approximierten. Die erste Bedingung bedeutet, daß $p = 0$ dem superstabilen Fixpunkt entspricht. Die beiden anderen Bedingungen normieren x und p in Bezug auf den superstabilen Zweierzyklus. Man kann (4.18) auf iterativem Wege lösen, indem man mit einer einfachen Näherung (z. B. $g(x, p) = p - x^2$) beginnt, die Operation T^* anwendet und in den entstandenen Polynomen alle Terme von der Ordnung höher als M bzw. N wegläßt. Dann sucht man mit Hilfe des Newton-Verfahrens den Wert von δ, für welchen die Normierungsbedingung $g(1, 1) = 0$ erfüllt wird. Dieses Verfahren liefert unmittelbar auch den zugehörigen Näherungswert von α. Auf diese Weise gelangt man zu einer verbesserten Näherung für g. Durch wiederholte Anwendung dieses Verfahrens kann man die Konstanten α und δ mit hoher Genauigkeit berechnen. Es sei darauf hingewiesen, daß die Zahlenwerte (4.7) für α und δ nur für Funktionen mit quadratischem Maximum gelten. Andernfalls erhält man andere Werte (s. Hu und Satija, 1983).

Periodenverdopplungen und Universalität in höherdimensionalen Systemen

Da $1/\delta = 0{,}2141\ldots$ ziemlich klein gegen Eins ist, konvergiert das Verfahren zur Lösung von (4.18) recht schnell. Diese für die numerische Berechnung der Feigenbaum-Konstanten angenehme Eigenschaft bringt auf der anderen Seite den Experimentator in große Schwierigkeiten, da die Messung jeder folgenden Bifurkation die fünffache Genauigkeit bei der Festsetzung des Kontrollparameters erforderlich macht. Auf ähnliche Schwierigkeiten stößt man auch bei der numerischen Bestimmung der Bifurkationsstellen in höherdimensionalen Systemen, für die bisher keine universellen Gleichungen vom Typ (4.14) bzw. (4.18) hergeleitet werden konnten.

Nichtsdestoweniger gibt es eine Reihe von Experimenten, bei denen Periodenverdopplungen beobachtet und die Konstanten α und δ bestimmt werden konnten. Tab. I gibt eine kleine Auswahl. Eine umfangreichere Zusammenstellung findet man bei Cvitanović (1984). Darüber hinaus sind inzwischen viele numerische Untersuchungen an den verschiedensten Systemen durchgeführt worden, welche die Feigenbaum-Konstanten bestätigen und von denen wir einige in Tab. I aufgenommen haben. (Vgl. auch Hao und Zhang, 1982, sowie Gonzales und Piro, 1983.) Alle Experimente und die meisten numerischen Berechnungen wurden an Systemen mit einem höherdimensionalen Phasenraum durchgeführt. Dennoch tendieren die gefundenen Werte gegen die für den eindimensionalen Fall erhaltenen Zahlen. Dabei ist allerdings zu beachten, daß die Feigenbaum-Konstanten erst im Grenzfall unendlich vieler Periodenverdopplungen erreicht werden und bei den ersten zwei oder drei Bifurkationen noch deutliche Abweichungen zu erwarten sind.

Die Ursache dafür, daß man auch in Systemen mit zwei- oder höherdimensionalen Phasenräumen dieselben Zahlenwerte für α und δ erhält, ist durch die Dissipation gegeben. Bei dissipativen Systemen schrumpft das Phasenvolumen im Mittel zusammen, in der Regel aber unterschiedlich schnell in den verschiedenen Rich-

Tabelle I

Experimente zur periodenverdoppelnden Route zum Chaos

Experiment	Autoren	Zahl der Perioden-verdoppl.	α	δ
Hydrodynamik				
Wasser	Gollub u. Benson, 1980	2	—	—
Wasser	Giglio et al., 1981	4	—	4,3
Helium	Libchaber u. Maurer, 1981	4	—	4,4
Akustik				
Helium	Lauterborn u. Cramer, 1981	3	—	—
Helium	Smith et al., 1982	3	—	4,8
Mechanik				
Pendel	Leven et al., 1985	3	—	—
Elektronik				
Diode	Linsay, 1981	4	—	4,5
Diode	Testa et al., 1982	5	2,4	4,3
Transistor	Arecchi u. Lisi, 1982	4	—	4,7
Laser				
Opt. Bist.	Hopf et al., 1982	3	—	4,3
Laser	Weiss et al., 1983	3	—	—
Computer				
Nav.-Stokes	Franceschini u. Tebaldi, 1979	5	2,5	4,6
Brüsselator	Kai, 1981	7	—	4,6
Pendel	Leven u. Koch, 1981	7	—	4,7
Räub.-Beute-System	Leven et al., 1986	4	—	4,7

tungen. Nach einer gewissen Zeit hat das Volumenelement im Phasenraum die Form eines sehr dünnen Fadens entlang der Richtung der langsamsten Kontraktion (größter Ljapunov-Exponent) angenommen, ist also faktisch eindimensional. Bezüglich einer ausführlicheren Darstellung dieser Problematik verweisen wir auf Collet und Eckmann (1980) sowie Collet et al. (1981) (s. auch Zisook, 1981).

4.2. Übergang von Quasiperiodizität zum Chaos

In den vorigen Abschnitten dieses Kapitels haben wir gesehen, daß man durch Vergrößerung des Kontrollparameters von einer periodischen Bewegung über eine Kaskade von Periodenverdopplungen zu einer nichtperiodischen Bewegung gelangen kann und daß dieser Weg zum Chaos charakteristisch für viele Systeme ist. Es ergibt sich nun die Frage, ob man auch auf anderen Wegen zum Chaos gelangt. Da insbesondere quasiperiodische Bewegungen typisch für viele dynamische Systeme sind, stellt sich die Frage nach dem Übergang von einer solchen Bewegungsform zu chaotischem Verhalten.

Periodisch angestoßener Rotator und Standardabbildung

Quasiperiodische Bewegungen können in Systemen auftreten, die durch zumindest zwei voneinander verschiedene Frequenzen charakterisiert sind. Solange die beiden Frequenzen in einem rationalen Verhältnis zueinander stehen, ist die Bewegung periodisch, sie ist quasiperiodisch, wenn das Frequenzverhältnis irrational ist (vgl. Abschn. 2.2.). Besonders übersichtlich sind die Verhältnisse bei periodisch angetriebenen Oszillatoren, deren Bewegung im ungestörten Fall auf einem Grenzkreis verläuft.

Als Beispiel wählen wir einen typischen Vertreter parametrisch angetriebener Oszillatoren, den impulsartig angestoßenen gedämpften Rotator. Die Bewegungsgleichung lautet

$$\ddot{x} + \beta\dot{x} + \Omega_0^2 \sum_{n=0}^{\infty} \delta(t - nT) \sin x = 0 . \tag{4.19}$$

β ist die Dämpfungskonstante und T die Periode zwischen zwei Stößen. Wie beim parametrisch erregten Pendel (1.5) haben wir es auch hier zunächst mit einem nichtautonomen System zweiter Ordnung zu tun, das mit der Substitution $y = \dot{x}$, $z = t$ in ein System von drei autonomen Differentialgleichungen erster Ordnung umgeformt werden kann:

$$\begin{aligned} \dot{x} &= y , \\ \dot{y} &= -\beta y - \Omega_0^2 \sum_{n=0}^{\infty} \delta(z - nT) \sin x , \\ \dot{z} &= 1 . \end{aligned} \tag{4.20}$$

Da die äußere Kraft impulsartig einwirkt und der Rotator sich zwischen zwei Stößen nur unter dem Einfluß des Reibungsterms $-\beta y$ bewegt, läßt sich das System (4.20) stückweise integrieren und in die Form einer zweidimensionalen Differenzengleichung für die Variablen

$$(x_n, y_n) \equiv \lim_{\varepsilon \to 0} \big(x(nT - \varepsilon), y(nT - \varepsilon)\big)$$

bringen, wobei die x_n, y_n also die Werte von x und y unmittelbar vor dem n-ten Stoß sind. In der von uns durchgängig auch bei Differenzengleichungen verwendeten Schreibweise $x(t)$, $y(t)$ erhalten wir

$$\begin{aligned} x(t+1) &= x(t) + (e^B - 1)\big(y(t) - A\sin(x(t))\big)\, e^{-B}/B, \\ y(t+1) &= \big(y(t) - A\sin(x(t))\big)\, e^{-B}. \end{aligned} \tag{4.21}$$

Hier bedeuten $A = \Omega_0^2 T^2$, $B = \beta T$, und t durchläuft wieder die Werte 0, 1, 2, ... Durch eine einfache Umnormierung $y \to y(e^B - 1)/B$ gelangen wir zur *dissipativen Standardabbildung*

$$x(t+1) = x(t) + y(t+1), \tag{4.22a}$$

$$y(t+1) = by(t) - K\sin\big(x(t)\big) \tag{4.22b}$$

mit $b = e^{-B}$ und $K = (1 - e^{-B})\, A/B$. Die Funktionaldeterminante det $\mathrm{D}f$ dieser Abbildung ist gleich b. Sie ist kleiner Eins für $B > 0$ (dissipativer Fall) und gleich Eins für $B = 0$. Im letzteren Fall ist (4.22) die wohlbekannte flächenerhaltende Standardabbildung von CHIRIKOV (1979). (Die Attraktorentwicklung von (4.22) wird in Abschn. 5.3. beschrieben.)

Die Kreisabbildung

Ähnlich wie beim Übergang von der HÉNON-Abbildung zur logistischen Gleichung kann man auch hier den Fall unendlich starker Dissipation untersuchen. (D. h., $B \to \infty$ bzw. $b \to 0$). Wird dabei gleichzeitig die Stärke der Impulse erhöht, so daß A/B endlich bleibt, dann fällt der Term $by(t)$ in (4.22b) fort und man erhält eine einzige Gleichung

$$x(t+1) = x(t) - K\sin\big(x(t)\big). \tag{4.23}$$

Das ist eine eindimensionale einparametrige Abbildung, die allerdings in dieser Form noch keine quasiperiodische Bewegung liefert. Das kann jedoch ganz einfach erreicht werden, indem der Rotator bei jedem Stoß noch zusätzlich um einen endlichen (und immer gleichen) Winkel $2\pi\Omega$ gedreht wird. Markieren wir eine Stelle auf dem Rotator, so wird sofort klar, daß bei Verschwinden der periodischen Störung ($K = 0$) die Markierung genau dann nach einer endlichen Zahl von Umläufen wieder an den Ausgangspunkt gelangt, wenn Ω eine rationale Zahl ist. Die Bewegung ist dann also periodisch. Ist dagegen Ω irrational, so haben wir den gewünschten Fall der quasiperiodischen Bewegung, und die Fragestellung lautet: Wie ändert sich der Charakter der Bewegung, wenn K kontinuierlich vergrößert wird? Im folgenden betrachten wir also anstelle von (4.23) die zweiparametrige Abbildung

$$f_{\Omega,K}: x(t+1) = x(t) + \Omega - (K/2\pi) \sin\big(2\pi x(t)\big), \qquad (4.24)$$

wobei x nun in Einheiten von 2π gemessen wird. Wir wollen außerdem stets annehmen, daß K nicht negativ ist. (Der Fall $K < 0$ kann auf den betrachteten Fall zurückgeführt werden, indem die Koordinatentransformation $x \to x + 1/2$ angewandt wird.)

Die Differenzengleichung (4.24) ist unter dem Namen *Kreisabbildung* bekannt und seit vielen Jahren Gegenstand intensiver Untersuchungen (vgl. z. B. Denjoy, 1932, Arnol'd, 1965, Herman, 1979). Sie hat eine Reihe bemerkenswerter Eigenschaften. Zunächst gilt

$$f_{\Omega,K}(x+1) = 1 + f_{\Omega,K}(x). \qquad (4.25)$$

Für $K < 1$ ist f ein Diffeomorphismus. Bei $K = 1$ ist $f^{-1}_{\Omega,K}$ nicht differenzierbar und für $K > 1$ ist $f_{\Omega,K}$ nicht mehr eindeutig umkehrbar. Die Nichtumkehrbarkeit der Funktion f ist wegen der Eindimensionalität eine notwendige Voraussetzung für die Existenz chaotischer Bewegungsformen. Somit können wir also mit Chaos frühestens dann rechnen, wenn K den kritischen Wert 1 überschritten hat.

Periodische und quasiperiodische Lösungen

Wie sehen nun die Attraktoren von (4.24) im Bereich $K < 1$ aus? Oben wurde schon bemerkt, daß für $K = 0$ periodische Lösungen auftreten, wenn Ω rational ist, d. h. darstellbar in der Form

$\Omega = p/q$, wo p und q teilerfremde ganze Zahlen sind. Schreibt man nun anstelle von (4.24)

$$x(t+1) = f_{\Omega,0}(x(t)) \bmod 1\,,$$

so bleibt x bei der Iteration immer im Einheitsintervall. Startet man bei $x_0 = 0$ und iteriert t-mal, so erhält man

$$x(t) = t\Omega \bmod 1\,.$$

$x(t)$ wird gleich Null, wenn $t\Omega = tp/q$ ganzzahlig ist. Der kleinste Wert von t, für welchen das erreicht werden kann, ist q. Damit ist q die Periode des Zyklus, während p angibt, wie oft die Operation mod 1 angewendet wurde (ohne die Modulo-Bildung wäre $x(t)$ um den Betrag p nach rechts verschoben worden). Man bezeichnet die Größe p/q als *Windungszahl*. Allgemeiner benutzt man die auch für $K > 0$ anwendbare Definition der Windungszahl

$$w_{\Omega,K} \equiv \lim_{n\to\infty} \frac{f^n_{\Omega,K}(x_0) - x_0}{n}\,. \tag{4.26}$$

w stellt also die mittlere Verschiebung von x per Iteration dar. Ein zu einer rationalen Windungszahl $w = p/q$ gehöriger q-Zyklus $x_1 \cdots x_q$ ist somit die Lösung von

$$f^q_{\Omega,K}(x_i) = p + x_i \tag{4.27}$$

mit der Stabilitätsbedingung

$$\left|\prod_{i=1}^{q} f'_{\Omega,K}(x_i)\right| = \left|\prod_{i=1}^{q} \left(1 - K\cos(2\pi x_i)\right)\right| < 1\,. \tag{4.28}$$

Für positive Werte von $K \leqq 1$ existieren Intervalle $\Delta\Omega(p/q, K)$, innerhalb derer entsprechende stabile q-Zyklen mit Windungszahlen p/q auftreten (s. Herman, 1979). Man spricht in diesem Zusammenhang von *Frequenzeinfang*. Diese Intervalle werden mit wachsendem K immer breiter. Man überzeugt sich z. B. leicht davon, daß die Fixpunktlösung ($p = 0$, $q = 1$) oberhalb der Geraden $K = 2\pi\Omega$ existiert. Abb. 4.4 gibt einen schematischen Überblick über die Lage periodischer und quasiperiodischer Lösungen in der Ω-K-Parameterebene. Aufgrund der endlichen Breite der Intervalle $\Delta\Omega(p/q, K)$ innerhalb derer periodische Lösungen existieren, können diese im (numerischen) Experiment tatsächlich gefunden werden.

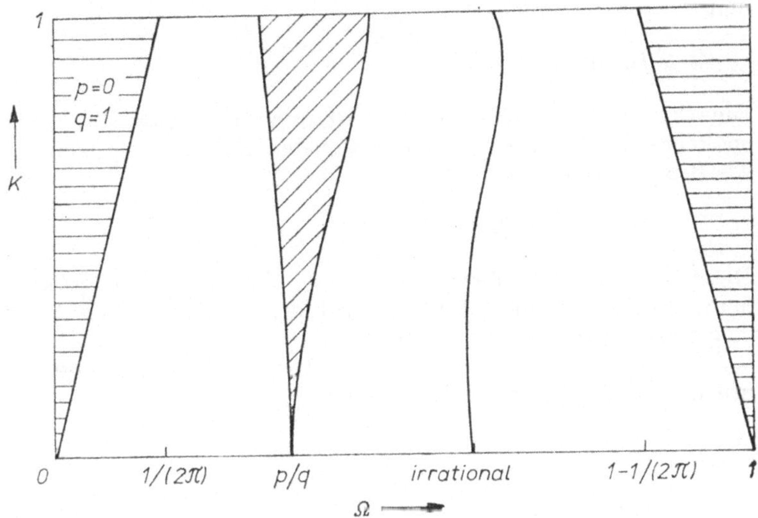

Abb. 4.4. Parameterebene der Kreisabbildung. Innerhalb der als ARNOL'D-Zungen $I_{p,q}$ bezeichneten schraffierten Gebiete existieren periodische Lösungen mit Windungszahlen p/q.

Irrationale Windungszahlen

Wir kehren nun zu unserer ursprünglichen Fragestellung nach dem Übergang von einer quasiperiodischen zu einer chaotischen Bewegung zurück. Dabei ist gerade ein solcher Weg von Interesse, der zu einer konstanten irrationalen Windungszahl $\overline{w}$ gehört. Im Gegensatz zu den rationalen Windungszahlen ist die Menge der Ω-Werte, für die zu einem vorgegebenem K eine bestimmte irrationale Windungszahl existiert, jeweils nur ein einzelner Punkt. Eine direkte Bestimmung der zu einer gewissen irrationalen Windungszahl gehörigen Kurve $\Omega(K)$ ist wegen des Grenzüberganges in (4.26) schwierig. Im folgenden stellen wir eine Methode von GREENE (1979) vor, mit deren Hilfe irrationale Windungszahlen auf wohldefinierte Weise angenähert werden können, und bringen einige numerische Ergebnisse, die von SHENKER (1982) erhalten wurden.

Man berechnet zunächst zu einem vorgegebenem K den Wert $\Omega_{p,q}(K)$, der zu einem q-Zyklus von $f_{\Omega,K}$ gehört, welcher $x = 0$ als Element enthält und eine Verschiebung p hervorbringt, d. h., man verlangt gemäß (4.27)

$$f^q_{\Omega,K}(0) = p.$$

Eine irrationale Windungszahl wird nun durch eine Folge von endlichen Kettenbrüchen, d. h. rationalen Zahlen, approximiert. Als Beispiel wählen wir

$$\overline{w} = (\sqrt{5} - 1)/2.$$

Diese Zahl ergibt sich bekanntlich aus dem *„goldenen Schnitt"* (eine Strecke der Länge L wird so geteilt, daß das Verhältnis der längeren Teilstrecke l zur Gesamtlänge gleich ist dem Verhältnis der kürzeren Teilstrecke $L - l$ zu l). Die zu $\overline{w}$ gehörige Kettenbruchdarstellung ist besonders einfach:

$$\overline{w} = \cfrac{1}{1 + \cfrac{1}{1 + \cfrac{1}{1 + \cdots}}}.$$

Wir betrachten nun die Folge der rationalen Windungszahlen

$$w_1 = \frac{1}{1} = 1,$$

$$w_2 = \frac{1}{1+1} = 1/2,$$

$$w_3 = \cfrac{1}{1 + \cfrac{1}{1+1}} = 2/3,$$

$$\vdots$$

$$w_i \equiv p_i/q_i = F_i/F_{i+1},$$

für welche $\lim_{i\to\infty} w_i = \overline{w}$ gilt. Dabei sind die F_i die FIBONACCI-Zahlen, welche sich bekanntlich nach der folgenden Rekursionsformel berechnen lassen:

$$F_{i+1} = F_i + F_{i-1}, \quad F_0 = 0, \quad F_1 = 1; \quad i = 1, 2, 3, \ldots$$

Wir definieren nun durch $-l^2$ die Konvergenzrate der Sequenz von Windungszahlen w_i

$$\lim_{i\to\infty} \frac{w_{i+1} - w_i}{w_i - w_{i-1}} \equiv -l^2. \tag{4.29}$$

Für den speziellen Fall des goldenen Schnitts ist gerade $l = \overline{w}$. Die entscheidende Annahme ist nun die, daß für ein vorgegebenes $K \leqq 1$ die zu den rationalen Windungszahlen w_i gehörenden $\Omega_i(K)$ gegen einen Wert $\Omega_\infty(K)$ konvergieren, welcher die irrationale Windungszahl $\overline{w}$ hervorbringt:

$$\begin{aligned} &\lim_{i\to\infty} \Omega_i(K) = \Omega_\infty(K), \\ &w\big(\Omega_\infty(K), K\big) = \overline{w}. \end{aligned} \tag{4.30}$$

Für die Größen

$$\delta_i(K) \equiv \frac{\Omega_{i-1}(K) - \Omega_i(K)}{\Omega_i(K) - \Omega_{i+1}(K)}$$

fand SHENKER folgendes Konvergenzverhalten:

$$\lim_{i\to\infty} \delta_i(K) = \begin{cases} -l^{-2} & \text{für} \quad 0 \leqq K < 1, \\ -l^{-\gamma} & \text{für} \quad K = 1 \end{cases} \tag{4.31}$$

mit $\gamma = 2{,}16443\ldots$

Die Parameterwerte Ω_i nähern sich also tatsächlich in geometrischer Progression einem festen Wert, wobei jedoch der Zahlenwert der Konstanten, welchem die δ_i zustreben, für $K < 1$ ein anderer ist als für $K = 1$.

Entsprechend den in Abschn. 4.2. vorgestellten Überlegungen zur logistischen Gleichung kann man auch für die Abstände

$$d_i \equiv f_{\Omega_i,K}^{q_{i-1}}(0) - p_{i-1}$$

von $x = 0$ zu dem nächstgelegenen Element des zu w_i gehörigen Zyklus ein Gesetz finden, welches die Skaleninvarianz zum Ausdruck bringt. Mit $\alpha_i(K) = d_{i-1}/d_i$ ergibt sich

$$\lim_{i\to\infty} \alpha_i(K) = \begin{cases} -l^{-1} & \text{für} \quad 0 \leqq K < 1, \\ -l^{-\varkappa} & \text{für} \quad K = 1 \end{cases} \tag{4.32}$$

mit $\varkappa = 0{,}52687\ldots$

Auch in diesem Falle ist also das Konvergenzverhalten für $K = 1$ ein anderes als für $K < 1$.

Um die markante Änderung des Charakters der Bewegung bei $K = 1$ noch deutlicher zu machen, untersuchen wir das Verhalten der Koordinate x als Funktion der Zeit. Da letztere in (4.23) nur als diskrete Variable $t = 1, 2, 3, \ldots$ auftritt, führen wir zunächst die zu einer rationalen Windungszahl $w_i = p_i/q_i$ gehörige Zeitvariable $\tau_t = tw_i \bmod 1$ $(t = 0, 1, \ldots, q_i - 1)$ ein. Dann konstruieren wir eine Funktion $x^{(i)}(\tau_t)$ mit den Eigenschaften

$$x^{(i)}(\tau_{t+1}) = f_{\Omega,K}\big(x^{(i)}(\tau_t)\big) \bmod 1\,, \quad x^{(i)}(0) = 0\,.$$

Damit wird eine periodische Abbildung

$$u^{(i)}(\tau_t) = x^{(i)}(\tau_t) - \tau_t$$

definiert, welche für $i \to \infty$ gegen eine periodische Funktion $u(\tau)$ geht, die für $0 \leqq K < 1$ analytisch ist (Herman, 1979).

Abb. 4.5 zeigt die Funktion $u^{(17)}(\tau_t)$, die sicher bereits als sehr gute Annäherung an $u(\tau)$ angesehen werden darf, für die beiden Fälle $K = 0{,}5$ und $K = 1$. Man erkennt, daß $u(\tau)$ im ersten Fall offenbar eine glatte Kurve ist. Für $K = 1$ dagegen sieht die Funktion „holprig" aus und weist eine ausgeprägte Feinstruktur auf. Man spricht daher von der Geraden $K = 1$ als einer kritischen Linie, die ähnlich wie die Stelle r_∞ bei der logistischen Abbildung als Schwelle zum Chaos angesehen werden kann. Bezüglich des Verhaltens der α_i und δ_i bei Annäherung von unten an die kritische

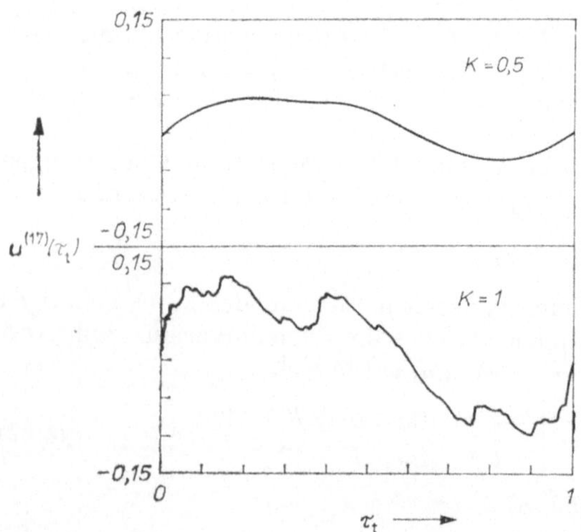

Abb. 4.5. Die Funktion $u^{(17)}(\tau_t)$ für $K = 0{,}5$ und $K = 1$

Linie konnte von SHENKER gezeigt werden, daß sie Funktionen einer einzigen Variablen $(1 - K)\, q_i^\nu$ mit dem Übergangsexponenten $\nu = 1{,}053744 \approx 2\varkappa$ sind.

Von JENSEN et al. (1984) wurde auf numerischem Wege gezeigt, daß die Frequenzintervalle $\Delta\Omega$, innerhalb derer stabile periodische Lösungen auftreten, für $K = 1$ das Intervall $[0, 1]$ vollständig ausfüllen. Die Menge der Ω-Werte, für welche quasiperiodische Orbits existieren, bildet auf der kritischen Linie eine CANTOR-Menge mit einer HAUSDORFF-Dimension $D_{\mathrm{H}} \approx 0{,}87$.

Für $K > 1$ überlappen sich die ARNOL'D-Zungen, innerhalb derer die stabilen periodischen Lösungen existieren, so daß in Abhängigkeit von den Anfangswerten zwei stabile periodische Lösungen mit unterschiedlichen Windungszahlen gefunden werden können. Innerhalb der ARNOL'D-Zungen beobachtet man mit wachsendem K Periodenverdopplungen bis zum Chaos, ähnlich wie bei der logistischen Abbildung. Die Werte K_i des Parameters K, für welche die erste Periodenverdopplung stattfindet, liegen in der Tendenz um so tiefer, je größer die Periode q_i ist. Für die Windungszahlen $w_i = F_i/F_{i+1}$, welche gegen die Windungszahl $\overline{w}$ des goldenen Schnitts konvergieren, gehen sie in geometrischer Progression gegen 1 (BOHR und GUNARATNE, 1985). Setzt man voraus, daß die Kaskade der Periodenverdopplungen innerhalb einer jeden ARNOL'D-Zunge denselben Gesetzen gehorcht, wie diejenige bei der logistischen Abbildung (vgl. Gl. (4.6)), dann ist damit klar, daß die Einsatzgrenze für chaotische Lösungen ebenfalls mit wachsendem i gegen 1 strebt, so daß an dieser Stelle tatsächlich der Übergang von der Quasiperiodizität zum Chaos stattfindet.

Von KANEKO (1984) wurde gezeigt, daß die Abstände $K_i - 1$ mit wachsendem i proportional q_i^{-a} abnehmen mit $a = 1{,}055 \approx \nu$. Der charakteristische Exponent ist also bei Annäherung an die kritische Linie von oben derselbe wie bei Annäherung von unten.

Eine Verallgemeinerung der hier skizzierten Ergebnisse für den zweidimensionalen Fall wurde von FEIGENBAUM et al. (1982) sowie RAND et al. (1982) am Beispiel der dissipativen Standardabbildung (4.22) vorgenommen, wobei ähnlich wie bei der Kreisabbildung auf der rechten Seite von (4.22a) ein Term Ω zu addieren ist. Die Autoren konnten zeigen, daß in Analogie zum eindimensionalen Fall die Punkte des periodischen i-Zyklus, welcher für $i \to \infty$ in die entsprechende quasiperiodische Lösung übergeht, sich auf einer invarianten Kurve anordnen, die glatt ist, solange K unterhalb eines kritischen Wertes $K_c < 1$ liegt, und die eine unendliche Zahl von „Zacken" aufweist, wenn $K = K_c$ ist.

Der kritische Wert K_c ist um so kleiner, je geringer die Dissipation ist.

Yamaguchi (1986) berechnete die Abhängigkeit des kritischen Wertes K_c von der Dissipation für die irrationale Windungszahl $\overline{w}$ und zeigte, daß $K_c(\overline{w})$ monoton mit abnehmender Dissipation (mit wachsendem b in Gl. (4.22b)) fällt. Die Berechnung des kritischen Wertes $K_c(w_s)$ für die Windungszahl des „silbernen Schnittes", $w_s = \sqrt{2} - 1$, ergab ebenfalls ein monotones Absinken mit wachsendem b. Die beiden Kurven fallen jedoch nicht zusammen, woraus hervorgeht, daß im zweidimensionalen Falle die kritische Linie keine Gerade mehr sein kann. Die Frage, ob es im Falle endlicher Dämpfung überhaupt ein direktes Analogon zur kritischen Linie gibt, wurde von Bohr et al. (1984) dahingehend beantwortet, daß numerische Untersuchungen für die Existenz einer stetigen Funktion der Parameter sprechen, entlang derer das Maß der Intervalle mit rationalen Windungszahlen 1 ist, während die Menge der Parameterwerte, für welche quasiperiodische Bewegungen existieren, wiederum eine Cantor-Menge mit derselben fraktalen Dimension $D_H \approx 0{,}87$ ist.

Der Übergang Quasiperiodizität → Chaos aus experimenteller Sicht

In den letzten Jahren sind verstärkte Anstrengungen unternommen worden, den Übergang von der quasiperiodischen Bewegung zur chaotischen durch geeignete Experimente zu verifizieren. Die Schwierigkeiten bestehen in erster Linie darin, daß immer zwei Parameter gleichzeitig so geändert werden müssen, daß für jedes K die Windungszahlen w_i auf definierte Weise stets gegen dieselbe irrationale Windungszahl $\overline{w}$ streben, da nur so das durch (4.31) und (4.32) beschriebene universelle Verhalten beobachtet werden kann. Dazu kommt noch, daß die Unterschiede in den universellen Konstanten für $K < 1$ und $K = 1$ relativ klein sind. Stavans et al. (1985) gelang es, in einem Rayleigh-Bénard-Experiment mit Quecksilber den Übergang von der Quasiperiodizität zum Chaos für die dem goldenen Schnitt entsprechende Windungszahl wie auch für die Windungszahl w_s des silbernen Schnittes zu beobachten, wobei sie eine gute quantitative Übereinstimmung mit den theoretischen Ergebnissen feststellen konnten.

Sehr interessante Experimente wurden in jüngster Zeit von Bryant und Jeffries (1987) an einem periodisch angeregten Oszillator und von Haucke und Ecke (1987) mit einem Ray-

LEIGH-BÉNARD-System durchgeführt. Die Ergebnisse zeigen unter anderem, daß die Kreisabbildung (4.24) wie auch deren zweidimensionale Verallgemeinerung gute Modellgleichungen zur Beschreibung des Verhaltens auch höherdimensionaler nichtlinearer Systeme sein können.

Zum Abschluß dieses Kapitels bemerken wir noch, daß die ersten Voraussagen über einen Übergang von quasiperiodischer zu chaotischer Bewegung von RUELLE und TAKENS (1971) und in verschärfter Form von NEWHOUSE et al. (1978) gemacht worden sind. Diese Autoren sprachen die Vermutung aus, daß für ein System nach einem Übergang von einer quasiperiodischen Bewegung mit zwei inkommensurablen Frequenzen in einen Bewegungszustand mit drei inkommensurablen Frequenzen der Phasenfluß instabil werden kann in dem Sinne, daß beliebige kleine Störungen existieren, welche die Bewegung chaotisch machen. Aufgrund der Experimente von GOLLUB und BENSON (1980), GORMAN et al. (1980) sowie LIBCHABER et al. (1983), in denen die Existenz stabiler quasistationärer Bewegungen mit drei inkommensurablen Frequenzen beobachtet wurde, kommt man zu dem Schluß, daß dieser Bewegungstyp nicht zwangsläufig in einen chaotischen Zustand übergeführt wird.

GREBOGI et al. (1983b) haben anhand numerischer Untersuchungen gezeigt, daß chaotisches Verhalten nur durch hinreichend starke Störungen erzeugt wird, während im Fall kleiner Störamplituden die quasiperiodische Bewegung stabil bleibt. Sie weisen darauf hin, daß diese Diskrepanz zu den Aussagen von NEWHOUSE et al. möglicherweise darauf zurückzuführen ist, daß letztere in ihrem Beweis kleine Störungen zulassen, für welche nur die erste und die zweite Ableitung klein sind, während die höheren Ableitungen nicht als notwendigerweise klein vorausgesetzt werden, was aber für physikalische Anwendungen erwartet wird.

5. Übergangsphänomene im chaotischen Regime

5.1. Die logistische Abbildung für $r > r_\infty$

Wir wollen dieses Kapitel mit einer kurzen Diskussion des Lösungsverhaltens der logistischen Abbildung oberhalb des kritischen Wertes r_∞ beginnen. In Abschn. 4.2. wurde gezeigt, daß die Bifurkationskaskade hier mit einem Attraktor, bestehend aus unendlich vielen Punkten, endet. Dieser sog. *Feigenbaum-Attraktor* ist noch nicht chaotisch, da der LJAPUNOV-Exponent λ an der Stelle r_∞ gerade gleich Null ist und erst für $r > r_\infty$ positiv wird. Er stellt aber eine fraktale Menge mit der Dimension $D_H(\mu) = 0{,}538\ldots$ dar (GRASSBERGER, 1981, HU und HAO, 1983).

Verschmelzen chaotischer Bänder

Eine sorgfältige Untersuchung der Verteilung der Attraktorpunkte im aperiodischen Regime zeigt, daß der Orbit 2^k Teilintervalle (auch Bänder genannt) des Einheitsintervalls anläuft, und zwar nach demselben „Fahrplan" wie eine 2^k-periodische Lösung im Parameterbereich $r < r_\infty$. Das Chaotische an der Bewegung besteht lediglich darin, daß ein Punkt nach 2^k Iterationen nicht auf sich, sondern nur in dasselbe Band abgebildet wird, so daß nach einer sehr großen Zahl von Iterationen in jedem dieser Bänder eine Anzahl unregelmäßig verteilter Punkte zu finden ist.

Für bestimmte Parameterwerte $\tilde{r}_k$ verschmelzen 2^k Teilintervalle zu 2^{k-1} Bändern. Diese Sequenz von inversen „periodenhalbierenden" Bifurkationen sieht wie ein etwas verwaschenes Spiegelbild der periodenverdoppelnden Bifurkationen im nichtchaotischen Bereich aus (s. Abb. 1.4). Darüber hinaus wurde gefunden, daß diese Sequenz von Bandverschmelzungen durch dasselbe Selbstähnlichkeitsgesetz charakterisiert ist wie die Periodenverdopplungen, d. h., es gelten wiederum die Gleichungen (4.10), (4.11) mit denselben Konstanten α und δ (MISIUREWICZ, 1981).

Berechnet man den LJAPUNOV-Exponenten im Bereich $r > r_\infty$, so sieht man, daß er „im wesentlichen" positiv ist, wobei die Enveloppe $\bar{\lambda}$ von der Stelle $r = r_\infty$ an mit zunehmendem r kontinuierlich anwächst, wie Abb. 5.1 zeigt. HUBERMAN und RUDNICK (1980) konnten zeigen, daß dieses Anwachsen von $\bar{\lambda}$ in der Nähe von r_∞ nach einem *Potenzgesetz*

$$\bar{\lambda} \sim (r - r_\infty)^\tau \tag{5.1}$$

erfolgt mit $\tau = \ln 2/\ln \delta = 0{,}4498\ldots$

Aufgrund des Vorzeichenwechsels von λ beim Durchgang des Kontrollparameters durch den kritischen Wert r_∞ sowie der Tatsache, daß $\bar{\lambda}$ oberhalb von r_∞ nach einem Potenzgesetz anwächst, wird diese Größe in Anlehnung an die Verhältnisse bei Phasenübergängen zweiter Art als *Ordnungsparameter* bezeichnet. Wir werden noch sehen, daß Potenzgesetze für das Verhalten der ver-

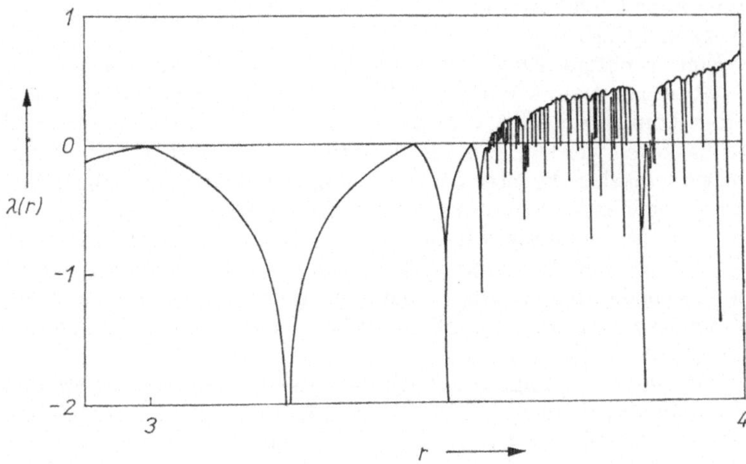

Abb. 5.1. Der LJAPUNOV-Exponent λ für die logistische Abbildung als Funktion des Kontrollparameters r

schiedenen Chaos-Charakteristika in der Nähe von Bifurkationsstellen im chaotischen Bereich etwas Typisches darstellen. (Bezüglich detaillierterer Darstellungen der Parallelen zu Phasenübergängen und der Anwendung von Renormierungsgruppentechniken verweisen wir auf HU (1982) wie auch auf die einführenden Darstellungen von SCHUSTER (1984).)

Periodische Fenster

Abb. 5.1 zeigt neben dem generellen Anwachsen von λ mit zunehmendem r oberhalb von r_∞ eine Reihe von (meist sehr schmalen) Parameterintervallen, innerhalb derer λ negativ ist. Die Bewegung wird also mit anwachsendem Kontrollparameter nicht kontinuierlich „chaotischer", sondern dieser Prozeß wird durch das Auftreten der schon in Abschn. 1.1. diskutierten periodischen Fenster unterbrochen. Umfangreiche Berechnungen des LJAPUNOV-Exponenten zeigen, daß bei Vergrößerung der Auflösung bezüglich r mehr und mehr solcher periodischer Fenster sichtbar werden (CRUTCHFIELD et al., 1982), wobei auch hier wiederum die Schwachstelle numerischer Berechnungen deutlich wird: Den Beweis, daß es wirklich unendlich viele Fenster sind, kann man auf numerischem Wege nicht erbringen.

Eine wichtige Frage ist nun, für welche Wertebereiche des Kontrollparameters r welche Perioden zu erwarten sind. Diese Frage konnte zunächst von METROPOLIS et al. (1973) dahingehend beantwortet werden, daß sie die Reihenfolge angaben, in welcher die periodischen Fenster bei Änderung von r auftreten. Bezüglich eines eingehenden Studiums der von ihnen aufgestellten U-Sequenz (universell) verweisen wir den Leser auf die Originalarbeit bzw. auf COLLET und ECKMANN (1980). Ein bemerkenswertes Resultat in diesem Zusammenhang ist der Beweis der Selbstähnlichkeit der U-Sequenz von DERRIDA et al. (1979) (jeder Teil der Sequenz ist der ganzen Sequenz ähnlich).

Daß die Reihenfolge des Auftretens der verschiedenen Perioden oberhalb von r_∞ nicht willkürlich sein kann, geht rein anschaulich schon daraus hervor, daß z. B. innerhalb eines Parameterintervalls, für welches ein aus 2^k Teilen bestehender chaotischer Attraktor existiert, nur solche periodischen Lösungen auftreten können, deren Periode p ein ganzes Vielfaches von 2^k ist, da ja alle 2^k Intervalle erst angelaufen werden müssen, bevor der Phasenpunkt wieder in das erste Intervall zurückkehrt. Damit wird auch klar, daß die ungeraden Perioden erst für $r > \tilde{r}_1$, d. h. oberhalb der Stelle auftreten können, wo die Verschmelzung der letzten beiden chaotischen Bänder zu einem einzigen stattfindet.

GEISEL und NIERWETBERG (1981) gelang es, für Sequenzen von periodischen Bewegungen mit Perioden $p = q2^k$ ($q = 3, 4, 5, \ldots$) die Einsatzwerte $r_{k,q}$ des Kontrollparameters zu bestimmen. Sie stellten fest, daß die Abstände der $r_{k,q}$ zu den $\tilde{r}_k$ (die Stellen, an denen 2^k Bänder zu 2^{k-1} Bändern verschmelzen) ähnlich wie bei den Heugabelbifurkationen in geometrischer Progression abnehmen, d. h., es gilt

$$\tilde{r}_k - r_{k,q} \sim \gamma_k^{-q}, \tag{5.2}$$

wobei die γ_k mit wachsendem k einer weiteren universellen Konstanten $\gamma = 2{,}94805\ldots$ zustreben.

Da es unendlich viele periodische Fenster gibt und jedes dieser Fenster ein (offenes) Intervall auf der r-Achse einnimmt, ergibt sich die Frage, wieviel Platz noch für die Parameterwerte der chaotischen Bewegungen bleibt. Numeriert man z. B. alle rationalen Zahlen im Intervall [0, 1] durch und ordnet der Zahl mit der Nummer n ein Intervall von der Länge $\varepsilon 2^{-n}$ zu, so wird die

Gesamtlänge des „Restes" $1 - \sum_{n=1}^{\infty} \varepsilon 2^{-n} = 1 - \varepsilon$, wobei allerdings dieser „Rest" keine Intervalle mehr enthält. Collet und Eckmann (1980) vermuteten daher: Die Menge der Parameterwerte, für welche kein stabiler periodischer Orbit existiert, hat positives Lebesgue-Maß und enthält keine Intervalle. Farmer (1985) benutzt für diese Situation den Begriff einer „fetten" Cantor-Menge, einer Menge also, die von der Konstruktion her einer gewöhnlichen Cantor-Menge entspricht (s. Abschn. 3.2), jedoch im Gegensatz zu dieser positives Lebesgue-Maß und folglich die Hausdorff-Dimension Eins hat.

Benedicks und Carleson (1985) konnten streng zeigen, daß die Menge Δ_∞ aller Parameterwerte r aus $[0, 4]$, für welche die logistische Abbildung (1.2) keine attraktiven periodischen Orbits besitzt, positives Lebesgue-Maß hat. Für fast alle (bez. des Lebesgue-Maßes) dieser Parameterwerte existiert ein f_r-invariantes Wahrscheinlichkeitsmaß, das absolut stetig bez. des Lebesgue-Maßes ist (s. hierzu auch Jakobson, 1981). Darüber hinaus gibt es ein $r_0 < 4$, so daß die Menge der Parameterwerte $r \in [r_0, 4]$ für welche attraktive periodische Orbits existieren, offen und dicht[1]) in $[r_0, 4] \cap \Delta_\infty$ ist. Weiterhin haben Pianigiani (1979) und Misiurewicz (1981) gezeigt, daß die Menge aller r-Werte, für welche f_r-invariante Maße existieren, die nicht nur bezüglich des Lebesgue-Maßes absolut stetig, sondern auch ergodisch sind, überabzählbar ist.

Die mit dem Auftreten fraktaler Strukturen verbundene Eigenschaft der Selbstähnlichkeit gestattet es, auch auf numerischem Wege zu aussagekräftigen und allgemeingültigen Resultaten zu gelangen. So konnte Farmer in der eben erwähnten Arbeit die Menge der Parameterwerte, die für Abbildungen des Intervalls mit quadratischem Maximum chaotische Bewegungen hervorbringen, durch ein globales Skalengesetz beschreiben, wodurch es möglich ist, eine recht gute Schätzung für den Anteil der zu chaotischen Orbits gehörenden Parameterwerte zu finden. Sei nämlich $h(\varepsilon)$ die Gesamtlänge aller periodischen Intervalle, die größer oder gleich ε sind. Dann kann man ein „vergröbertes" Maß $\mu(\varepsilon) = 1 - h(\varepsilon)$ für die Menge der „chaotischen Parameter" definieren, welches

---

[1]) Eine Menge D eines metrischen Raumes M heißt *dicht* in der Menge $M_0 \subseteq M$, wenn zu jedem $x_0 \in M_0$ und jeder reellen Zahl $\varepsilon > 0$ ein $x \in D$ existiert mit $|x - x_0| < \varepsilon$.

nach FARMER entsprechend

$$\mu(\varepsilon) \approx \mu(0) + c\varepsilon^{\beta} \tag{5.3}$$

($c = \text{const.} \in \mathbb{R}$) mit verschwindendem ε gegen einen Grenzwert $\mu(0)$ geht, der dann ein gewisses Maß für die Menge der chaotischen Parameter darstellt. Für zwei konkrete Abbildungen mit quadratischem Maximum findet FARMER $\mu(0) \approx 0{,}89$ mit einem Exponenten $\beta \approx 0{,}45$, wobei vermutet wird, daß β universell ist, d. h. denselben Wert für alle Abbildungen des Intervalls mit quadratischem Maximum besitzt.

5.2. *Intermittenz*

Nachdem wir im vorigen Abschnitt einiges über die Anordnung und Häufigkeit der periodischen Fenster bei eindimensionalen Abbildungen erfahren haben, wollen wir uns jetzt den Details der Entstehung dieser Fenster zuwenden. In Abschn. 1.1. wurde beschrieben, wie das Fenster mit der Periode 3 durch Tangentialbifurkation entsteht. Betrachten wir noch einmal Abb. 1.3 und überlegen uns, wie die Verhältnisse sind, wenn r etwas kleiner ist als der kritische Wert $r_c = 1 + \sqrt{8}$, für welchen die dritte Iterierte f_r^3 die Winkelhalbierende berührt. Offenbar kommen die entsprechenden Teile von f_r^3 der Geraden sehr nahe, ohne sie jedoch zu berühren, wobei schmale Korridore oder Kanäle zwischen der Kurve f_r^3 und der 45°-Geraden entstehen. Jedesmal, wenn ein Iterationspunkt in die Nähe des „Eingangs" zu einem solchen Kanal gelangt, wird er diesen im Verlaufe einer größeren Zahl von Iterationen passieren. Aus Abb. 5.2 ist gut zu erkennen, daß die Iterierte sich zunächst so verhält, als ob sie auf einen Fixpunkt zulaufe. Da dieser aber erst für $r = r_c$ entsteht, entfernt sich das System allmählich wieder aus diesem Bereich.

Diese relativ regelmäßige Bewegung entlang dem Korridor wird laminare Phase genannt. Nach Verlassen des Kanals wird sie von einer „großräumigen" unregelmäßigen Bewegung abgelöst, bis der Orbit erneut in den Kanal gelangt usf. Dieses als *Intermittenz* bezeichnete Verhalten wurde zuerst von MANNEVILLE und POMEAU (1979) diskutiert. Durch numerische Integration der LORENZ-Gleichungen (1.6) für einen Wert des Kontrollparameters r, der wenig über dem Wert $r_c = 166$ lag, wo eine stabile periodische Lösung existiert, erhielten sie für die y-Komponente den in Abb. 5.3 dargestellten Verlauf. Dabei fällt auf, daß

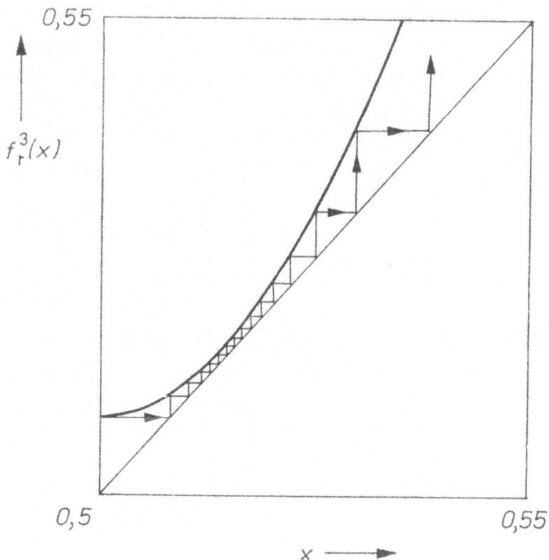

Abb. 5.2. Segment des Graphen von $f_r^3(x)$ für $\varepsilon = r_c - r \ll 1$. Der Phasenpunkt bewegt sich in kleinen Schritten durch den von f_r^3 und der 45°-Geraden gebildeten „Kanal"

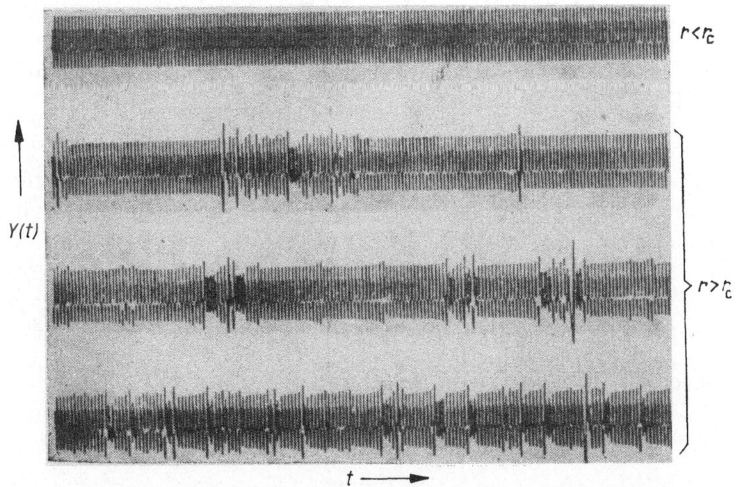

Abb. 5.3. Die Komponente $Y(t)$ der Lösung der Lorenz-Gleichungen kurz unterhalb bzw. oberhalb des kritischen Wertes $r_c = 166$

die Länge der laminaren Abschnitte mit Annäherung des Parameters r an den kritischen Wert r_c zunimmt. In der Tat konnten POMEAU und MANNEVILLE (1980) am Modell der logistischen Gleichung einen analytischen Zusammenhang zwischen der mittleren Dauer $\langle T \rangle$ der laminaren Phase und dem Kontrollparameter r herstellen, der diesen Sachverhalt widerspiegelt und der wiederum universellen Charakter hat.

Länge der laminaren Abschnitte

Um den gewünschten Zusammenhang zwischen $\langle T \rangle$ und der Differenz $\varepsilon = r - r_c$ herstellen zu können, entwickelt man die Funktion f_r^3 in der Nähe des Berührungspunktes x_c sowie des kritischen Parameterwertes r_c in eine TAYLOR-Reihe. Mit

$$f_{r_c}^3(x_c) = x_c\,, \qquad \frac{\mathrm{d}}{\mathrm{d}x} f_{r_c}^3(x_c) = 1\,,$$

erhält man zunächst

$$\begin{aligned} f_r^3(x) &= f_r^3[x_c + (x - x_c)] \\ &= x_c + (x - x_c) + a_c(x - x_c)^2 + b_c(r - r_c)\,. \end{aligned}$$

Hier bedeuten

$$a_c \equiv \frac{1}{2} \frac{\mathrm{d}^2 f_{r_c}^3(x_c)}{\mathrm{d}x^2}, \qquad b_c \equiv \frac{\mathrm{d}f_{r_c}^3(x_c)}{\mathrm{d}r}\,.$$

Setzt man $y \equiv (x - x_c)/b_c$, so hat die Differenzengleichung $x(t+1) = f_r^3\big(x(t)\big)$ in der Nähe von x_c mit $a \equiv a_c b_c$ die Form

$$y(t+1) = y(t) + ay^2(t) + \varepsilon\,. \tag{5.4}$$

Innerhalb des Korridors zwischen der Kurve f_r^3 und der 45°-Geraden unterscheidet sich $x(t)$ nur wenig von x_c, d. h., es ist $|y(t)| < c \ll 1$ ($c = \text{const.}$). Dieser Umstand gestattet es, die Differenzengleichung (5.4) in eine Differentialgleichung

$$\frac{\mathrm{d}y}{\mathrm{d}t} = ay^2 + \varepsilon \tag{5.5}$$

umzuschreiben. Die Integration von (5.5) liefert

$$t_2 - t_1 = \frac{1}{(a\varepsilon)^{1/2}} \left[\operatorname{arc\,tan}\left(y/(\varepsilon/a)^{1/2}\right)\right]_1^2.$$

Nimmt man an, daß y an den Stellen 1, 2 des Einlaufens bzw. Auslaufens endlich (von der Größenordnung c) ist, so findet man für $\varepsilon \to 0$

$$T = t_2 - t_1 \sim \varepsilon^{-1/2}.$$

Natürlich hängt der aktuelle Wert von T davon ab, an welcher Stelle y_1 der Phasenpunkt in den Kanal hineingelangt. Da jedoch der arctan für große Argumente gegen $\pi/2$ geht, erkennt man, auch ohne eine Wahrscheinlichkeitsverteilung für das Einlaufen in den Kanal angeben zu müssen, daß für den Mittelwert $\langle T \rangle$ von T dasselbe Skalengesetz

$$\langle T \rangle \sim (r - r_c)^{-1/2} \tag{5.6}$$

gilt (immer vorausgesetzt, daß die Differenz $r - r_c$ genügend klein ist). Wir haben es also auch hier, wie schon bei Gl. (5.1) mit einem Potenzgesetz zu tun.

Selbstähnlichkeitsbeziehungen

Man kann das vorliegende Ergebnis, ähnlich wie im Fall der Periodenverdopplungen, durch Ausnutzung der Selbstähnlichkeitseigenschaften von f in der Nähe von (x_c, r_c) erhalten (Hirsch et al., 1982b; Hu und Rudnick, 1982). Man geht davon aus, daß die zweite Iterierte f^2 bei „richtiger" Renormierung dasselbe Bild liefert wie f, und erhält auf diese Weise die zur Gl. (4.14) analoge Funktionalgleichung

$$g(x) = \alpha g\big(g(x/\alpha)\big). \tag{5.7}$$

Es ist bemerkenswert, daß man für Gl. (5.7) im Gegensatz zu (4.14) eine einfache analytische Lösung angeben kann. Man setzt $g(0) = 0$ (Verlegung des Koordinatenanfanges in den Berührungspunkt) und verlangt $g'(0) = 1$ (das entspricht dem Anstieg der Funktion an der Stelle der tangentiellen Berührung). Des weiteren vermutet man, daß $\alpha = 2$ ist (die Größe der Schritte innerhalb des Kanals verdoppelt sich, wenn man von f zu f^2 übergeht). Durch Einsetzen kann man sich davon überzeugen, daß die Lösung von (5.7) unter diesen Bedingungen

$$g(x) = x/(1 - ax) \tag{5.8}$$

lautet, wobei a eine willkürliche Konstante ist.

Wie bei der Diskussion von Gl. (4.14) wurde hier zunächst keine Änderung des Parameters r in Betracht gezogen. Will man neben der Selbstähnlichkeit im Ortsraum auch diejenige im Parameterraum diskutieren, so muß man die zu (4.18) analoge Gleichung für die instabile Mannigfaltigkeit lösen. Man findet in diesem Falle $\delta = 4$. Der Zusammenhang zwischen den Konstanten α und δ ist im Falle der Intermittenz besonders anschaulich: Rücken wir (auf der Parameterskala) um den Faktor $1/\delta = 1/4$ näher an den kritischen Wert r_c heran, so wird die Iteration entlang dem Kanal in der Nähe des Berührungspunktes um den Faktor $\alpha = 2$ länger. Man gelangt damit unmittelbar zu dem Skalengesetz (5.6).

Mit Zunahme der mittleren Dauer $\langle T \rangle$ der laminaren Phasen erwartet man ein Absinken des LJAPUNOV-Exponenten. POMEAU und MANNEVILLE konnten auf numerischem Wege zeigen, daß

$$\lambda \sim (r - r_c)^{1/2} \qquad (5.9)$$

ist und daß sich dieser Abfall von λ in dem periodischen Bereich fortsetzt, wo

$$\lambda \sim -(r_c - r)^{1/2} \qquad (5.10)$$

gilt, ein Ergebnis, das von HIRSCH et al. (1982a) bestätigt wurde.

Neben der hier diskutierten Intermittenz, die als Typ I bezeichnet wird, kommen noch zwei andere Arten von Intermittenz (Typ II und III) vor, wobei die einzelnen Typen sich durch den Charakter der Bifurkation bei Überschreiten des kritischen Wertes durch den Kontrollparameter unterscheiden (s. POMEAU und MANNEVILLE, 1980). Intermittenz wurde in einer Reihe von Experimenten beobachtet, so z. B. von BERGÉ et al. (1980) in einem RAYLEIGH-BÉNARD-Experiment, von JEFFRIES und PEREZ (1982) mit einem nichtlinearen RCL-Oszillator sowie von ROUX (1983) bei der BELOUZOV-ŽABOTINSKIJ-Reaktion (vgl. auch SCHUSTER, 1984).

5.3. *Krisen*

Krisen bei der logistischen Abbildung

Nachdem wir wissen, wie ein periodisches Fenster entsteht, wollen wir uns der Frage zuwenden, auf welche Weise sich das Fenster wieder schließt. Im ersten Kapitel wurde schon erwähnt, daß nach dem Einsetzen der periodischen Bewegung mit wachsendem Kontrollparameter r eine Kaskade von Periodenverdopplungen einsetzt, die der in Abschn. 4.1. diskutierten völlig analog ist. Statt der 2^k Attraktorpunkte treten jedoch jetzt bei einer Grundperiode q genau $q2^k$ Punkte auf, d. h., es existieren gewissermaßen q parallele

Verdopplungskaskaden. Diese akkumulieren bei einem bestimmten Wert von r, und es entsteht ein aus $q2^k$ chaotischen Bändern zusammengesetzter Attraktor. Mit anwachsendem r verschmelzen diese sukzessive zu $q \cdot 2^{k-1}$, $q \cdot 2^{k-2}$ usw. Bändern, bis der Attraktor schließlich aus genau q zusammenhängenden Teilen besteht, die sich mit wachsendem r auf der x-Skala ausdehnen.

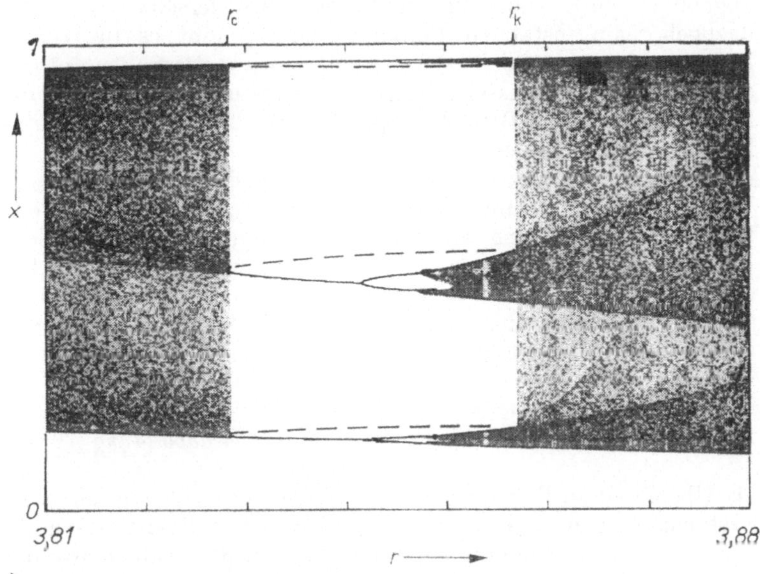

Abb. 5.4. Ausschnitt aus dem Bifurkationsdiagramm der logistischen Abbildung 1.2 im Existenzbereich des Fensters der Periode 3

Dieser Prozeß wird in Abb. 5.4 am Beispiel des Fensters mit der Periode 3 veranschaulicht. Deutlich ist zu erkennen, wie mit anwachsendem r ein Dreibandattraktor entsteht. Bei einem bestimmten Parameterwert erfolgt ein schlagartiger Übergang in einen chaotischen Attraktor, der nur noch aus einem einzigen ausgedehnten Band besteht. Er entspricht dem Attraktor, wie er vor der Tangentialbifurkation, durch welche das periodische Fenster entstand, existierte. Dieser Übergang wurde von Grebogi et al. (1983a) als *innere Krise* bezeichnet.

Um den Mechanismus dieser Krise zu verstehen, erinnern wir uns, daß bei der Tangentenbifurkation an der Stelle r_c nicht nur drei, sondern sechs Fixpunkte von f^3 entstehen, von denen allerdings nur die drei, für welche die Ableitung von f^3 kleiner als 1 ist, stabil sind. Die gestrichelten Kurven in Abb. 5.4 zeigen die Lage der drei instabilen Fixpunkte bei Vergrößerung von r. An der Stelle $r = r_k$ „kollidieren" diese Kurven mit den drei Bändern des Attraktors. Während für $r < r_k$ jeder Punkt innerhalb eines Bandes durch f_r jeweils auf einen Punkt innerhalb des nächsten Bandes abgebildet wird, wobei die Bänder stets auf derselben Seite der dazugehörigen instabilen Fixpunkte liegen, gibt es für $r > r_k$ in jedem Band ein (kleines) Intervall, das gewissermaßen auf der anderen Seite des instabilen Fixpunktes liegt und das von dort aus in die vorher leeren Bereiche abgebildet wird, wodurch die plötzliche Vergrößerung des Attraktors zustande kommt.

Innere Krisen sind ein typisches Beispiel sog. Chaos-Chaos-Übergänge. Man nimmt an, daß alle periodischen Fenster bei der logistischen Abbildung auf diese Weise „geschlossen" werden. Innere Krisen werden auch in mehrdimensionalen Systemen beobachtet. So beschreibt z. B. Ueda (1980) das explosionsartige Anwachsen eines kleinen chaotischen Attraktors bei der Duffing-Gleichung (s. auch Leven und Koch, 1981).

Attraktorentwicklung bei der dissipativen Standardabbildung

Da Übergänge in Form von Krisen gerade bei mehrdimensionalen Systemen eine große Rolle spielen, wollen wir in diesem Abschnitt noch etwas näher darauf eingehen. Als Beispiel wählen wir die zweidimensionale Standardabbildung (4.22), wobei durch eine entsprechende Modulo-Transformation erreicht wird, daß die x-Werte immer im Intervall $[-\pi, \pi)$ bleiben.

Für kleine Werte von K hat (4.22) nur einen stabilen Fixpunkt, den Nullpunkt $(0, 0)$, und den instabilen Fixpunkt $(-\pi, 0)$. Bei $K = 2(1 + b)$ wird der Nullpunkt ebenfalls instabil, und es entsteht ein Attraktor mit der Periode 2, der symmetrisch unter der Transformation $S: (x, y) \to -(x, y)$ ist. An der Stelle $K = \pi(1 + b)$ findet eine *symmetriebrechende Bifurkation* statt, in deren Ergebnis zwei koexistierende Orbits mit der Periode 2 entstehen, die nicht mehr symmetrisch unter S sind und von denen je nach den Anfangsbedingungen entweder der eine oder der andere realisiert wird.

Derartige symmetriebrechende Bifurkationen sind typisch für Systeme, die wie (4.22) symmetrisch gegenüber Vorzeichenwechsel sind, und stellen, wie Swift und Wiesenfeld (1984) gezeigt haben, eine notwendige Etappe auf dem Wege zum Chaos dar. Sie wurden mehrfach im Experiment beobachtet, so z. B. in den schon in Abschn. 1.2 beschriebenen Pendelexperimenten sowie in einem Rayleigh-Bénard-Experiment von Glazier et al. (1986). Die Koexistenz zweier oder mehrerer Attraktoren für ein und denselben Parametersatz ist ebenfalls ein typisches Phänomen bei dynamischen Systemen. Dabei hat jeder Attraktor sein eigenes Einzugsgebiet, d. h., es hängt von den Anfangsbedingungen ab, auf welchem der Attraktoren die Bewegung schließlich abläuft.

Kehren wir nun zu den beiden nichtsymmetrischen periodischen Orbits der Standardabbildung zurück. Vergrößert man K weiter, so macht jeder von ihnen eine Kaskade von periodenverdoppelnden

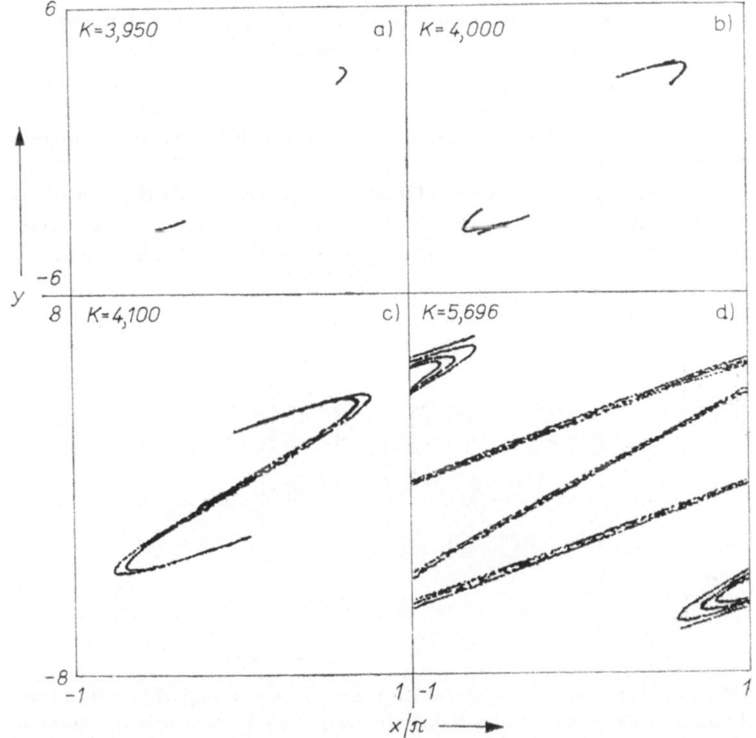

Abb. 5.5. Entwicklung des chaotischen Attraktors A_L von (4.22)

Bifurkationen durch, die bei einem bestimmten Wert K_∞^L akkumulieren. Für $K > K_\infty^L$ findet man wie bei der logistischen Gleichung die inverse Kaskade von Bandverschmelzungen, bis jeweils ein chaotischer Zweibandattraktor beobachtet wird. Kurz darauf findet eine innere Krise statt: Während für K unterhalb eines bestimmten kritischen Wertes nur jeweils einer der beiden Attraktoren sichtbar wird, sieht man oberhalb dieses Wertes einen chaotischen Attraktor, der offenbar die Vereinigung beider darstellt und der selber nun wieder symmetrisch unter S ist.

Abb. 5.5a) zeigt einen der Attraktoren vor und Abb. 5.5b) den „Vereinigungsattraktor" A_L nach der Krise (bei den numerischen Rechnungen ist hier wie im folgenden der Parameter $b = \exp(-2)$ konstant gehalten). Mit weiter wachsendem K vergrößert sich A_L im Phasenraum und nimmt eine immer kompliziertere Form an (Abb. 5.5c), d)).

Diese Attraktorentwicklung wird in Abb. 5.6 durch den größten LE λ_1 als Funktion von K widergespiegelt. (Für die Summe der beiden Ljapunov-Exponenten gilt $\lambda_1 + \lambda_2 = \det Df = \ln b = -2$.) Ähnlich wie bei der logistischen Gleichung erkennt man eine Reihe periodischer Fenster, für welche λ_1 negativ ist. Ein recht großes Fenster entsteht an der Stelle $K_u = 5{,}69692\ldots$ Es gehört zu jeweils einem von zwei stabilen Orbits $R_\pm^s$ (Knoten) mit der Periode 1 und Windungszahlen $\pm 2\pi$ (Rotationen im Uhrzeiger- bzw. Gegenuhrzeigersinn), die gemeinsam mit den dazugehörigen instabi-

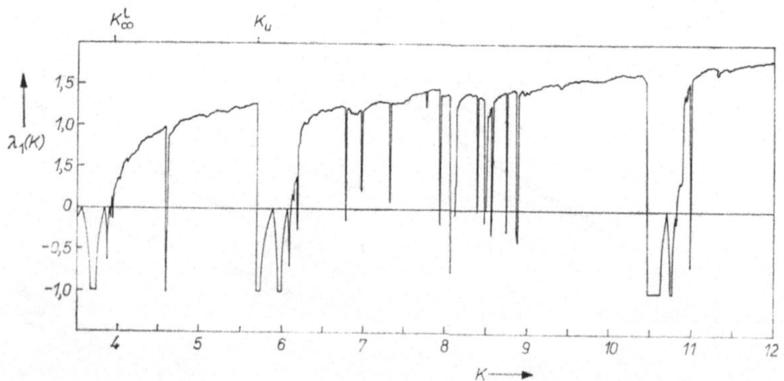

Abb. 5.6. Der größte Ljapunov-Exponent λ_1 der dissipativen Standardabbildung als Funktion des Kontrollparameters K. K wurde in Schritten $\Delta K = 0{,}01$ vergrößert. Zur Bestimmung von λ_1 im chaotischen Bereich wurden jeweils 10^5 Iterationen durchgeführt.

len Lösungen $R^u_\pm$ (Sättel) bereits an der Stelle $K_R = 2\pi(1 - b) \approx 5{,}43285$ durch eine sog. Sattel-Knoten-Bifurkation erzeugt werden. Im Intervall $K_R \leqq K \leqq K_u$ beobachtet man demzufolge Koexistenz des chaotischen Attraktors A_L mit den periodischen Attraktoren $R^s_\pm$.

Koexistenz ist in den meisten Fällen mit Hysterese verbunden. So findet man in dem Parameterintervall, wo sowohl A_L als auch $R^s_\pm$ stabil sind, den chaotischen Attraktor, indem man, von kleineren Werten für den Kontrollparameter K kommend, diesen von Lauf zu Lauf nur um einen kleinen Betrag ändert und als Startwerte für jeden neuen Lauf jeweils die Endwerte des vorhergehenden nimmt. Startet man dagegen bei einem $K > K_u$ auf einem der periodischen Orbits, so kann man diesen auf die entsprechende Weise bei sukzessiver Verringerung von K bis hin zur Stelle der Sattel-Knoten-Bifurkation verfolgen. Hysterese-Effekte wurden in einer ganzen Reihe von Chaosexperimenten beobachtet, so z. B. von Jeffries und Perez (1983), Ikezi et al. (1983), Brun et al. (1984) und Leven et al. (1986).

Abb. 5.7 verdeutlicht die Situation an der Krisenstelle K_u. Im linken und unteren Teil der Abbildung erkennt man Teile des chaotischen Attraktors A_L. Diese sind vom stabilen Fixpunkt R^s_+ durch die stabile Mannigfaltigkeit W^s des zu R^s_+ gehörenden Sattels R^u_+ getrennt. Solange A_L diese Mannigfaltigkeit nicht berührt (d. h. für $K < K_u$), gelangt man nach R^s_+, wenn man innerhalb des von der parabelförmigen stabilen Mannigfaltigkeit W^s eingegrenzten Gebietes G_+ der Phasenebene startet, und nach A_L, wenn die Startwerte außerhalb dieses Gebietes liegen. (Ein analoges Gebiet G_- gehört zum Fixpunktpaar R^s_- und R^u_-).

Sobald K den kritischen Wert K_u überschreitet, schieben sich Teile von A_L (z. B. an der durch P bezeichneten Stelle) in das Gebiet G_+. Das bedeutet aber, daß nun auch bei einem Start außerhalb von G_+ der Phasenpunkt nach einer mehr oder weniger großen Zahl von Iterationen auf diese Teile von A_L abgebildet wird. Von dort wird er durch den rechten Zweig der instabilen Mannigfaltigkeit W^u von R^u_+ angezogen und gelangt asymptotisch nach R^s_+. Mit anderen Worten, an der Stelle K_u hört der Attraktor A_L auf zu existieren, und alle Orbits enden auf dem Fixpunkt R^s_+ (oder auf R^s_-). Damit fällt λ_1 bei K_u schlagartig von einem positiven Wert auf einen negativen, was auch aus Abb. 5.6 gut zu ersehen ist. Dieses „Verschwinden“ eines chaotischen Attraktors, verbunden mit einer unstetigen Änderung von λ_1 wurde von Grebogi et al. (1983a) als *Grenzkrise* bezeichnet.

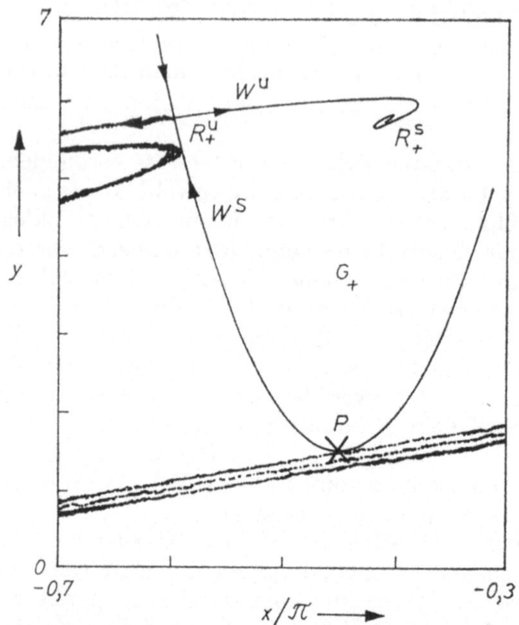

Abb. 5.7. Teile des chaotischen Attraktors A_L, die Fixpunkte R_+^s und R_+^u sowie Abschnitte der stabilen und der instabilen Mannigfaltigkeiten W_s und W_u des Sattels R_+^u unmittelbar vor der Krise

Transientes Chaos

Startet man außerhalb $G_+ \cap G_- \equiv G$ und bei einem Parameterwert K, der nur wenig oberhalb von K_u liegt, so wird es in der Regel eine geraume Zeit dauern, bis der Phasenpunkt in das Gebiet G abgebildet wird. Vorher wandert er in der Phasenebene umher und zeichnet dabei die Konturen des bei $K < K_u$ existierenden chaotischen Attraktors A_L gewissermaßen nach. Man nennt diesen Bewegungstyp *transientes Chaos* (s. KAPLAN und YORKE, 1979, YORKE und YORKE, 1979). Wir bezeichnen nun die bei der transienten Bewegung angelaufene Punktmenge mit $\tilde{A}_L$. Man erwartet, daß die Zeitdauer, innerhalb welcher die unregelmäßige Bewegung auf $\tilde{A}_L$ stattfindet, im Mittel um so größer ist, je näher K bei K_u liegt. Dieser Sachverhalt wird durch Abb. 5.8 verdeutlicht. Eine quantitative Analyse zeigt, daß die mittlere Aufenthaltsdauer $\langle t \rangle$ auf $\tilde{A}_L$ in Abhängigkeit von $K - K_u$ wiederum einem Potenzgesetz gehorcht:

$$\langle t \rangle \sim (K - K_u)^{-\gamma} \tag{5.11}$$

mit $\gamma \approx 0{,}7$.

Um zu einer analytischen Schätzung für γ zu gelangen, nehmen wir an, daß die Änderung von $\langle t \rangle^{-1}$ vorrangig bestimmt ist durch die Änderung der Wahrscheinlichkeit eines Orbits, in die Umgebung $U(P)$ des Punktes P zu gelangen, die für $K \gtrsim K_u$ jenseits der stabilen Mannigfaltigkeit liegt und von der aus der Orbit rasch

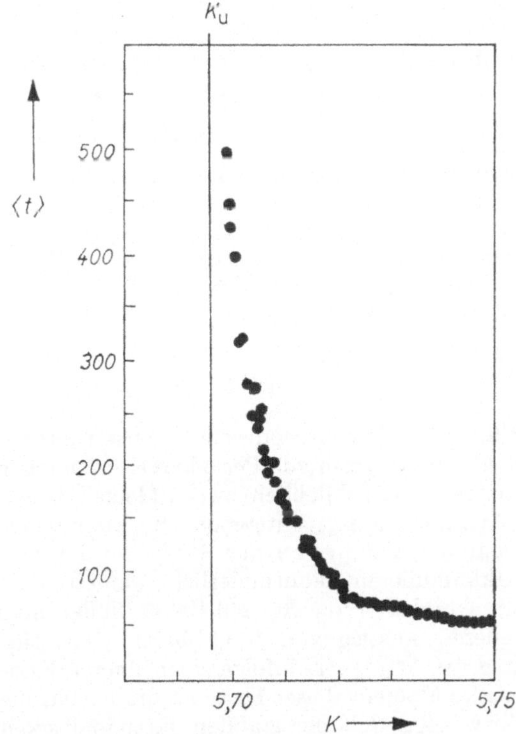

Abb. 5.8. Mittlere Transientzeit $\langle t \rangle$ als Funktion von K in der Nähe des Krisenwertes K_u. Die Startpunkte wurden entsprechend dem natürlichen Maß auf A_L bei $K = 5{,}696$ gewählt

zum Fixpunkt R^s_+ hinläuft (s. Abb. 5.7). Betrachten wir nun den Punkt P, in welchem sich $\tilde{A}_L$ und W^s für $K = K_u$ berühren. In der Nähe von P ist W^s parabelförmig und schneidet für $K > K_u$ aus $\tilde{A}_L$ eine Umgebung von P heraus, deren Ausmaße in Richtung der instabilen Mannigfaltigkeiten mit Δ und senkrecht dazu mit h bezeichnet seien. Man findet nun, daß h proportional zu $(K - K_u)$ wächst und folglich gilt $\Delta \sim (K - K_u)^{1/2}$.

Bezeichne nun $\tilde{\mu}$ das Wahrscheinlichkeitsmaß auf $\tilde{A}_L$, das für unsere Betrachtungen relevant ist. (Wenn man mittlere Transientzeiten im Experiment bestimmen will, so hat man wiederholt verschiedene Anfangsbedingungen für (unendlich) viele Läufe zu bestimmen. Von der Verteilung dieser Anfangsbedingungen hängt i. allg. $\tilde{\mu}$ und somit $\langle t \rangle$ ab.) Nehmen wir weiterhin an, daß $\tilde{\mu}$ in Richtung der instabilen Mannigfaltigkeiten durch eine partielle fraktale Dimension ≈ 1 und transversal dazu durch $D_{\tilde{\mu}}(P) - 1$ gekennzeichnet ist, wobei $D_{\tilde{\mu}}(P)$ die punktweise Dimension in P bez. $\tilde{\mu}$ bezeichnet (s. Abschn. 3.2), so finden wir

$$\langle t \rangle^{-1} \sim \tilde{\mu}\big(U(P)\big) \sim \Delta \cdot h^{D_{\tilde{\mu}}(P)-1} \sim (K - K_u)^{D_{\tilde{\mu}}(P)-1/2}. \quad (5.12)$$

Der Vergleich von (5.12) mit (5.11) ergibt schließlich

$$\gamma = D_{\tilde{\mu}}(P) - 1/2. \quad (5.13)$$

Eine Schätzung der punktweisen Dimension $D_{\tilde{\mu}}(P)$ aus den Eigenwerten gewisser instabiler periodischer Punkte wurde von GREBOGI et al. (1986, 1987b) vorgenommen.

λ_1 im Krisenbereich

Die Attraktorentwicklung in dem periodischen Fenster erfolgt mit wachsendem K wiederum in Form von Periodenverdopplungen und Bandverschmelzungen, bis schließlich zwei „kleine" koexistierende chaotische Attraktoren $A_{\pm R}$ entstehen. Die Einhüllende des LJAPUNOV-Exponenten λ_1 nimmt von der Stelle, wo die Periodenverdopplungen akkumulieren, kontinuierlich gemäß dem Potenzgesetz (5.1) zu. Oberhalb von $K_c \approx 6{,}19435$ findet man jedoch einen viel steileren Anstieg von λ_1 (Abb. 5.9), was eine plötzliche Vergrößerung des Attraktors infolge einer inneren Krise widerspiegelt. Auslösendes Moment dieser Krise ist die Berührung des Attraktors A_{+R} (bzw. A_{-R}) mit der stabilen Mannigfaltigkeit eines Sattelpunktes. (Das entspricht der Kollision eines chaotischen Attraktors mit einem instabilen Fixpunkt im oben beschriebenen eindimensionalen Fall.)

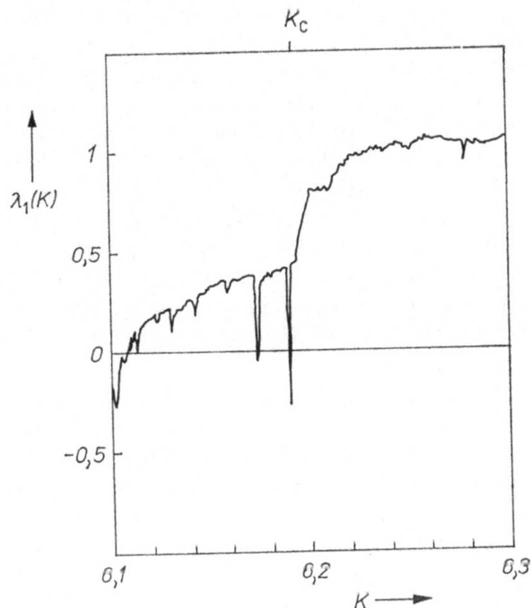

Abb. 5.9. Vergrößerter Ausschnitt aus Abb. 5.6 ($\Delta K = 0{,}001$)

Das steile, aber kontinuierliche Anwachsen von λ_1 für K-Werte wenig oberhalb des Krisenpunktes K_c wurde von mehreren Autoren an unterschiedlichen Modellen beobachtet (LEVEN und KOCH, 1981, ROLLINS und HUNT, 1984, GWINN und WESTERVELT, 1986). Es wurde auch festgestellt, daß die Bewegung in diesem Regime intermittenzartig verläuft, wobei sich im vorliegenden Fall der Phasenpunkt längere Zeit in einem Teil $\tilde{A}_{+R}$ (bzw. $\tilde{A}_{-R}$) des „großen" Attraktors A aufhält, der dem Rotationsattraktor A_{+R} (bzw. A_{-R}) zuzuordnen ist (die Bewegung ist dabei relativ regelmäßig), um dann für einige Iterationen in $\tilde{A}_L \equiv A \setminus \tilde{A}_R$ ($\tilde{A}_R \equiv \tilde{A}_{+R} \cup \tilde{A}_{-R}$) zu verweilen. Diese chaotischen „Ausbrüche" dauern um so länger, je größer die Differenz $K - K_c$ ist. Genauer gesagt, es wächst die Aufenthaltswahrscheinlichkeit p_L auf $\tilde{A}_L$ nach einem Potenzgesetz

$$p_L \sim (K - K_c)^\gamma \tag{5.14}$$

mit $\gamma \approx 0{,}75$.

Vergleicht man anhand von Abb. 5.6 und 5.9 die Werte von λ_1 auf A_L kurz vor der Grenzkrise bei K_u und auf A_R kurz vor der inneren Krise bei K_c, so erkennt man, daß A_L durch einen Wert von λ_1 charakterisiert wird, der fast dreimal so groß ist wie der zu A_R gehörige. Man erklärt sich nun das rasche Anwachsen von λ_1 oberhalb von K_c so, daß das mittlere expontentielle Auseinanderlaufen benachbarter Orbits in $\tilde{A}_L$ entsprechend größer ist als in $\tilde{A}_R$, so daß mit anwachsendem p_L der Phasenpunkt im Mittel immer längere Zeit in dem Gebiet verweilt, in welchem die Bewegung „stärker chaotisch" ist. Um diese Aussage zu quantifizieren, berechnen wir für die Bewegung oberhalb des Krisenpunktes K_c *partielle* LJAPUNOV-*Exponenten* λ_{1L} und λ_{1R}, welche die arithmetischen Mittelwerte der lokalen LJAPUNOV-Exponenten (s. Abschn. 3.1.) darstellen, die zu Punkten eines (typischen) Orbits in $\tilde{A}_L$ bzw. $\tilde{A}_R$ gehören. Es gilt dann

$$\lambda_1 = p_L \lambda_{1L} + (1 - p_L)\,\lambda_{1R}\,. \tag{5.15}$$

Geht man davon aus, daß sich λ_{1L} und λ_{1R} im Kriseninterval wenig ändern (Abb. 5.10), so findet man unter Berücksichtigung

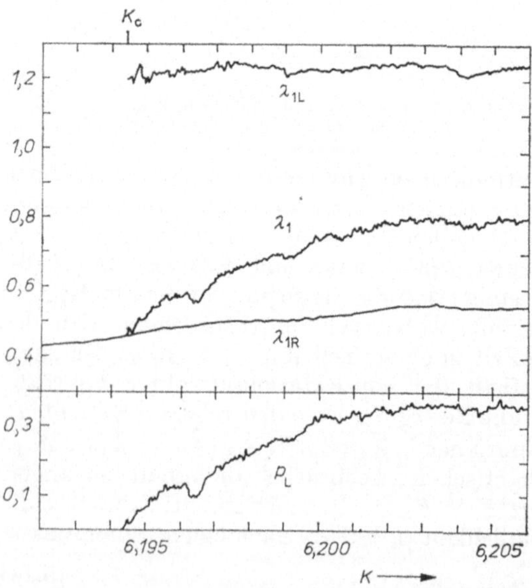

Abb. 5.10. λ_1, die partiellen LJAPUNOV-Exponenten λ_{1L} und λ_{1R} sowie die Aufenthaltswahrscheinlichkeit p_L in Abhängigkeit von K unmittelbar oberhalb des Krisenwertes K_c ($\Delta K = 0{,}00005$)

von (5.14)

$$\lambda_1(K) - \lambda_1(K_c) \sim (K - K_c)^\gamma . \tag{5.16}$$

Dieses Potenzgesetz für das Anwachsen des LJAPUNOV-Exponenten kurz oberhalb des Krisenpunktes K_c wird durch numerische Rechnungen bestätigt, wobei sich ein Zahlenwert von 0,74 für den Exponenten γ ergibt.

5.4. *Fraktale Einzugsgebietsgrenzen*

Wir hatten bereits bei der Diskussion der Grenzkrise an der Stelle K_u festgestellt, daß hier zwei Attraktoren in Form der beiden stabilen Fixpunkte $R^s_\pm$ existieren. Startet man irgendwo auf dem Semiattraktor $\tilde{A}_L$, so kann man nicht vorhersagen, welchem dieser beiden Attraktoren der Orbit für $t \to \infty$ zustrebt. Man kann sich daher leicht vorstellen, daß die Grenze zwischen den Einzugsgebieten dieser beiden Fixpunkte keine glatte Kurve ist, sondern möglicherweise ein sehr kompliziertes Gebilde, dessen Struktur wesentlich durch diejenige des Semiattraktors $\tilde{A}_L$ selbst bestimmt wird.

Es ist schon seit geraumer Zeit bekannt, daß die Einzugsgebietsgrenzen einfacher rationaler Abbildungen der komplexen Ebene in sich selbst eine komplizierte Struktur haben können. Ein charakteristisches Beispiel ist die komplexe Abbildung

$$z(t+1) = z(t) - \left(z^3(t) - 1\right)/\left(3z^2(t)\right) \tag{5.17}$$

mit den drei Fixpunkten $\bar{z}_\mu = (1, e^{2\pi i/3}, e^{4\pi i/3})$. Dies ist gerade das NEWTONsche Iterationsschema zur Lösung der Gleichung $f(z) = z^3 - 1 = 0$. In Abhängigkeit von den Startwerten z_0 streben die $z(t)$ bei Iteration von (5.17) gegen einen der Fixpunkte $\bar{z}_\mu$. Bei einer systematischen Untersuchung mit Hilfe des Computers stellt sich heraus, daß die Grenzen zwischen den Einzugsgebieten der drei Fixpunkte keine glatten Kurven sind, sondern komplizierte, ineinander verwobene selbstähnliche Strukturen darstellen, die eine nichtganzzahlige fraktale Dimension besitzen. Man bezeichnet die Grenze (den Rand) des Einzugsgebietes einer rationalen Abbildung als *Julia-Menge* (JULIA, 1918, vgl. auch BROLIN, 1965). Ordnet man den Startpunkten, je nachdem, zu welchem Einzugsgebiet sie gehören, eine bestimmte Farbe zu (z. B. rot, grün, blau), so wird die Komplexität des Randes besonders anschaulich (s. z. B. PEITGEN und RICHTER, 1986, MANDELBROT, 1983). Bemer-

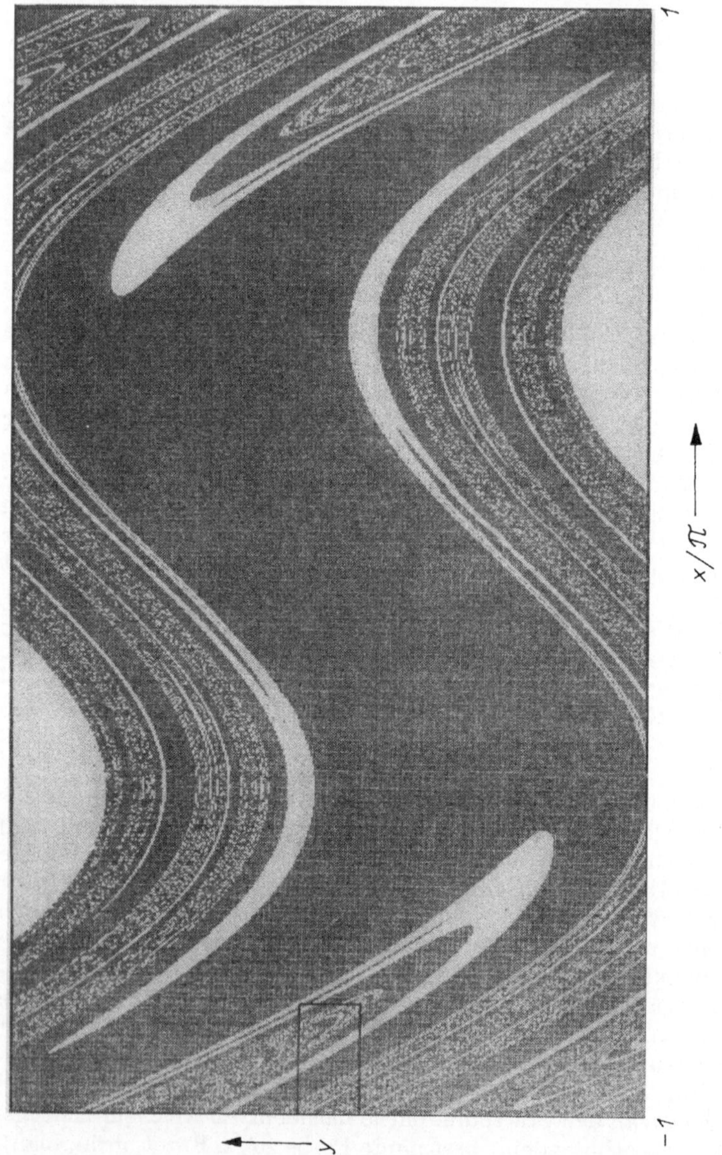

Abb. 5.11 a

Abb. 5.11 b

Abb. 5.11 c

kenswerterweise stellt diese fraktale Einzugsgebietsgrenze die Lösung eines seit langem diskutierten Problems dar, nämlich eine Ebene so in drei Farben zu gestalten, daß jeder Grenzpunkt eines Gebietes einer bestimmten Farbe (z. B. rot) gleichzeitig Grenzpunkt der beiden anderen Gebiete ist.

Grebogi et al. (1983c) schlugen ein effektives Verfahren zur Bestimmung der Dimension der Grenzen der Einzugsgebiete von zwei Attraktoren am Beispiel einer zweidimensionalen Abbildung vor. Danach betrachtet man zunächst einen Startpunkt (x_0, y_0) in der Phasenebene gemeinsam mit zwei benachbarten Startpunkten $(x_0 + \varepsilon, y_0)$, $(x_0 - \varepsilon, y_0)$. Wenn man von allen drei Startpunkten zu ein und demselben Attraktor gelangt, so wird der Punkt (x_0, y_0) als „sicher" bezeichnet, im anderen Fall als „unsicher". Überzieht man nun die Phasenebene mit einem Netz von Startpunkten und bezeichnet mit $g(\varepsilon)$ den Anteil der unsicheren Startpunkte zu einem vorgegebenen ε, so erhält man den sog. Unsicherheitsexponenten

$$\alpha = \lim_{\varepsilon \to 0} \frac{\ln g(\varepsilon)}{\ln \varepsilon}$$

und schätzt damit die Kapazität $D_K = 2 - \alpha$ der Einzugsgebietsgrenze (s. auch Abschn. 3.2.). Ist die Grenze eine glatte Kurve, so fällt $g(\varepsilon)$ linear mit abnehmendem ε, und es wird $\alpha = 1$, d. h. $D_K = 1$. Nimmt dagegen der Anteil der unsicheren Startpunkte nur gemäß $g(\varepsilon) \sim \varepsilon^\alpha$ mit $\alpha < 1$ ab, so kann die Einzugsgebietsgrenze keine einfache Kurve sein, sondern muß eine fraktale Struktur mit einer nichtganzzahligen Kapazität $D_K > 1$ sein.

Die praktische Bedeutung einer solchen Situation besteht darin, daß man selbst bei beliebiger endlicher Genauigkeit der Startwerte innerhalb bestimmter Bereiche des Phasenraumes nicht vorhersagen kann, welcher von zwei (mitunter weit voneinander entfernten) Attraktoren asymptotisch angelaufen wird. So steht man z. B. beim parametrisch angeregten Pendel oder beim impulsartig betriebenen Rotator vor der Situation, daß innerhalb bestimmter Parameterintervalle benachbarte Startwerte zu völlig unterschiedlichem Langzeitverhalten (Rotation linksherum bzw. rechtsherum) führen können. Ein anderes Beispiel zeigt Abb. 5.11.

Abb. 5.11. Dissipative Standardabbildung (4.22): a) Einzugsgebiete des Fixpunktes (0, 0) (schwarz) und eines Attraktors der Periode 4 (weiß) für $b = e^{-0,5}$ und $K = 2{,}99$, b) Vergrößerung des in der Mitte links eingezeichneten Rechtecks, c) Vergrößerung des Rechtecks in b)

Numerische Berechnungen ergeben, daß die Standardabbildung (4.22) für $b = \exp(-0{,}5)$ und $K \approx 3$ zumindest zwei Attraktoren besitzt, nämlich den Fixpunkt (0, 0) sowie einen stabilen Orbit mit der Periode 4. Abb. 5.11 a) zeigt einen Ausschnitt der Phasenebene, wobei alle Startwerte, von denen aus der Fixpunkt (0, 0) angelaufen wird, schwarz gehalten sind, während die übrigen Startpunkte weiß bleiben. Zwei aufeinander folgende Vergrößerungen des jeweils in der Mitte links eingezeichneten Rechtecks (Abb. 5.11 b), c)) machen die Komplexität der Einzugsgebietsgrenze besonders anschaulich.

6. Chaos und homokline Orbits

Schon Poincaré (1899) bemerkte in seinen Arbeiten über das Dreikörperproblem, daß äußerst verwickelte Trajektorien entstehen, wenn, wie er es nannte, *homokline Orbits* vorhanden sind. Obwohl an einem speziellen System gewonnen, sind seine Erkenntnisse universell anwendbar. Birkhoff (1932, 1935) und Smale (1967) entwickelten Poincarés Ideen wesentlich weiter.

Die zeitliche Entwicklung eines dissipativen Systems kann als eine Folge von zwei unterschiedlichen Bewegungsregimen verstanden werden: Bei einem definierten Anfangszustand beginnend, beobachtet man zuerst eine transiente Bewegung, die schließlich asymptotisch auf einem Attraktor endet (s. Abschn. 5.3.). Beide Bewegungen, sowohl die transiente als auch die asymptotische, sind sehr kompliziert, wenn homokline Orbits existieren.

In diesem Kapitel untersuchen wir zunächst nichtautonome Differentialgleichungssysteme der Form

$$\dot{\boldsymbol{x}} = \boldsymbol{F}(\boldsymbol{x}, t), \quad \boldsymbol{x} \in \mathbb{R}^n. \tag{6.1}$$

Im folgenden wird vorrangig der Fall $n = 2$ betrachtet, wenngleich alle Begriffe und Aussagen für den höherdimensionalen Fall verallgemeinert werden können. Das Vektorfeld $\boldsymbol{F}$ sei periodisch in t, d. h. $\boldsymbol{F}(\boldsymbol{x}, t + T) = \boldsymbol{F}(\boldsymbol{x}, t)$. Für das System (6.1) läßt sich eine Poincaré-Abbildung $\boldsymbol{P}$ auf dem Querschnitt

$$\Sigma(t_0) = \{(\boldsymbol{x}, t) \mid \boldsymbol{x} \in \mathbb{R}^n,\ t = t_0, t_0 + T, t_0 + 2T, \ldots\}$$

definieren. Zum besseren Verständnis der folgenden Ausführungen weisen wir darauf hin, daß Poincaré-Abbildungen Diffeomorphismen sind (Chillingworth, 1976).

In Abschn. 2.2. wurden für hyperbolische Fixpunkte und periodische Orbits globale stabile und instabile Mannigfaltigkeiten definiert. Komplizierte Bewegungsformen entstehen, wenn sich stabile und instabile Mannigfaltigkeiten transversal, d. h. unter einem positiven Winkel, schneiden. (Die Funktion $y = x$ schneidet die x-Achse transversal, dagegen schneidet die Funktion $y = x^3$ die x-Achse tangential.)

Ein Punkt $\boldsymbol{q}$ ($\neq \bar{\boldsymbol{x}}$) wird *homokliner Punkt* des Fixpunktes $\bar{\boldsymbol{x}}$ der POINCARÉ-Abbildung $\boldsymbol{P}$ genannt, wenn

$$\lim_{m\to\infty} \boldsymbol{P}^m(\boldsymbol{q}) = \lim_{m\to\infty} \boldsymbol{P}^{-m}(\boldsymbol{q}) = \bar{\boldsymbol{x}},$$

d. h., $\boldsymbol{q}$ gehört sowohl zur stabilen als auch zur instabilen Mannigfaltigkeit von $\bar{\boldsymbol{x}}$. Schneiden sich die Mannigfaltigkeiten transversal, so heißt $\boldsymbol{q}$ *transversaler homokliner Punkt.* Wenn ein homokliner Punkt existiert, dann sind auch unendlich viele vorhanden, denn die Iterierten eines homoklinen Punktes müssen wieder auf der stabilen *und* der instabilen Mannigfaltigkeit liegen, sind aber keine Fixpunkte (dies folgt aus der Umkehrbarkeit von $\boldsymbol{P}$) und somit auch homokline Punkte. Der Orbit $\{\boldsymbol{P}^m(\boldsymbol{q})\}_{m=-\infty}^{\infty}$ durch einen (transversalen) homoklinen Punkt $\boldsymbol{q}$ heißt (*transversaler*) *homokliner Orbit* (Abb. 6.1 a), c)). Solche Orbits spielen in diesem Kapitel eine zentrale Rolle. In der Nähe des Fixpunktes $\bar{\boldsymbol{x}}$ windet sich die stabile Mannigfaltigkeit in komplizierter Weise um die instabile Mannigfaltigkeit und umgekehrt, falls ein transversaler homokliner Punkt auf einer Mannigfaltigkeit von $\bar{\boldsymbol{x}}$ vorliegt (Abb. 6.1 c)). Anschaulich ist klar, daß daraus eine komplizierte Dynamik resultiert.

Gehören die stabilen und instabilen Mannigfaltigkeiten im Gegensatz zum oben beschriebenen Fall zu verschiedenen Fixpunkten, so spricht man von (*transversalen*) *heteroklinen Punkten* bzw. *Orbits* (Abb. 6.1 b), d)).

Im zeitkontinuierlichen Fall gibt es auch homokline und heterokline Orbits. Sie bestehen aus den Fixpunkten zusammen mit den sie verbindenden Trajektorien. Im zeitdiskreten Fall ist der Orbit $\{\boldsymbol{P}^m(\boldsymbol{x})\}_{m=-\infty}^{\infty}$ eine Folge von Punkten. Jede in Abb. 6.1 dargestellte Kurve enthält daher eine einparametrige Familie solcher Orbits. Dagegen ist der Orbit einer Differentialgleichung eine Kurve. Abb. 6.1 a) und b) könnten somit auch einen nichttransversalen homoklinen bzw. heteroklinen Orbit für Lösungen der autonomen Differentialgleichung (2.1) für $n = 2$ darstellen. Allerdings ist das Schneiden von Fixpunktmannigfaltigkeiten (Abb. 6.1 c), d)) dann aus Eindeutigkeitsgründen nicht möglich.

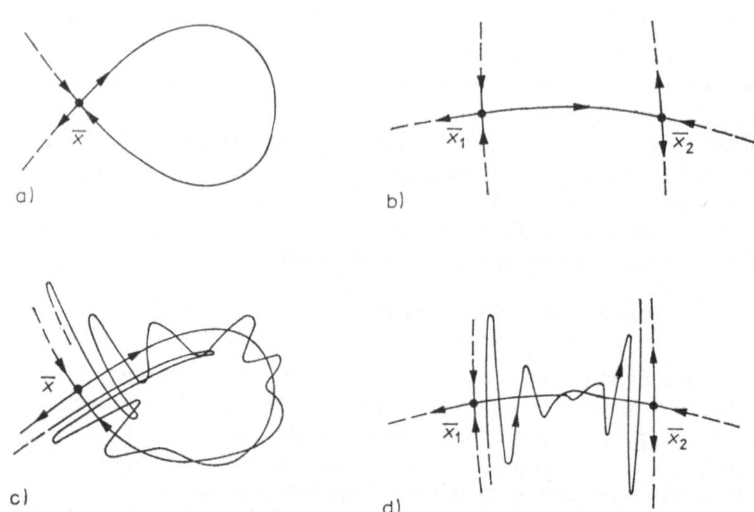

Abb. 6.1. a) Homokline Orbits, b) heterokline Orbits (in a) und b) sind die Orbits nicht transversal), c) transversale homokline Orbits, d) transversale heterokline Orbits für $\boldsymbol{P}: \Sigma \to \Sigma$ mit $\Sigma = \{(\boldsymbol{x}, t) \mid \boldsymbol{x} \in \mathbb{R}^2, t = t_0, t_0 + T, \ldots\}$

Homokline Orbits erscheinen z. B. bei permanenten chaotischen Bewegungen (d. h. bei den Bewegungen auf chaotischen Attraktoren). Nach GUCKENHEIMER und HOLMES (1983) ist ein chaotischer Attraktor (von ihnen „strange attractor" genannt) u. a. dadurch charakterisiert, daß er einen transversalen homoklinen Orbit enthält.

In Abb. 1.8 ist die POINCARÉ-Abbildung für das Pendel (1.5) zu einem gegebenen Parametersatz dargestellt. Die numerischen Untersuchungen erlauben es nicht zu entscheiden, ob Abb. 1.8 einen chaotischen Attraktor oder nur einen Teil einer komplizierten attraktiven Menge darstellt. In jedem Fall wird aber eine komplizierte Dynamik beobachtet, die durch homokline Punkte hervorgerufen wird. Abb. 6.2 zeigt Teile der zugehörigen Fixpunktmannigfaltigkeiten mit einigen homoklinen Punkten. Im zylindrischen Phasenraum $S^1 \times \mathbb{R}$ werden die Fixpunkte $(-\pi, 0)$ und $(\pi, 0)$ nicht unterschieden. Wir sprechen deshalb von homoklinen und nicht von heteroklinen Punkten. Die dargestellten Teile der Mannigfaltigkeiten wurden numerisch berechnet. Dabei wurden zunächst die Eigenvektoren des Fixpunktes $\bar{\boldsymbol{x}} = (-\pi, 0)$ aus der in $\bar{x}$ linearisierten Differentialgleichung (3.16) gewonnen. In der Nähe des Fixpunktes charakterisieren sie auch die stabile und instabile Mannigfaltigkeit des nichtlinearen Systems. Der weitere Verlauf der Mannigfaltigkeiten kann dann durch numerische Iteration ausgewählter Startpunkte, die hinreichend eng benachbart auf den durch die Eigenvektoren bestimmten Geraden liegen, approximiert werden. Im Falle der stabilen Mannigfaltigkeit wird rückwärts iteriert, d. h., in der Differentialgleichung (1.5) wird t durch $-t$ ersetzt. Die Konturen des Attraktors (oder der attraktiven Menge) werden durch die instabile Mannigfaltigkeit des Fixpunktes $(-\pi, 0)$ wiedergegeben.

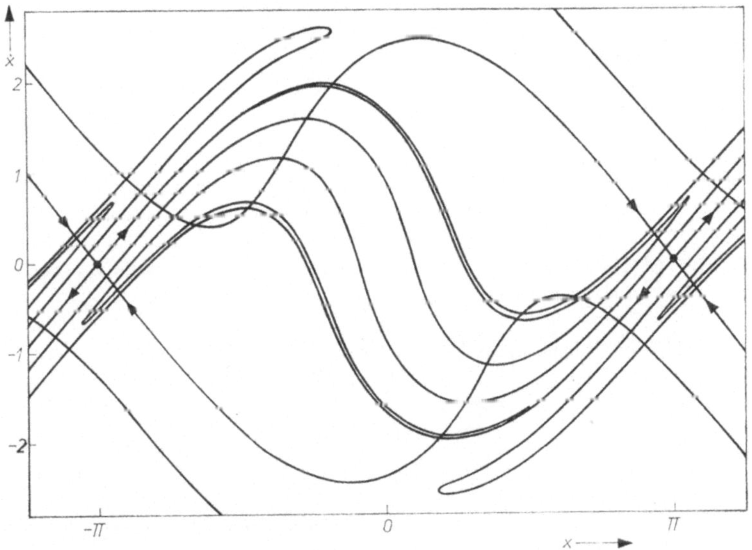

Abb. 6.2. Teile der stabilen und instabilen Mannigfaltigkeit des Fixpunktes $(-\pi, 0)$ der POINCARÉ-Abbildung von Gl. (1.5). Parameter: $A = 0{,}94$, $B = 0{,}15$, $\Omega = 1{,}56$

Die Existenz homokliner Orbits stellt *keine* hinreichende Bedingung für permanentes chaotisches Verhalten dar. Es besteht die Möglichkeit, daß lediglich transientes Chaos auftritt. Das bedeutet, daß man im Experiment, wenn die Bewegung in der Nähe von homoklinen Punkten beginnt, zunächst eine komplizierte transiente Bewegung mit temporärem exponentiellem Auseinanderlaufen benachbarter Trajektorien beobachtet, die schließlich z. B. auf einem periodischen oder quasiperiodischen Attraktor endet. Abb. 6.3 zeigt ein Beispiel einer solchen transienten Bewegung für

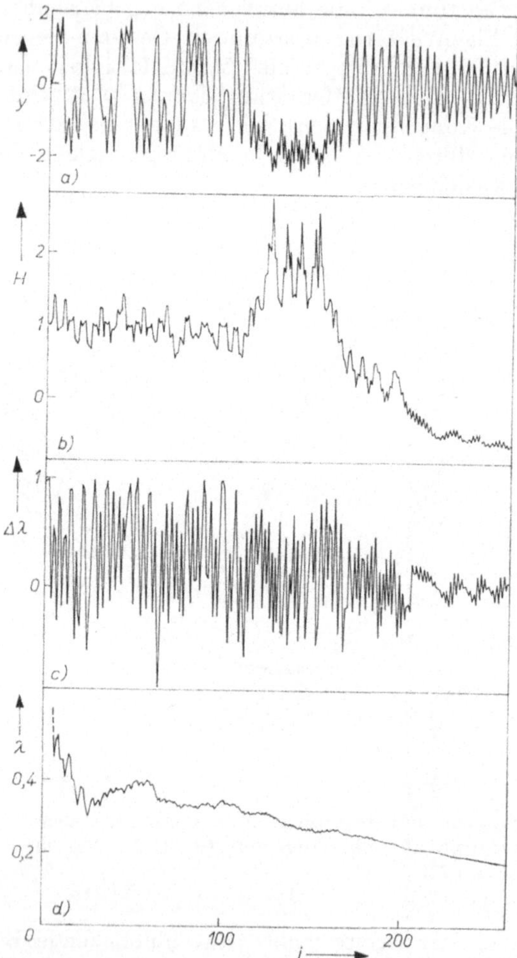

Abb. 6.3. Transiente chaotische Bewegung für Gl. (1.5). Parameter: $A = 0{,}6$ $B = 0{,}005$, $\Omega = 3{,}5$. a) Zeitreihe der Geschwindigkeit, b) Zeitreihe der Energie $H = y^2/2 - \cos x$, c) temporärer LJAPUNOV-Exponent, d) Mittelwert λ zur Zeit $t = iT$

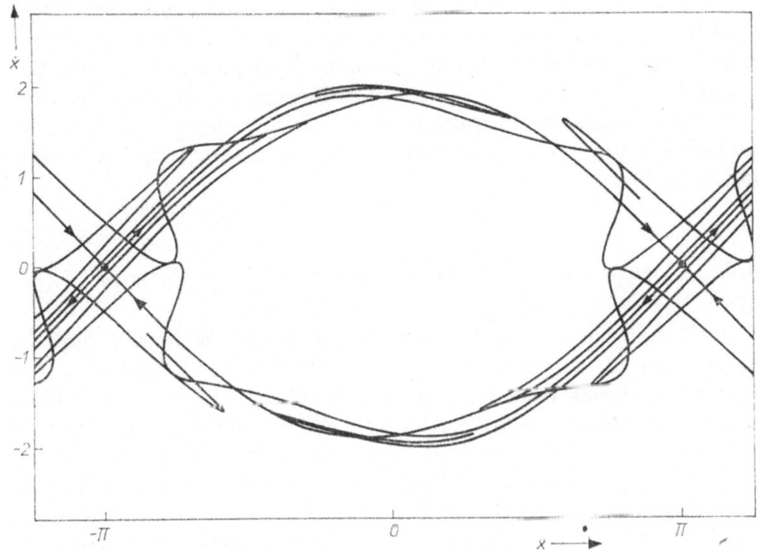

Abb. 6.4. Teile der stabilen und instabilen Mannigfaltigkeit des Fixpunktes $(-\pi, 0)$ der POINCARÉ-Abbildung von Gl. (1.5). Parameter: $A = 0{,}6$, $B = 0{,}005$, $\Omega = 3{,}5$

das Pendel (1.5). Die Anfangsbedingung liegt in der Nähe des instabilen Fixpunktes $(-\pi, 0)$. Die Geschwindigkeit y und die Energie H sind zu den Zeitpunkten iT $(i = 0, 1, 2, \ldots)$ wiedergegeben. Kurve c) stellt den temporären LJAPUNOV-Exponenten

$$\Delta\lambda(i) \equiv \frac{1}{T} \ln \frac{|z(iT)|}{|z((i-1)\,T)|}, \quad i = 1, 2, \ldots,$$

dar, wobei die infinitesimale Anfangsstörung $z(0)$ in Richtung der instabilen Mannigfaltigkeit von $(-\pi, 0)$ zeigt. Dessen Mittelwert $\lambda(i) = \frac{1}{i} \sum_{j=1}^{i} \Delta\lambda(j)$ ist in Kurve d) abgebildet. Für den gleichen Parametersatz zeigt Abb. 6.4 Teile der Fixpunktmannigfaltigkeiten. Es sind transversale homokline Punkte vorhanden. Die Region der homoklinen Punkte wird etwa bei $t = 110T$ verlassen, wie die Zeitreihen der Geschwindigkeit und der Energie verdeutlichen.

Verfolgt man die Trajektorie länger, als es in Abb. 6.3 dargestellt ist, so beobachtet man, daß sie schließlich auf den Koordinatenursprung zuläuft und dort verbleibt. Wir haben somit ein Beispiel für eine komplizierte transiente Bewegung, die asymptotisch auf einem stabilen Fixpunkt endet. Die behandelten Beispiele motivieren uns zu einer eingehenderen Beschäftigung mit homoklinen Orbits.

6.1. Smalesches Hufeisen und Smale-Birkhoff-Theorem

Die Existenz transversaler homokliner Orbits bedeutet, daß die sogenannte *Hufeisenabbildung* (SMALE, 1967) relevant ist. Zur Erklärung dieser Transformation wird in Abb. 6.5 ein Rechteck R längs der stabilen Mannigfaltigkeit $W^s(\bar{\boldsymbol{x}})$ eines hyperbolischen Fixpunktes $\bar{\boldsymbol{x}}$ betrachtet. m Iterationen stauchen R in horizontaler Richtung und strecken R längs der instabilen Mannigfaltigkeit, wobei R „verbogen" wird. Falls m und R geeignet gewählt wurden, entsteht $\boldsymbol{P}^m(R)$ in der dargestellten Form. Somit erzeugt die Abbildung $\boldsymbol{P}^m$ aus dem Rechteck R das *Hufeisen* $\boldsymbol{P}^m(R)$, das wieder über das Rechteck gelegt wird.

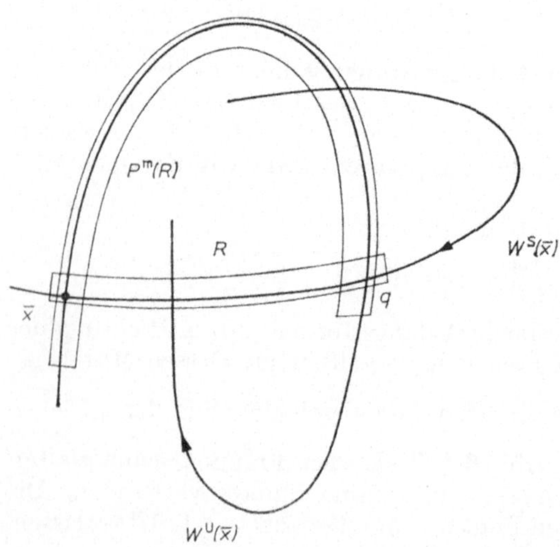

Abb. 6.5. Homokline Punkte und SMALES Hufeisen

Diese Hufeisenabbildung $\boldsymbol{P}^m$ besitzt eine komplizierte invariante Menge, zu deren Erläuterung nun die *Standardhufeisenabbildung* $\boldsymbol{f}_H$ (Abb. 6.6) betrachtet wird, welche alle wesentlichen Eigenschaften von $\boldsymbol{P}^m$ widerspiegelt. $\boldsymbol{f}_H$ bildet das Quadrat $Q = [0, 1] \times [0, 1]$ auf das dargestellte Hufeisen ab. Die horizontalen Streifen $H_0 = [0, 1] \times [0, \alpha]$ und $H_1 = [0, 1] \times [1 - \alpha, 1]$ werden auf die vertikalen Streifen $V_0 = [0, \beta] \times [0, 1]$ und $V_1 = [1 - \beta, 1] \times [0, 1]$ abgebildet, d. h. $\boldsymbol{f}_H(H_i) = V_i$ $(i = 0, 1)$ für $0 < \beta \leqq \alpha < 1/2$. Auf den horizontalen Streifen ist $\boldsymbol{f}_H$ linear, und es gilt

$$\mathrm{D}\boldsymbol{f}_H(\boldsymbol{x}) = \begin{pmatrix} \pm\beta & 0 \\ 0 & \pm 1/\alpha \end{pmatrix} (+ \text{ für } \boldsymbol{x} \in H_0 \text{ und } - \text{ für } \boldsymbol{x} \in H_1) \tag{6.2}$$

und $\det \mathrm{D}\boldsymbol{f}_H(\boldsymbol{x}) = \beta/\alpha \leqq 1$.

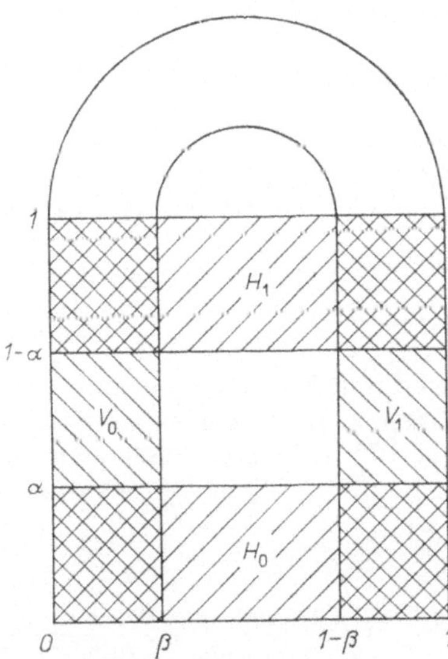

Abb. 6.6. Das Standardhufeisen

Auch hier interessiert vor allem die $\boldsymbol{f}_H$-invariante Menge aus Q. Die Menge der Punkte $\boldsymbol{x} \in Q$, die bei allen Vorwärtsiterationen in Q bleibt, ist durch

$$\theta^s = \bigcap_{n=0}^{\infty} \boldsymbol{f}_H^{-n}(Q) = [0, 1] \times C_\alpha$$

gegeben, wobei C_α die Cantor-Menge ist, bei deren Konstruktion in jedem Schritt das mittlere offene Intervall der relativen Länge

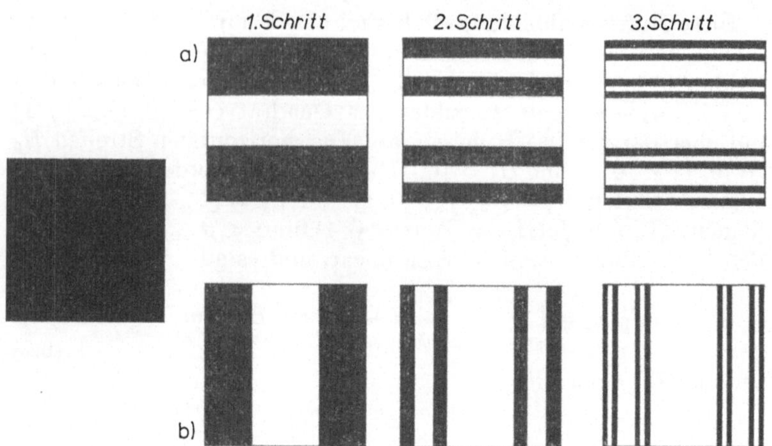

Abb. 6.7. a) Konstruktion der CANTOR-Menge θ^s, b) Konstruktion der CANTOR-Menge θ^u

$1 - 2\alpha$ entfernt wurde. In Abb. 6.7a) ist die Konstruktion von θ^s skizziert. Die Menge der Punkte, die bei allen Rückwärtsiterationen in Q bleibt, ist

$$\theta^u = \bigcap_{n=0}^{\infty} \boldsymbol{f}_H^n(Q) = C_\beta \times [0, 1],$$

wobei C_β die CANTOR-Menge ist, die durch Entfernen des mittleren offenen Intervalls der relativen Länge $1 - 2\beta$ bei jedem Schritt der Konstruktion entsteht (s. Abb. 6.7b)). Damit erhält man die Menge der Punkte, die Q niemals verläßt, d. h. die $\boldsymbol{f}_H$-invariante Menge

$$\theta = \theta^s \cap \theta^u .$$

Um die Orbits auf θ zu beschreiben, wird jedem $\boldsymbol{x} \in \theta$ eine *biinfinite Symbolsequenz* $a = \Phi(\boldsymbol{x}) = (\dots a_{-2}a_{-1}a_0a_1a_2 \dots)$ mit

$$a_j = \begin{cases} 0, & \text{falls } \boldsymbol{f}_H^j(\boldsymbol{x}) \in V_0 \\ 1, & \phantom{\text{falls } \boldsymbol{f}_H^j(\boldsymbol{x}) \in{}} V_1 \end{cases}, \quad j = 0, \pm 1, \pm 2, \dots, \tag{6.3}$$

zugeordnet. Der Raum $\pounds$ der biinfiniten Symbolsequenzen der Symbole 0 und 1 kann mit einer Metrik versehen werden:

$$\text{dist}\,(a, b) \equiv \sum_{n=-\infty}^{\infty} |a_n - b_n|/2^{|n|} . \tag{6.4}$$

Man kann zeigen, daß die Abbildung $\Phi: \theta \to £$ ein Homöomorphismus ist. Die Wirkung von f_H auf ein $x \in \theta$ entspricht einer *Verschiebung* σ im Raum £, d. h.

$$\sigma a = b \tag{6.5}$$

mit $a = \Phi(x)$, $b = \Phi(f_H(x))$ und $b_i = a_{i+1}$. Auf der Menge θ ist die Abbildung f_H der Verschiebung σ auf zwei Symbolen topologisch äquivalent. (*Topologisch äquivalent* bedeutet, daß der erwähnte Homöomorphismus Φ existiert. Wir schreiben:

$$f_H|_\theta = \Phi^{-1} \circ \sigma \circ \Phi.)$$

Durch die Untersuchung der kombinatorischen Eigenschaften der Symbolsequenzen lassen sich leicht verschiedene Aussagen über die f_H-invariante Menge θ machen. Man sieht, daß zwei Fixpunkte existieren, sie entsprechen den Symbolsequenzen (... 00000 ...) und (... 11111 ...). Einen periodischen Orbit der Periode 2 (Symbolsequenz (... 101010 ...)) und zwei Orbits der Periode 3 (Symbolsequenzen (... 0110110 ...) und (... 1001001 ...)) findet man leicht. Die Anzahl $N(k)$ der periodischen Orbits der Periode k ist für große Werte von k durch $N(k) \approx 2^k/k$ gegeben. Es existieren z. B. 698870 verschiedene Orbits der Periode 24. Auch beliebig viele aperiodische Orbits lassen sich leicht konstruieren. Einige Eigenschaften sind im folgenden zusammengestellt (Smale, 1967, Moser, 1973):

1. θ enthält abzählbar unendlich viele periodische Punkte, homokline und heterokline Punkte und einen dichten Orbit. Die Menge der periodischen Punkte liegt in θ dicht. Es sind Sattelpunkte.
2. In θ existieren überabzählbar viele aperiodische Orbits.
3. f_H ist auf θ strukturell stabil.

Die unter 1. und 2. angegebenen Aussagen sind nach den obigen Erläuterungen leicht zu verifizieren. Der Beweis für die dritte Aussage ist komplizierter und wurde von Smale (1967) gegeben. *Strukturelle Stabilität* bedeutet vereinfacht ausgedrückt, daß die Abbildung „robust" gegenüber kleinen Störungen ist, d. h. ihre qualitativen Eigenschaften beibehält. Genauer heißt die Abbildung f_H auf θ *strukturell stabil*, wenn es ein $\varepsilon > 0$ gibt, so daß alle additiven Störungen g von f_H, wobei g ein C^1-Diffeomorphismus ist mit $\sup_{x \in Q} |g(x)| < \varepsilon$ und $\sup_{x \in Q} \left|\frac{\partial g}{\partial x_i}\right| < \varepsilon$ für $i = 1, 2$, zu einer

Abbildung $\tilde{f} = f_H + g$ mit einer invarianten Menge $\tilde{\theta}$ führen, die zur Abbildung f_H topologisch äquivalent ist.

Eine weitere wichtige Eigenschaft der f_H-invarianten Menge θ ist ihre hyperbolische Struktur (Smale, 1967). Damit wird der Begriff des hyperbolischen Fixpunktes verallgemeinert. Allgemein sagt man, eine (kompakte) invariante Menge θ eines Diffeomorphismus $f: \mathbb{R}^n \to \mathbb{R}^n$ hat eine *hyperbolische Struktur* (kürzer: θ ist hyperbolisch), wenn es für jedes $x \in \theta$ eine Zerlegung des Tangentialraumes $T_x\mathbb{R}^n$ in die direkte Summe zweier Unterräume E_x^u, E_x^s gibt $\left(T_x\mathbb{R}^n = E_x^u \oplus E_x^s\right)$, wobei diese Zerlegung auf θ stetig[1]) ist und Konstanten $C > 0$ und $0 < \gamma < 1$ existieren, so daß

$$|\mathrm{D}f^{-m}(x)\, z| \leqq C\gamma^m\, |z| \quad \text{für alle } z \in E_x^u$$

und

$$|\mathrm{D}f^{m}(x)\, z| \leqq C\gamma^m\, |z| \quad \text{für alle } z \in E_x^s$$

und alle $m \in \Gamma^+$ gilt.

Aus der hyperbolischen Struktur folgt eine empfindliche Abhängigkeit von den Anfangsbedingungen, denn Anfangsstörungen $z(0) \in E_x^u$ wachsen nach der Zeit m auf

$$|z(m)| \geqq |z(0)|/(C\gamma^m) = |z(0)| \exp(-m \ln \gamma)/C \text{ mit } \ln \gamma < 0 .$$

Die hyperbolische Struktur hat weiterhin zur Folge, daß sich für $x \in \theta$ (lokal glatte) stabile und instabile Mannigfaltigkeiten definieren lassen (Hirsch et al., 1977):

$$W^s(x) \equiv \{y \in \mathbb{R}^n |\, |f^m x - f^m y| \to 0 \quad \text{für } m \to \infty\}$$

und

$$W^u(x) \equiv \{y \in \mathbb{R}^n |\, |f^{-m} x - f^{-m} y| \to 0 \text{ für } m \to \infty\} . \tag{6.6}$$

W^s, W^u sind für jedes $x \in \theta$ tangential zu den stabilen und instabilen Komponenten E_x^s, E_x^u des Tangentialraumes $T_x\mathbb{R}^n$.

Für hyperbolische Mengen gilt das *Beschattungslemma* von Anosov (1967) und Bowen (1970, 1975, 1978). Es macht Aussagen über die Relevanz eines im Computerexperiment mit einem bestimmten Fehler generierten *Pseudoorbits* bezüglich eines gewissen „wahren" Orbits auf einer f-invarianten Menge θ. Nach diesem Lemma gibt es zu jedem (noch so kleinen) $\beta > 0$ ein $\alpha(\beta) > 0$,

---

[1]) Die Stetigkeit der Zerlegung von $T_x\mathbb{R}^n$ bedeutet, daß sich die Basisvektoren, welche E_x^s bzw. E_x^u aufspannen, stetig bei Variation von x in θ ändern.

so daß für einen jeden im Computerexperiment generierten Pseudoorbit $\{\tilde{\boldsymbol{x}}(t)\}_{t=0}^{N} \subseteqq \theta$ $(N = 1, 2, \ldots, \infty)$, für den

$$|\boldsymbol{f}\tilde{\boldsymbol{x}}(t) - \tilde{\boldsymbol{x}}(t+1)| < \alpha(\beta) \text{ für jedes } t = 0, 1, 2, \ldots, N-1$$

gilt, ein $\boldsymbol{y} \in \theta$ existiert, das den Pseudoorbit *β-beschattet*:

$$|\boldsymbol{f}^t\boldsymbol{y} - \tilde{\boldsymbol{x}}(t)| < \beta \quad \text{für } t = 0, 1, \ldots, N,$$

d. h., obwohl der „wahre" Orbit $\{\boldsymbol{f}^t\tilde{\boldsymbol{x}}(0)\}_{t=0}^{N}$ i. allg. wenig mit dem Pseudoorbit $\{\tilde{\boldsymbol{x}}(t)\}_{t=0}^{N}$ zu tun hat, liegt aber der Pseudoorbit in der Nähe eines gewissen „wahren" Orbits $\{\boldsymbol{f}^t\boldsymbol{y}\}_{t=0}^{N}$. Es sei jedoch bemerkt, daß der beschattende Orbit $\{\boldsymbol{f}^t\boldsymbol{y}\}_{t=0}^{N}$ nicht notwendig ein „typischer" Orbit zu sein braucht, der das natürliche Maß generiert (s. z. B. McCauley und Palmore, 1986, zum Problem der Beschaltung im nichthyperbolischen Fall s. Hammel et al., 1987).

Die Verbindung von der Hufeisenabbildung und der Verschiebung σ zu den homoklinen Orbits der Poincaré-Abbildung, die durch Abb. 6.5 nahegelegt wird, stellt ein fundamentales Theorem von Smale (1967) her (vgl. Newhouse, 1980).

Smale-Birkhoff-Theorem: $\boldsymbol{P}$: $\mathbb{R}^n \to \mathbb{R}^n$ sei ein Diffeomorphismus mit einem hyperbolischen periodischen Punkt $\bar{\boldsymbol{x}}$, zu dem ein transversaler homokliner Punkt $\boldsymbol{q}$ gehört. Dann gibt es eine natürliche Zahl m, so daß $\boldsymbol{P}^m$ eine abgeschlossene invariante Menge Λ besitzt, die $\boldsymbol{q}$ sowie $\bar{\boldsymbol{x}}$ enthält und auf der $\boldsymbol{P}^m$ topologisch äquivalent einer Verschiebung σ auf zwei Symbolen ist. Λ hat eine hyperbolische Struktur.

Die invariante Menge Λ, die man mit Hilfe des Smale-Birkhoff-Theorems nachweisen kann, ist keine attraktive Menge, möglicherweise aber Teil einer solchen. Im Computerexperiment beobachtet man, wenn die Bewegung auf oder in der Nähe von Λ beginnt, zunächst eine transient chaotische Bewegung, die asymptotisch z. B. auf einem periodischen oder quasiperiodischen Attraktor stattfindet. Die Dauer dieser transienten Bewegung hängt von der gewählten Anfangsbedingung ab. Während die Existenz permanenter chaotischer Bewegungen für praktisch relevante dissipative Systeme noch nicht bewiesen ist, gelingt es jedoch zu zeigen, daß z. B. für einige einfache Oszillatoren in bestimmten Parameterbereichen homokline Orbits existieren. Für konservative Systeme bedeuten transversale homokline Orbits permanentes chaotisches Verhalten.

Für die Smalesche Hufeisenabbildung $\boldsymbol{f}_H$ und damit auch für die Poincaré-Abbildung von Gl. (1.5), wenn sie transversale homokline Punkte besitzt, existieren unendlich viele periodische Orbits.

Die n-te Iterierte von f_H hat 2^n Fixpunkte. Jedoch sind alle periodischen Orbits instabil. Stellt man sich die Herausbildung des Hufeisens als einen Prozeß vor, der bei Veränderung eines Parameters vor sich geht, so erwartet man komplizierte Bifurkationsfolgen, die zum Entstehen der instabilen periodischen Orbits führen. Dieselbe Aussage trifft auch für die POINCARÉ-Abbildung von Gl. (1.5) zu, wenn bei Vergrößerung eines Anregungsparameters transversale homokline Punkte entstehen (s. z. B. die Folge der Abb. 6.11 a), 6.11 b), 6.2).

Für einen zweidimensionalen Diffeomorphismus mit einem dissipativen Sattel $\bar{x}$ (d. h. $|\det Df(\bar{x})| < 1$) fanden GAVRILOV und ŠILNIKOV (1972, 1973) sowie NEWHOUSE (1974, 1980), daß beim Entstehen des Hufeisens eine unendliche Anzahl von instabilen *und* stabilen periodischen Orbits durch Sattel-Knoten-Bifurkation erzeugt wird. Die stabilen Orbits verlieren ihre Stabilität durch periodenverdoppelnde Bifurkationen, und somit werden weitere stabile und instabile periodische Orbits gebildet.

NEWHOUSE zeigte, daß Senken beliebig großer Periode in jeder Umgebung eines nichttransversalen homoklinen Punktes q existieren. Eine endliche Anzahl dieser sog. NEWHOUSE-*Senken* bleibt erhalten, wenn durch genügend kleine Veränderung eines Parameters die homokline Tangente zerstört wird.

Für das Pendel (1.5) und einige ähnliche Systeme kann die Existenz von homoklinen Tangenten bewiesen werden. Diese Systeme besitzen Senken mit sehr großer Periode und sehr schmalem Einzugsgebiet (s. GREENSPAN und HOLMES, 1983, sowie KOCH und LEVEN, 1985). Das bedeutet, daß sie im Experiment nicht oder nur mit sehr großem Aufwand nachzuweisen sind. Möglicherweise stellt ein komplizierter im Computerexperiment erhaltener Orbit keine Bewegung auf einem chaotischen Attraktor dar, sondern lediglich die Bewegung in der Nähe von vielen Senken hoher Periode, wobei durch numerische Rundungsfehler von einer Senke in die andere gesprungen wird.

Chaotische Attraktoren A mit einer hyperbolischen Struktur sind durch $A = \overline{\bigcup_{x \in A} W^u(x)}$ darstellbar, d. h., A ist die abgeschlossene Hülle der Vereinigung der instabilen Mannigfaltigkeiten aller Punkte von A. Beispiele für hyperbolische chaotische Attraktoren von zwei- und dreidimensionalen Abbildungen sind schon lange bekannt und wurden u. a. in den Arbeiten von NEMYCKIJ und STEPANOV (1949), RUELLE und TAKENS (1971), PLYKIN (1974) und MISIUREWICZ (1980) untersucht. Doch besitzen diese Beispiele nur geringe Relevanz für reale Systeme. Sollten für periodisch angeregte Systeme (s. z. B. Gl. (1.5)) chaotische Attraktoren existieren, dann sind es vermutlich keine hyperbolischen Attraktoren (GUCKENHEIMER und HOLMES, 1983, S. 259ff.).

Viele andere Phänomene in dissipativen Systemen sind mit *homoklinen* bzw. *heteroklinen Bifurkationen* verbunden, d. h. mit dem Entstehen von homoklinen bzw. heteroklinen Orbits durch Parameteränderung. So „fraktalisieren" sie z. B. die Grenzen von Einzugsgebieten oder führen zu Krisen von Attraktoren (s. Kap. 5.). Die beiden folgenden Abschnitte beschäftigen sich mit Möglichkeiten, für konkrete Systeme transversale homokline Orbits nachzuweisen.

6.2. Die Melnikov-Methode

Die MELNIKOV-Methode ist ein Verfahren der Störungstheorie. Sie führt zur Bestimmung der sogenannten MELNIKOV-Funktion, die Aussagen über die Existenz chaotischer Bewegungen macht. Dieses Verfahren wurde von MELNIKOV (1963) entwickelt und später, als das Interesse an chaotischen Bewegungen enorm zugenommen hatte, vor allem von HOLMES und MARSDEN (1981, 1982) verallgemeinert. Ähnliche Resultate erhielten CHOW et al. (1980) sowie KEENER (1982).

Die MELNIKOV-Methode stellt eine der wenigen Möglichkeiten dar, mit analytischen Mitteln wesentliche Aussagen über chaotische Systeme zu machen. Sie läßt sich anwenden auf periodisch angeregte Systeme der Form

$$\dot{\boldsymbol{x}} = \boldsymbol{F}(\boldsymbol{x}) + \varepsilon \boldsymbol{G}(\boldsymbol{x}, t) \tag{6.7}$$

mit $\boldsymbol{x} = (x_1, x_2) \in \mathbb{R}^2$, $t \in \mathbb{R}$. $\boldsymbol{F} = (F_1, F_2)$ und $\boldsymbol{G} = (G_1, G_2)$ seien zweimal stetig differenzierbar. $\boldsymbol{G}$ besitze bezüglich t die Periode T. ε $(0 \leqq \varepsilon \ll 1)$ ist ein kleiner Störparameter. Es wird angenommen, daß das ungestörte System ($\varepsilon = 0$) einen homoklinen Orbit $\boldsymbol{x}_0(t - t_0)$ zu einem Sattelpunkt $\bar{\boldsymbol{x}}_0$ besitzt. Dann hat das gestörte System für genügend kleine ε einen eindeutigen hyperbolischen T-periodischen Orbit $\boldsymbol{p}_\varepsilon(t, t_0) = \bar{\boldsymbol{x}}_0 + O(\varepsilon)$, d. h., zur zugehörigen POINCARÉ-Abbildung gehört ein hyperbolischer Fixpunkt $\bar{\boldsymbol{p}}_\varepsilon \equiv \boldsymbol{p}_\varepsilon(t_0, t_0) = \bar{\boldsymbol{x}}_0 + O(\varepsilon)$. Orbits $\boldsymbol{x}_\varepsilon^{\mathrm{s}}(t, t_0)$ bzw. $\boldsymbol{x}_\varepsilon^{\mathrm{u}}(t, t_0)$ auf der stabilen bzw. instabilen Mannigfaltigkeit von $\boldsymbol{p}_\varepsilon(t, t_0)$

können dargestellt werden als

$$\begin{aligned} \boldsymbol{x}_\varepsilon^{\mathrm{s}}(t, t_0) &= \boldsymbol{x}_0(t - t_0) + \varepsilon \boldsymbol{z}^{\mathrm{s}}(t, t_0) + O(\varepsilon^2) \quad \text{für } t \in [t_0, \infty), \\ \boldsymbol{x}_\varepsilon^{\mathrm{u}}(t, t_0) &= \boldsymbol{x}_0(t - t_0) + \varepsilon \boldsymbol{z}^{\mathrm{u}}(t, t_0) + O(\varepsilon^2) \quad \text{für } t \in (-\infty, t_0] \end{aligned} \tag{6.8}$$

(s. z. B. Greenspan und Holmes, 1983).

Der Abstand der Mannigfaltigkeiten $W^{\mathrm{s}}(\overline{\boldsymbol{p}}_\varepsilon)$ und $W^{\mathrm{u}}(\overline{\boldsymbol{p}}_\varepsilon)$ des gestörten Systems auf dem Querschnitt $\Sigma(t_0) \supset W^{\mathrm{u}}(\overline{\boldsymbol{p}}_\varepsilon)$, $W^{\mathrm{s}}(\overline{\boldsymbol{p}}_\varepsilon)$ am Punkt $\boldsymbol{x}_0(0)$ entlang dem Normalenvektor $\boldsymbol{F}^\perp(\boldsymbol{x}_0(0)) = \begin{pmatrix} -F_2(\boldsymbol{x}_0(0)) \\ F_1(\boldsymbol{x}_0(0)) \end{pmatrix}$ auf $\boldsymbol{F}(\boldsymbol{x}_0(0))$ ist durch

$$d(t_0) \equiv \frac{\left([\boldsymbol{x}_\varepsilon^{\mathrm{u}}(t_0, t_0) - \boldsymbol{x}_\varepsilon^{\mathrm{s}}(t_0, t_0)], \boldsymbol{F}^\perp(\boldsymbol{x}_0(0))\right)}{|\boldsymbol{F}^\perp(\boldsymbol{x}_0(0))|} \tag{6.9}$$

gegeben. Dabei bezeichnen $\boldsymbol{x}_\varepsilon^{\mathrm{u}}(t_0, t_0)$ und $\boldsymbol{x}_\varepsilon^{\mathrm{s}}(t_0, t_0)$ gerade jene Schnittpunkte der gestörten Mannigfaltigkeiten mit der durch $\boldsymbol{F}^\perp(\boldsymbol{x}_0(0))$ bestimmten Geraden, die dem Fixpunkt $\overline{\boldsymbol{p}}_\varepsilon$ entlang den gestörten Mannigfaltigkeiten am nächsten liegen (s. Abb. 6.8). Mit Hilfe des Keilprodukts ($\boldsymbol{F} \wedge \boldsymbol{x} \equiv F_1 x_2 - F_2 x_1$) kann $d(t_0)$ folgendermaßen dargestellt werden:

$$d(t_0) = \frac{\boldsymbol{F}(\boldsymbol{x}_0(0)) \wedge [\boldsymbol{x}_\varepsilon^{\mathrm{u}}(t_0, t_0) - \boldsymbol{x}_\varepsilon^{\mathrm{s}}(t_0, t_0)]}{|\boldsymbol{F}(\boldsymbol{x}_0(0))|}.$$

Mit Gl. (6.8) folgt hieraus

$$d(t_0) = \varepsilon \frac{\boldsymbol{F}(\boldsymbol{x}_0(0)) \wedge [\boldsymbol{z}^{\mathrm{u}}(t_0, t_0) - \boldsymbol{z}^{\mathrm{s}}(t_0, t_0)]}{|\boldsymbol{F}(\boldsymbol{x}_0(0))|} + O(\varepsilon^2). \tag{6.10}$$

Die Korrekturen 1. Ordnung $\boldsymbol{z}^{\mathrm{u}}(t, t_0)$ und $\boldsymbol{z}^{\mathrm{s}}(t, t_0)$ werden mit Hilfe der Differentialgleichung (6.7) bestimmt. Durch Einsetzen des

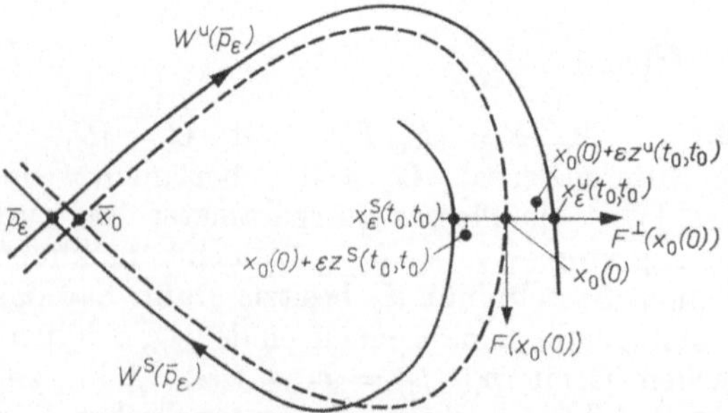

Abb. 6.8. Mannigfaltigkeiten für das gestörte System zum Querschnitt $\Sigma(t_0)$

Lösungsansatzes (6.8) in das Ausgangssystem (6.7) erhält man

$$\frac{\mathrm{d}}{\mathrm{d}t}\left(\boldsymbol{x}_0 + \varepsilon \boldsymbol{z}^{\mathrm{s}} + O(\varepsilon^2)\right) = \boldsymbol{F}\left(\boldsymbol{x}_0 + \varepsilon \boldsymbol{z}^{\mathrm{s}} + O(\varepsilon^2)\right) + \varepsilon \boldsymbol{G}\left(\boldsymbol{x}_0 + \varepsilon \boldsymbol{z}^{\mathrm{s}} + O(\varepsilon^2), t\right)$$
$$= \boldsymbol{F}(\boldsymbol{x}_0) + \mathrm{D}\boldsymbol{F}(\boldsymbol{x}_0) \times \varepsilon \boldsymbol{z}^{\mathrm{s}} + \varepsilon \boldsymbol{G}(\boldsymbol{x}_0, t) + O(\varepsilon^2),$$

wobei die Störung erster Ordnung dem linearen System

$$\dot{\boldsymbol{z}}^{\mathrm{s}}(t, t_0) = \mathrm{D}\boldsymbol{F}\left(\boldsymbol{x}_0(t - t_0)\right) \times \boldsymbol{z}^{\mathrm{s}}(t, t_0) + \boldsymbol{G}(\boldsymbol{x}_0(t - t_0), t) \qquad \text{für } t \geqq t_0 \tag{6.11}$$

genügt. Auf gleiche Weise erhält man

$$\dot{\boldsymbol{z}}^{\mathrm{u}}(t, t_0) = \mathrm{D}\boldsymbol{F}\left(\boldsymbol{x}_0(t - t_0)\right) \times \boldsymbol{z}^{\mathrm{u}}(t, t_0) + \boldsymbol{G}\left(\boldsymbol{x}_0(t - t_0), t\right) \qquad \text{für } t \leqq t_0 . \tag{6.12}$$

Da wir uns für das Keilprodukt in (6.10) interessieren, werden Differentialgleichungen für

$$\Delta^{\mathrm{s}}(t, t_0) = \boldsymbol{F}\left(\boldsymbol{x}_0(t - t_0)\right) \wedge \boldsymbol{z}^{\mathrm{s}}(t, t_0),$$
$$\Delta^{\mathrm{u}}(t, t_0) = \boldsymbol{F}\left(\boldsymbol{x}_0(t - t_0)\right) \wedge \boldsymbol{z}^{\mathrm{u}}(t, t_0) \tag{6.13}$$

aufgestellt. Durch zeitliche Ableitung entsteht

$$\frac{\mathrm{d}}{\mathrm{d}t}\left(\Delta^{\mathrm{u}}(t, t_0)\right) = \dot{\boldsymbol{F}} \wedge \boldsymbol{z}^{\mathrm{u}} + \boldsymbol{F} \wedge \dot{\boldsymbol{z}}^{\mathrm{u}}. \tag{6.14}$$

Mit (6.12) folgt

$$\dot{\Delta}^{\mathrm{u}} = (\mathrm{D}\boldsymbol{F} \times \boldsymbol{F}) \wedge \boldsymbol{z}^{\mathrm{u}} + \boldsymbol{F} \wedge [\mathrm{D}\boldsymbol{F} \times \boldsymbol{z}^{\mathrm{u}} + \boldsymbol{G}(\boldsymbol{x}_0, t)]$$
$$= \mathrm{Sp}\, \mathrm{D}\boldsymbol{F}\left(\boldsymbol{x}_0(t - t_0)\right) \times \Delta^{\mathrm{u}} + \boldsymbol{F}\left(\boldsymbol{x}_0(t - t_0)\right) \wedge \boldsymbol{G}\left(\boldsymbol{x}_0(t - t_0), t\right). \tag{6.15}$$

Hier bezeichnet Sp D$\boldsymbol{F}$ die Spur der Funktionalmatrix D$\boldsymbol{F}$. Unter Berücksichtigung von

$$\lim_{t \to -\infty} \left\{\Delta^{\mathrm{u}}(t, t_0) \exp\left[\int_t^{t_0} \mathrm{Sp}\, \mathrm{D}\boldsymbol{F}\left(\boldsymbol{x}_0(s - t_0)\right) \mathrm{d}s\right]\right\} = 0$$

ergibt die Integration des linearen Systems (6.15)

$$\Delta^{\mathrm{u}}(t_0, t_0) = \int_{-\infty}^{t_0} \boldsymbol{F}\left(\boldsymbol{x}_0(t - t_0)\right) \wedge \boldsymbol{G}\left(\boldsymbol{x}_0(t - t_0), t\right) \times \exp\left[-\int_0^{t - t_0} \mathrm{Sp}\, \mathrm{D}\boldsymbol{F}\left(\boldsymbol{x}_0(s)\right) \mathrm{d}s\right] \mathrm{d}t. \tag{6.16}$$

In vollkommen analoger Weise erhält man

$$\Delta^s(t_0, t_0) = -\int_{t_0}^{\infty} \boldsymbol{F}(\boldsymbol{x}_0(t - t_0)) \wedge \boldsymbol{G}(\boldsymbol{x}_0(t - t_0), t) \times \exp\left[-\int_0^{t-t_0} \mathrm{Sp}\, \mathrm{D}\boldsymbol{F}(\boldsymbol{x}_0(s))\, \mathrm{d}s\right] \mathrm{d}t. \quad (6.17)$$

Bei der Herleitung von Gl. (6.17) wurde

$$\lim_{t\to\infty} \left\{\Delta^s(t, t_0) \exp\left[\int_t^{t_0} \mathrm{SpD}\, \boldsymbol{F}(\boldsymbol{x}_0(s - t_0))\, \mathrm{d}s\right]\right\} = 0$$

berücksichtigt. Die Differenz $M(t_0) \equiv \Delta^u(t_0, t_0) - \Delta^s(t_0, t_0)$ wird *Melnikov-Funktion* genannt. Aus (6.16) und (6.17) erhält man

$$M(t_0) = \int_{-\infty}^{\infty} \boldsymbol{F}(\boldsymbol{x}_0(t - t_0)) \wedge \boldsymbol{G}(\boldsymbol{x}_0(t - t_0), t) \times \exp\left[-\int_0^{t-t_0} \mathrm{Sp}\, \mathrm{D}\boldsymbol{F}(\boldsymbol{x}_0(s))\, \mathrm{d}s\right] \mathrm{d}t. \quad (6.18)$$

Aus Gl. (6.10) entsteht somit

$$d(t_0) = \frac{\varepsilon M(t_0)}{|\boldsymbol{F}(\boldsymbol{x}_0(0))|} + O(\varepsilon^2), \quad (6.19)$$

d. h., die Melnikov-Funktion ist eine erste Approximation für den Abstand zwischen der stabilen und instabilen Mannigfaltigkeit von $\overline{\boldsymbol{p}}_\varepsilon$. Ist das ungestörte System ein Hamilton-System, dann vereinfacht sich (6.18) wegen $\mathrm{Sp}\, \mathrm{D}\boldsymbol{F}(\boldsymbol{x}_0(t)) \equiv 0$ zu

$$M(t_0) = \int_{-\infty}^{\infty} \boldsymbol{F}(\boldsymbol{x}_0(t - t_0)) \wedge \boldsymbol{G}(\boldsymbol{x}_0(t - t_0), t)\, dt. \quad (6.20)$$

Die erhaltenen Ergebnisse lassen sich wie folgt zusammenfassen (Greenspan und Holmes, 1983): Wenn die Melnikov-Funktion M einfache Nullstellen t_i besitzt $\left(\frac{\mathrm{d}M}{\mathrm{d}t_0}(t_i) \neq 0\right)$, dann schneiden sich die Mannigfaltigkeiten $W^s(\overline{\boldsymbol{p}}_\varepsilon)$ und $W^u(\overline{\boldsymbol{p}}_\varepsilon)$ für genügend kleine $\varepsilon > 0$ transversal. Wenn M jedoch keine Nullstelle besitzt, dann gilt $W^s(\overline{\boldsymbol{p}}_\varepsilon) \cap W^u(\overline{\boldsymbol{p}}_\varepsilon) = \emptyset$, d. h., es gibt keine homoklinen Punkte.

Falls ε genügend klein ist, kann man also durch Diskussion der Melnikov-Funktion (6.18) und ihrer Parameterabhängigkeit letztlich entscheiden, ob das gestörte System chaotische Lösungen besitzt. Die Melnikov-Funktion macht keine Aussage darüber,

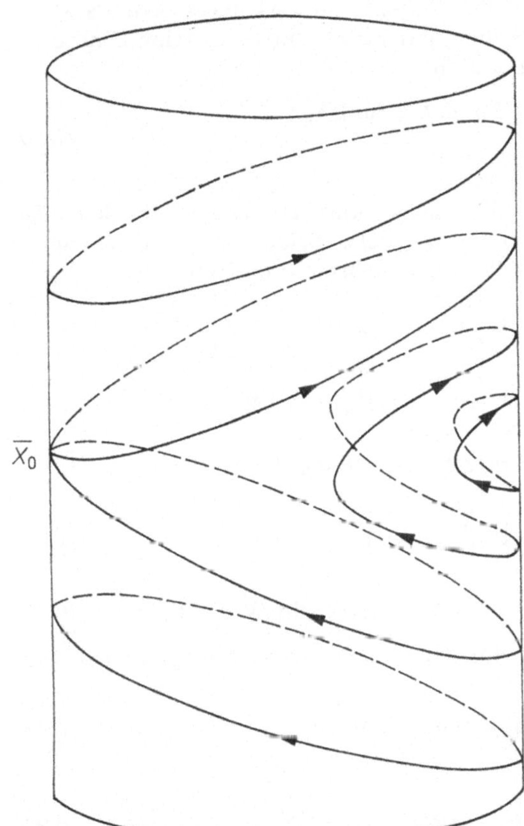

Abb. 6.9. Trajektorien des ungestörten Pendels im zylindrischen Phasenraum $((x, y) \in S^1 \times \mathbb{R})$

ob die Bewegung permanent oder transient chaotisch ist und wie klein ε bei einem konkreten System wirklich sein muß.

Die vorgestellte MELNIKOV-Methode läßt sich auf das parametrisch erregte Pendel (1.5) anwenden, wenn die Anregung A und die Dämpfung B genügend klein sind. Durch die Schreibweise $A = \varepsilon A^*$, $B = \varepsilon B^*$ wird im folgenden hervorgehoben, daß A und B kleine Größen sind. Damit entsteht aus Gl. (1.5)

$$\begin{aligned} \dot{x} &= y, \\ \dot{y} &= -\sin x - \varepsilon(A^* \sin x \cos \Omega t + B^* y). \end{aligned} \tag{6.21}$$

In Abb. 6.9 sind typische Trajektorien des ungestörten Systems zu sehen. Die zur Berechnung der MELNIKOV-Funktion benötigten homoklinen Lösungen lauten

$$\begin{aligned} \sin x_0(t) &= \pm 2 \operatorname{sech} t \times \tanh t, \\ y_0(t) &= \pm 2 \operatorname{sech} t. \end{aligned} \tag{6.22}$$

Die unterschiedlichen Vorzeichen unterscheiden die beiden möglichen Drehrichtungen des Pendels. Beide homokline Lösungen (6.22) ergeben nach (6.20) dieselbe MELNIKOV-Funktion

$$\begin{aligned} M(t_0) &= \int_{-\infty}^{\infty} y_0(t - t_0) \{-A^* \cos \Omega t \times \sin [x_0(t - t_0)] \\ &\qquad - B^* y_0(t - t_0)\} \, \mathrm{d}t \\ &= 4A^* \sin \Omega t_0 \int_{-\infty}^{\infty} \sin \Omega t \operatorname{sech}^2 t \tanh t \, \mathrm{d}t \\ &\qquad - 4B^* \int_{-\infty}^{\infty} \operatorname{sech}^2 t \, \mathrm{d}t \\ &= 2\pi A^* \Omega^2 \operatorname{cosech} (\pi\Omega/2) \sin \Omega t_0 - 8B^*. \end{aligned} \tag{6.23}$$

Der kleinste A^*-Wert, für den die MELNIKOV-Funktion eine Nullstelle besitzt, ergibt sich aus

$$\pi A^* \Omega^2 \operatorname{cosech} (\pi\Omega/2) = 4B^*. \tag{6.24}$$

Daraus folgt

$$A/B = A^*/B^* = R(\Omega) \tag{6.25}$$

mit

$$R(\Omega) \equiv \frac{4}{\pi\Omega^2} \sinh (\pi\Omega/2).$$

Die Bifurkationsfunktion $R(\Omega)$ ist in Abb. 6.10 dargestellt. Für $A/B > R(\Omega)$ existieren transversale homokline Orbits, falls die Störung genügend klein ist. Wir haben somit nur eine Aussage über das Verhältnis der beiden Störungsparameter A^* und B^* in Gl. (6.21) erhalten. Wichtig für ein konkretes System ist die Beantwortung der Frage, wie klein ε tatsächlich sein muß, damit gemäß (6.25) homokline Orbits auftreten. Computerexperimente können diese Frage für ausgewählte Beispiele plausibel beantworten. Für $B = 0{,}15$, $\Omega = 1{,}56$ und für zwei verschiedene A-

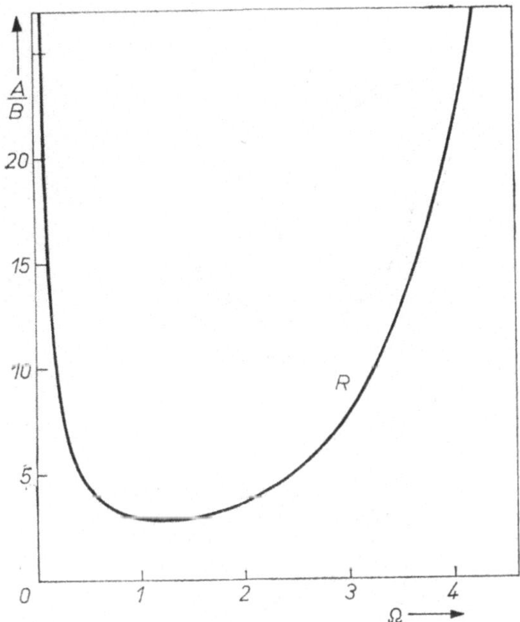

Abb. 6.10. Homokline Bifurkationsfunktion $R(\Omega)$ nach Gl. (6.25)

Werte sind in Abb. 6.11 Teile von Fixpunktmannigfaltigkeiten dargestellt. Gl. (6.25) sagt für $A/B > 3{,}0102$ transversale homokline Punkte und somit für geeignete Anfangsbedingungen chaotische Bewegungen voraus, falls ε genügend klein ist. In Abb. 6.11 sieht man, daß die Bifurkationsstelle mit guter Genauigkeit aus (6.25) gefunden wurde, obwohl die Störung schon beträchtlich ist. Bei weiterer Vergrößerung von A (für $A = 0{,}94$ s. Abb. 6.2) treten transversale homokline Punkte auf. Weitere numerische Tests dieser Art sind von Koch und Leven (1985) durchgeführt worden. Numerische Überprüfungen an anderen nichtautonomen Systemen (Guckenheimer und Holmes, 1983, Koch, 1986, Bruhn, 1987) zeigen auch, daß die Melnikov-Methode die Einsatzgrenzen für das Entstehen homokliner Orbits gut beschreiben kann. Das Verfahren läßt sich auch auf höherdimensionale Systeme verallgemeinern (Holmes und Marsden, 1981, 1982, Hale, 1983, Palmer, 1984, Bruhn und Leven, 1985, Gruendler, 1985, Birnir, 1986).

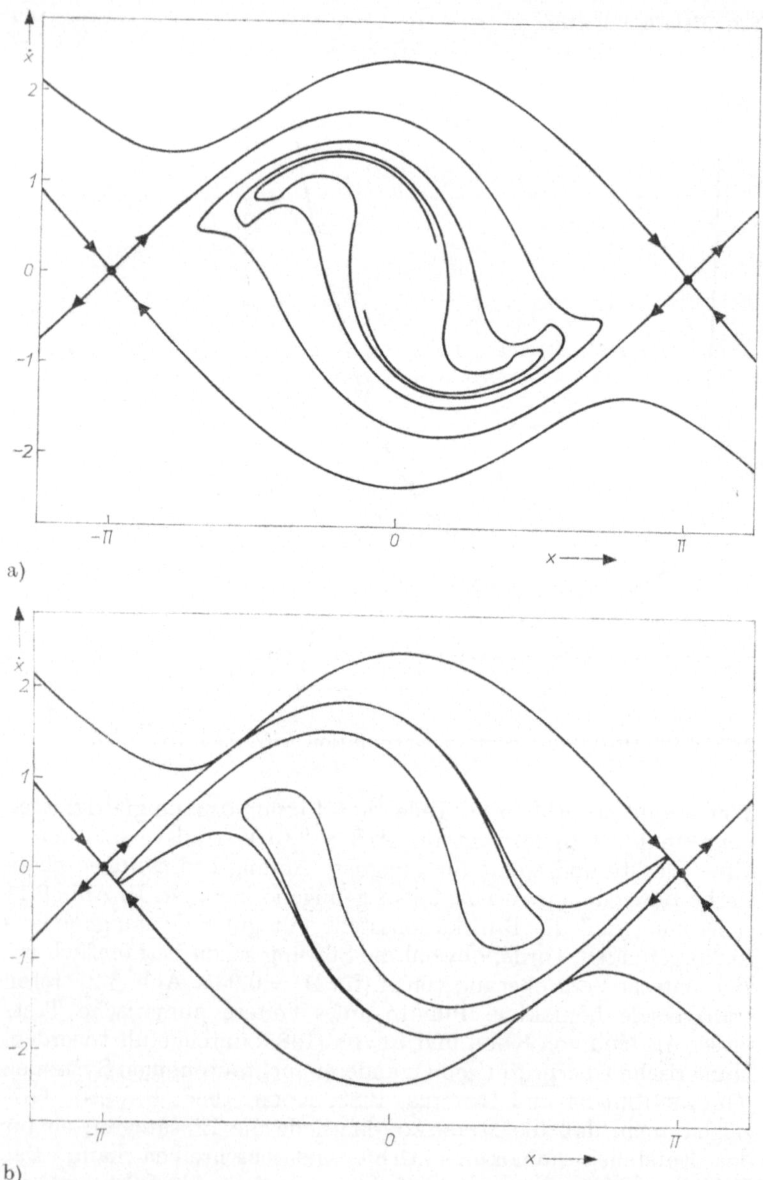

Abb. 6.11. Teile der stabilen und instabilen Mannigfaltigkeit des Fixpunktes $(-\pi, 0)$ der POINCARÉ-Abbildung von Gl. (1.5). Parameter: $B = 0{,}15$, $\Omega = 1{,}56$, a) $A = 0{,}3$ $(A/B = 2)$, b) $A = 0{,}4515$ $(A/B = 3{,}01)$

6.3. Homokline Orbits von Fixpunkten im $\mathbb{R}^3$

Auch Fixpunkte von autonomen Systemen (2.1) im $\mathbb{R}^n$ können homokline Orbits besitzen. Im folgenden soll nur der Fall $n = 3$ betrachtet werden. In der Nähe dieser Orbits, die aber nicht strukturell stabil sind, werden bei Erfüllung gewisser Bedingungen Hufeisenabbildungen gefunden. Interessant ist der von ŠILNIKOV (1965, 1970) untersuchte Fall, bei dem der Fixpunkt $\bar{\boldsymbol{x}}$ des Systems ein spezieller *Sattelfokus* ist, d. h., es wird angenommen:

1. $\mathrm{D}\boldsymbol{F}(\bar{\boldsymbol{x}})$ hat zwei konjugiert komplexe Eigenwerte $\alpha \pm i\beta$ $(\beta > 0)$ und einen reellen Eigenwert γ mit $\gamma > -\alpha > 0$[1]).
2. $\bar{\boldsymbol{x}}$ besitzt einen homoklinen Orbit.

Wie die folgenden heuristischen Darlegungen zeigen, sind unter diesen Bedingungen wiederum die bekannten Hufeisenabbildungen relevant.

Abb. 6.12 zeigt den Sattelfokus und seinen homoklinen Orbit. Der Fixpunkt ist von einem Zylinder umgeben, der zu einer Umgebung U gehört, in der die Bewegung nach dem HARTMAN-GROBMAN-Theorem durch das linearisierte System (2.9) beschrieben werden kann. In zylindrischen Koordinaten gilt nach geeigneter Transformation in U

$$\begin{aligned} \dot{r} &= \alpha r, \\ \dot{\theta} &= \beta, \\ \dot{z} &= \gamma z. \end{aligned} \tag{6.26}$$

Die zugehörige Lösung lautet

$$\begin{aligned} r(t) &= r(0) \exp(\alpha t), \\ \theta(t) &= \theta(0) + \beta t, \\ z(t) &= z(0) \exp(\gamma t). \end{aligned} \tag{6.27}$$

Damit wird eine Abbildung $\boldsymbol{g}_0$ der Zylindermantelfläche

$$\Sigma_0 \equiv \{(r, \theta, z) \mid r = \varrho, \quad 0 \leqq \theta < 2\pi, \quad 0 < z < h\}$$

in die Deckfläche

$$\Sigma_1 \equiv \{(r, \theta, z) \mid 0 < r < \varrho, 0 \leqq \theta < 2\pi, z = h > 0\}$$

[1]) Der Fall $-\gamma > \alpha > 0$ wird ähnlich behandelt.

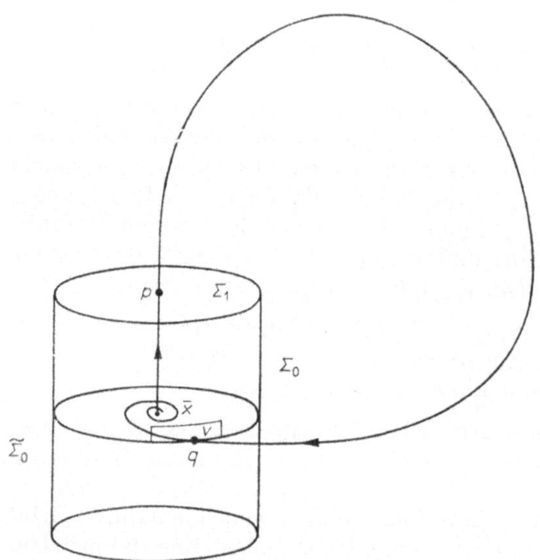

Abb. 6.12. Sattelfokus $\bar{\boldsymbol{x}}$ und homokliner Orbit ($\gamma > -\alpha > 0$)

definiert. $\boldsymbol{g}_0$ erzeugt aus dem Punkt (ϱ, θ_0, z_0) den Punkt (r_1, θ_1, $\boldsymbol{h}$) mit

$$\begin{aligned} r_1 &= \varrho(\boldsymbol{h}/z_0)^{\alpha/\gamma}, \\ \theta_1 &= \theta_0 + \beta/\gamma \times \ln(\boldsymbol{h}/z_0). \end{aligned} \tag{6.28}$$

Eine vertikale Linie $\{\varrho, \theta_0, z_0\}_{z_0 \in (0,a]}$ auf Σ_0 wird somit auf eine logarithmische Spirale, welche die z-Achse umläuft, mit dem maximalen Radius $\varrho(h/a)^{\alpha/\gamma} < \varrho$ abgebildet. Für sie gilt $\partial r_1/\partial z_0 \to \infty$ für $z_0 \to 0$.

Durch den Fluß des nichtlinearen Ausgangssystems wird ein Diffeomorphismus $\boldsymbol{g}_1$, der eine Umgebung von $\boldsymbol{p}$ aus Σ_1 in eine Umgebung von $\boldsymbol{q}$ auf dem Zylindermantel

$$\tilde{\Sigma}_0 \equiv \{(r, \theta, z) \mid r = \varrho, 0 \leqq \theta < 2\pi, |z| < \boldsymbol{h}\}$$

abbildet, definiert (s. Abb. 6.12). Die zusammengesetzte Abbildung $\boldsymbol{g} \equiv \boldsymbol{g}_1 \circ \boldsymbol{g}_0$ erzeugt aus dem „schmalen“ Streifen

$$V \equiv \{(\varrho, \theta, z) \mid |\theta| < \delta, 0 < z < \varepsilon\} \subset \tilde{\Sigma}_0$$

den in Abb. 6.13 dargestellten Spiralenstreifen, falls δ und ε geeignet gewählt werden. Die Koordinaten von $\boldsymbol{q}$ seien $r = \varrho$, $\theta = 0$, $z = 0$.

Nun gelingt es zu zeigen (s. z. B. GUCKENHEIMER und HOLMES, 1983), daß man für ein (genügend kleines) $\delta > 0$ in V ein Rechteck

$$R \equiv \{(\varrho, \theta, z) \mid |\theta| < \delta, h' < z < h''\}$$

finden kann, so daß die Einschränkung von $\boldsymbol{g}$ auf R eine Hufeisenabbildung darstellt (Abb. 6.13).

Wählt man z. B. $h''/h' = \exp(2\pi\gamma/\beta)$, dann folgt bei Anwendung der Abbildung $\boldsymbol{g}_0$

$$\begin{aligned} \theta_1(h') - \theta_1(h'') &= \beta/\gamma \times \ln(h/h') - \beta/\gamma \times \ln(h/h'') \\ &= \beta/\gamma \times \ln(h''/h') = 2\pi, \end{aligned}$$

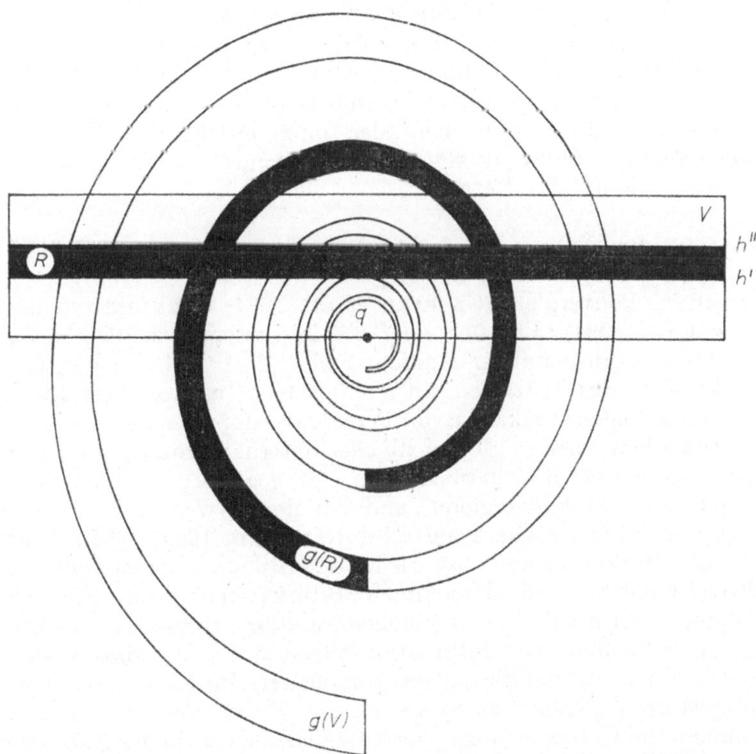

Abb. 6.13. Die Konstruktion der SMALEschen Hufeisen (Der in der Nähe von $\boldsymbol{q}$ befindliche Teil des Spiralenstreifens $\boldsymbol{g}(V)$ ist nicht dargestellt.)

d. h., ein vollständiger Umlauf auf der Spirale entsteht. Außerdem sollten h' und h'' so gewählt werden, daß die Bilder $\boldsymbol{g}(\varrho, \theta, h')$ und $\boldsymbol{g}(\varrho, \theta, h'')$ für $|\theta| < \delta$ nicht in Σ_0 liegen.

Es existiert in V nicht nur ein solches Rechteck R, sondern es läßt sich eine unendliche Folge von Rechtecken mit obigen Eigenschaften angeben. Dazu schließt man z. B. in Richtung $z = 0$ weitere Rechtecke an, deren Höhe jeweils um den Faktor $\exp(-2\pi\gamma/\beta)$ abnimmt. Die Einschränkung von $\boldsymbol{g}$ auf jedes dieser Rechtecke ist jeweils eine Hufeisenabbildung mit den in Abschn. 6.2. erläuterten Eigenschaften.

Diese Aussage entspricht im wesentlichen dem sogenannten Šilnikov-Theorem. Ihr Beweis und insbesondere der Nachweis der Hyperbolizität verlangt ausführlichere Überlegungen (s. z. B. Guckenheimer und Holmes, 1983).

Bei Änderung eines Kontrollparameters c können komplizierte Bifurkationsfolgen beobachtet werden. Nehmen wir an, daß bei $c = c_\infty$ der homokline Orbit existiert und daß er bei beliebig kleiner Änderung von c zerstört wird. Dann beobachtet man bei monotoner Annäherung an c_∞ von oben oder unten jeweils eine Folge von Sattel-Knoten-Bifurkationen bei den Parameterwerten c_n, $n = 1, 2, 3, \ldots$, die mit der Rate

$$\lim_{n\to\infty} \frac{c_{n+1} - c_n}{c_n - c_{n-1}} = \exp(-2\pi\,|\alpha/\beta|) \tag{6.29}$$

gegen c_∞ konvergiert (Gaspard et al., 1984, Glendinning und Sparrow, 1984). Für $0 < |\alpha/\gamma| < 1/2$ entsteht bei allen c_n ein Sattel und ein instabiler Knoten. Falls $1/2 < |\alpha/\gamma| < 1$ gilt, entsteht statt des instabilen ein stabiler Knoten. Auf diese Bifurkationen folgen Kaskaden von Periodenverdopplungen.

Außerdem existieren oberhalb *oder* unterhalb von c_∞ wiederum zwei monotone Bifurkationsfolgen, die gegen c_∞ mit der Rate $\exp(-2\pi|\gamma/\beta|)$ konvergieren und bei denen weitere homokline Orbits des Sattelfokus $\bar{\boldsymbol{x}}$ auftreten (Gaspard, 1983, 1984). Jeder dieser Bifurkationswerte ist wieder der Akkumulationspunkt von Sattel-Knoten- und homoklinen Bifurkationen. Als Ergebnis letzterer Bifurkationen entstehen weitere homokline Orbits. Diese Aufzählung von Bifurkationsfolgen läßt sich endlos wiederholen. Sie deutet auf die äußerst komplizierte Bifurkationsstruktur in gestörten homoklinen Systemen hin. Hinzu kommt noch, daß numerische Untersuchungen vermuten lassen, daß in der Nähe von c_∞ auch chaotische Attraktoren existieren (Gaspard und Nicolis, 1983, Arneodo et al., 1985).

Will man die obigen Überlegungen auf konkrete dreidimensionale Systeme übertragen, so besteht eine große Schwierigkeit im Nachweis des zum Fixpunkt $\bar{x}$ gehörigen homoklinen Orbits. Für das Differentialgleichungssystem von RÖSSLER (1979) berechneten GASPARD und NICOLIS (1983) den homoklinen Orbit des Sattelfokus numerisch.

Falls der Fixpunkt, zu dem der homokline Orbit gehört, kein Sattelfokus ist, tritt i. allg. in der Nähe des homoklinen Orbits kein Chaos auf, wenn nicht zusätzliche Annahmen erfüllt werden. TRESSER (1984) diskutiert die auftretenden Fälle.

ARGOUL et al. (1986) vermuten, daß die hier behandelte homokline Situation für die Erklärung von bestimmten Experimenten bei der BELOUZOV-ŽABOTINSKIJ-Reaktion wesentlich ist.

7. Schlußbemerkungen

Chaotische Bewegungsformen haben sich in den letzten Jahren als ein durchaus typisches Phänomen in nichtlinearen dynamischen Systemen herausgestellt. Die damit verbundene neue Denkweise bez. der Interpretation von irregulären Bewegungen hat sich besonders unter Physikern durchgesetzt und ist im Begriff, sich auch in vielen anderen Wissenschaftszweigen zu etablieren. Die erstaunlichen Fortschritte auf diesem Gebiet sind zu einem beträchtlichen Teil durch die rasante Entwicklung der modernen Rechentechnik ermöglicht worden. Es ist sicher kein Zufall, daß LORENZ den nach ihm benannten Attraktor gerade auf numerischem Wege fand oder daß auf die komplizierte Struktur des HÉNON-Attraktors und vieler anderer Attraktoren durch eindrucksvolle numerische Simulationen aufmerksam gemacht wurde. Gegenwärtig sehen wir uns einer Fülle numerisch erhaltener Ergebnisse und durch die Numerik motivierter heuristischer Argumentationen gegenüber, deren Interpretation jedoch wegen der an verschiedenen Stellen dieses Buches angedeuteten Probleme nur mit gewissen Vorbehalten vorgenommen werden kann. Generell besteht ein großer Nachholebedarf an mathematisch gesicherten Aussagen. Mit den noch vor wenigen Jahren ungeahnten und sich ständig weiterentwickelnden Möglichkeiten der numerischen Simulation droht jedoch diese Lücke zwischen Theorie und Experiment immer größer zu werden.

Die schon bei eindimensionalen Differenzengleichungen auftretenden mathematischen Probleme lassen ahnen, wie schwierig es sein wird, für praktisch relevante höherdimensionale Systeme umfassende, mathematisch gesicherte Aussagen zu machen. Dem aufmerksamen, kritischen Leser dieses Buches werden viele der noch offenen Probleme bei der Beschreibung irregulärer Bewegungen aufgefallen sein. So ist z. B. der Weg zu einer analytischen Beschreibung der natürlichen Maße auf fraktalen Attraktoren vermutlich noch sehr lang, gibt es doch heute noch nicht einmal eine allgemein akzeptierte Definition eines Attraktors. In Kap. 6. wurde der Zusammenhang zwischen der Existenz homokliner Orbits und komplizierter Bewegungen herausgestellt. Aber unter welchen Bedingungen treten permanent chaotische Bewegungen auf? Viele interessante exakte Aussagen gelten für Bewegungen auf hyperbolischen Mengen. Aber wann ist die Bewegung auf den häufig interessierenden nichthyperbolischen Attraktoren chaotisch? Wie verhalten sich gekoppelte chaotische Systeme? ... Wir stehen offenbar erst am Anfang einer Theorie dynamischer Systeme.

Andererseits sind es die bei chaotischen Systemen immer wieder beobachtete Eigenschaft der Selbstähnlichkeit (s. z. B. Abb. 3.10 und 4.3) und das Auftreten universeller Konstanten und Exponenten, welche die Anwendung von Renormierungsgruppentechniken geradezu herausfordern. Die sich damit ergebenden Möglichkeiten der unmittelbaren Nutzung bzw. Weiterentwicklung des entsprechenden, in der Quantenfeldtheorie und der Physik der Phasenübergänge entwickelten, mathematischen Apparates lassen schon für die nächste Zeit auf weitere Fortschritte bei der theoretischen Durchdringung der chaotischen Phänomene hoffen.

Auch in anderen Bereichen hat die Theorie in den letzten Jahren bemerkenswerte Fortschritte gemacht. Erinnert sei z. B. an die Gl. (3.65), die den Zusammenhang zwischen den drei charakteristischen Größen HAUSDORFF-Dimension, KOLMOGOROV-SINAJ-Entropie und LJAPUNOV-Exponenten klärt. Algorithmen wurden entwickelt, welche die Bestimmung dieser aussagekräftigen Größen im Experiment ermöglichen. Nun gilt es, mit diesen Algorithmen praktische Erfahrungen zu sammeln, sie zu vervollkommnen und auf die verschiedensten Zeitreihen aus Natur und Technik anzuwenden. Dabei sollte jedoch nicht übersehen werden, daß die Bestimmung einer niedrigen Attraktordimension im Experiment zwar die prinzipielle Möglichkeit einer Modellierung durch ein adäquates niedrigdimensionales deterministisches System anzeigt, daß aber solch eine Modellierung in einer konkreten

Situation meist sehr kompliziert ist und selbstverständlich noch zusätzlicher spezifischer Überlegungen bedarf. Darüber hinaus ist es weitgehend unklar, inwiefern die in diesem Buch dargelegten Vorstellungen zur chaotischen Dynamik z. B. bei der „voll entwickelten" Turbulenz noch relevant sind, liegen doch relativ zuverlässige Untersuchungsergebnisse nur bez. der „schwach entwickelten" Turbulenz vor.

Viele offene Fragen ergeben sich z. B. auch bez. des Einflusses von stochastischen Störungen auf ursprünglich deterministische Systeme. Die in diesem Buch vorgestellten charakteristischen Größen verlieren dann ihren Sinn und müssen geeignet modifiziert oder durch gänzlich neue Charakteristika ersetzt werden. Wegen des bescheidenen Umfangs dieses Buches konnten wir auf diesbezügliche aktuelle Forschungsergebnisse ebensowenig eingehen, wie auf Probleme des sogenannten Quantenchaos oder auf das HAMILTON-Chaos, obwohl es gerade im letzten Fall schon seit den Arbeiten von POINCARÉ und BIRKHOFF und insbesondere seit den 50er Jahren im Zusammenhang mit dem KAM-Theorem bemerkenswerte exakte Resultate gibt. Dennoch hoffen wir, dem Leser einen Einblick in die Welt chaotischer Bewegungen gegeben zu haben, mögliche Vorurteile bez. eines „völligen Durcheinanders" bei chaotischen Bewegungen abgebaut und das Interesse an weiterführenden Studien geweckt zu haben.

Literaturverzeichnis

ABRAHAM, N. B., 1984, Testing nonlinear dynamics, Meeting Report, Physica **11D**, 252.

ANOSOV, D. V., 1967, Geodäsische Flüsse und abgeschlossene Mannigfaltigkeiten mit negativer Krümmung (in russ.), Tr. Mat. In-ta im. Steklova **90**.

ARECCHI, F. T., und F. LISI, 1982, Hopping mechanism generating 1/f noise in nonlinear systems, Phys. Rev. Lett. **49**, 94.

ARGOUL, F., A. ARNEODO und P. RICHETTI, 1986, Experimental evidence for homoclinic chaos in the Belousov-Zhabotinskii reaction, Phys. Lett. **120A**, 269.

ARNEODO, A., P. H. COULLET, E. A. SPIEGEL und C. TRESSER, 1985, Asymptotic chaos, Physica **14 D**, 327.

ARNOL'D, V. I., 1965, Small denominators. I: Mappings of the circumference onto itself, AMS Transl. Ser. **2**, **46**, 213.

ARNOL'D, V. I., 1979, Gewöhnliche Differentialgleichungen, Deutscher Verlag der Wissenschaften, Berlin.

ARNOL'D, V. I., und A. AVEZ, 1968, Ergodic problems of classical mechanics, Benjamin, New York.

BADII, R., und A. POLITI, 1984a, Hausdorff dimension and uniformity factor of strange attractors, Phys. Rev. Lett. **52**, 1661.

BADII, R., und A. POLITI, 1984b, Relation between fractal dimension and convergence exponents, Phys. Lett. **101A**, 182.

BADII, R., und A. POLITI, 1984c, Intrinsic oscillations in measuring the fractal dimension, Phys. Lett. **104A**, 303.

BADII, R., und A. POLITI, 1985, Statistical description of chaotic attractors: the dimension function, J. Stat. Phys. **40**, 725.

BALATONI, J., und A. RÉNYI, 1956, Publ. Math. Inst. Hung. Acad. Sci. **1**, 9 (in ung.) (engl. Übers.: Selected papers of A. RÉNYI, Bd. 1, Académiai Kiadó, Budapest, 1976, p. 558).

BELLACH, J., P. FRANKEN, E. WARMUTH und W. WARMUTH, 1978, Maß, Integral und bedingter Erwartungswert, Akademie-Verlag, Berlin.

BENEDICKS, M., und L. CARLESON, 1985, On iterations of $1\text{-}ax^2$ on $(-1, 1)$, Ann. Math. **122**, 1.

BENETTIN, G., L. GALGANI, A. GIORGILLI und J.-M. STRELCYN, 1980, Lyapunov characteristic exponents for smooth dynamical systems and for Hamiltonian systems; a method for computing all of them. Part 1: Theory, Part 2: Numerical application, Meccanica **15**, 9, 21.

BERGÉ, P., M. DUBOIS, P. MANNEVILLE und Y. POMEAU, 1980, Intermittency in Rayleigh-Bénard convection, J. Phys. Lett. **41**, L341.

BILLINGSLEY, P., 1965, Ergodic theory and information, Wiley, New York.

BIRKHOFF, G. D., 1932, Sur l'existence de régions d'instabilité en dynamique, Ann. Inst. H. Poincaré **2**, 369.

BIRKHOFF, G. D., 1935, Sur le problème restreint des trois corps, Ann. Scuola Norm. Sup. Pisa (2) **4**, 267.

BIRNIR, B., 1986, Chaotic perturbations of KdV. I. Rational solutions, Physica **19D**, 238.

BOHR, T., P. BAK und M. H. JENSEN, 1984, Transition to chaos by interaction of resonances in dissipative systems. II. Josephson junctions. charge-density waves, and standard maps, Phys. Rev. **A30**, 1970.

BOHR, T., und G. GUNARATNE, 1985, Scaling for supercritical circle-maps: numerical investigation of the onset of bistability and period doubling. Phys. Lett. **113A**, 55.

BOHR, T., und D. RAND, 1987, The entropy function for characteristic exponents, Physica **25D**, 387.

BOSECK, H., 1981, Einführung in die Theorie der linearen Vektorräume (4. Auflage), Deutscher Verlag der Wissenschaften, Berlin.

BOWEN, R., 1970, Markov partitions for axiom A diffeomorphisms, Amer. J. Math. **92**, 725.

BOWEN, R., 1975, Equilibrium states and the ergodic theory of Anosov diffeomorphisms, Springer-Verlag, Berlin, Heidelberg, New York.

BOWEN, R., 1978, On axiom A diffeomorphisms, CBMS Regional Conference Series in Mathematics, Vol. 35, A.M.S. Publications, Providence.

Brandstäter, A., J. Swift, H. L. Swinney, A. Wolf, J. D. Farmer, E. Jen und P. J. Crutchfield, 1983, Low-dimensional chaos in a hydrodynamic system, Phys. Rev. Lett. **51**, 1442.

Brolin, H., 1965, Invariant sets under iteration of rational functions, Ark. Mat. **6**, 103.

Bruhn, B., und R. W. Leven, 1985, Existence of periodic and homoclinic trajectories for weakly coupled systems of nonlinear ordinary differential equations, Physica Scripta **32**, 486.

Bruhn, B., 1987, Chaos and order in weakly coupled systems of nonlinear oscillators, Physica Scripta **35**, 7.

Brun, E., B. Derighetti, R. Holzner und M. Ravini, 1984, Order and chaos in the nonlinear response of driven nuclear spin systems, Acta Phys. Austr. **56**, 85.

Bryant, R., und C. Jeffries, 1987, The dynamics of phase locking and points of resonance in a forced magnetic oscillator, Physica **25D**, 196.

Chatfield, C., 1982, Analyse von Zeitreihen — Eine Einführung, BSB B. G. Teubner Verlagsgesellschaft, Leipzig.

Chillingworth, D. R. J., 1976, Differential topology with a view to applications, Pitman, London.

Chirikov, B. V., 1979, A universal instability of many oscillator systems, Phys. Rep. **52**, 265.

Chow, S. N., J. K. Hale und J. Mallet-Paret, 1980, An example of bifurcation to homoclinic orbits. J. Diff. Eqns. **37**, 351.

Collet, P., und J.-P. Eckmann, 1980, Iterated maps on the interval as dynamical systems, Birkhäuser, Boston, Basel, Stuttgart.

Collet, P., J.-P. Eckmann und O. E. Lanford, 1980, Universal properties of maps of an interval, Commun. Math. Phys. **76**, 211.

Collet, P., J.-P. Eckmann und H. Koch, 1981, Period doubling bifurcations for families of maps on $\mathbb{R}^n$, J. Stat. Phys. **25**, 1.

Cosnard, M., und J. Demongeot, 1985, On the definition of attractors, in: Lect. Notes Math. **1163**, Springer-Verlag, Berlin, S. 23.

Crutchfield, J. P., J. D. Farmer und B. A. Huberman, 1982, Fluctuations and simple chaotic dynamics, Phys. Rep. **92**, 45.

Cvitanović, P., 1984, Universality in Chaos, Adam Hilger Ltd., Bristol.

Denjoy, A., 1932, Sur les courbes définies par les équations différentielles à la surface du tore, J. Math. **11**, 333.

Derrida, B., A. Gervois und Y. Pomeau, 1979, Universal metric properties of bifurcations of endomorphisms, J. Phys. **A12**, 269.

Dubois, M., 1982, Experimental aspects of the transition to turbulence in Rayleigh-Bénard convection, Lect. Notes Phys. **164**, 177.

Dubois, M., P. Bergé und V. Croquette, 1982, Study of non steady convective regimes using Poincaré sections, J. Phys. Lett. **43**, L295.

Ebeling, W., und R. Feistel, 1982, Physik der Selbstorganisation und Evolution, Akademie-Verlag, Berlin.

ECKMANN, J.-P., und D. RUELLE, 1985, Ergodic theory of chaos and strange attractors, Rev. Mod. Phys. **57**, 617.

ECKMANN, J.-P., S. O. KAMPHORST, D. RUELLE und S. CILIBERTO, 1986, Liapunov exponents from time series, Phys. Rev. **A34**, 4971.

FARMER, J. D., 1982, Information dimension and the probabilistic nature of chaos, Z. Naturforsch. **37a**, 1304.

FARMER, J. D., E. OTT und J. A. YORKE, 1983, The dimension of chaotic attractors, Physica **7D**, 153.

FARMER, J. D., 1985, Sensitive dependence on parameters in nonlinear dynamics, Phys. Rev. Lett. **55**, 351.

FEIGENBAUM, M. J., 1978, Quantitative universality for a class of nonlinear transformations, J. Stat. Phys. **19**, 25.

FEIGENBAUM, M. J., 1979, The universal metric properties of nonlinear transformations, J. Stat. Phys. **21**, 669.

FEIGENBAUM, M. J., L. P. KADANOFF und S. J. SHENKER, 1982, Quasiperiodicity in dissipative systems: a renormalization group analysis, Physica **5D**, 370.

FRANCESCHINI, V., und C. TEBALDI, 1979, Sequences of infinite bifurcations and turbulence in a five-mode truncation of the Navier-Stokes-equations, J. Stat. Phys. **21**, 707.

FRASER, A. M., und H. L. SWINNEY, 1986, Independent coordinates for strange attractors from mutual information, Phys. Rev. **A33**, 1134.

FREDERICKSON, P., J. L. KAPLAN, E. D. YORKE und J. A. YORKE, 1983, The Lyapunov dimension of strange attractors, J. Diff. Eqns. **49**, 185.

GASPARD, P., 1983, Generation of a countable set of homoclinic flows through bifurcations, Phys. Lett. **97A**, 1.

GASPARD, P., 1984, Generation of a countable set of homoclinic flows through bifurcation in multidimensional systems, Bull. Acad. Roy. Belg. **LXX**, 61.

GASPARD, P., und G. NICOLIS, 1983, What can we learn from homoclinic chaotic dynamics?, J. Stat. Phys. **31**, 499.

GASPARD, P., R. KAPRAL und G. NICOLIS, 1984, Bifurcation phenomena near homoclinic systems: a two-parameter analysis, J. Stat. Phys. **35**, 697.

GAVRILOV, N. K., und L. P. ŠILNIKOV, 1972, Über dreidimensionale dynamische Systeme in der Nähe von Systemen mit strukturell instabilen homoklinen Kurven, I (in russ.), Matem. Sbornik **88**, 475.

GAVRILOV, N. K., und L. P. ŠILNIKOV, 1973, Über dreidimensionale dynamische Systeme in der Nähe von Systemen mit strukturell instabilen homoklinen Kurven, II (in russ.), Matem. Sbornik **90**, 139.

GEISEL, T., und J. NIERWETBERG, 1981, A universal fine structure of the chaotic region in period-doubling systems, Phys. Rev. Lett. **47**, 975.

GIGLIO, M., S. MUSAZZI und U. PERINI, 1981, Transition to chaotic behavior via a reproducible sequence of period-doubling bifurcations, Phys. Rev. Lett. **47**, 243.

GLAZIER, J. A., M. H. JENSEN, A. LIBCHABER und J. STAVANS, 1986,

Structure of Arnold tongues and the $f(\alpha)$ spectrum for period doubling: experimental results, Phys. Rev. **A34**, 1621.

GLENDINNING, P., und C. SPARROW, 1984, Local and global behavior near homoclinic orbits, J. Stat. Phys. **35**, 645.

GOLDBERG, A. I., J. G. SINAI und K. M. KHANIN, 1983, Universal properties of sequences of period-triplings, Usp. Mat. Nauk **38**, 159.

GOLLUB, J. P., und S. V. BENSON, 1980, Many routes to turbulent convection, J. Fluid Mech. **100**, 449.

GONZALES, D. L., und O. PIRO, 1983, Chaos in nonlinear driven oscillator with exact solution, Phys. Rev. Lett. **50**, 870.

GORMAN, M., L. A. REITH und H. L. SWINNEY, 1980, Modulation patterns, multiple frequencies, and other phenomena in circular Couette flow, Ann. N.Y. Acad. Sci. **357**, 10.

GRASSBERGER, P., 1981, On the Hausdorff dimension of fractal attractors, J. Stat. Phys. **26**, 103.

GRASSBERGER, P., 1983, Generalized dimensions of strange attractors, Phys. Lett. **97A**, 227.

GRASSBERGER, P., und I. PROCACCIA, 1983a, On the characterization of strange attractors, Phys. Rev. Lett. **50**, 346.

GRASSBERGER, P., und I. PROCACCIA, 1983b, Measuring the strangeness of strange attractors, Physica **9D**, 189.

GRASSBERGER, P., und I. PROCACCIA, 1983c, Estimating the Kolmogorov entropy from a chaotic signal, Phys. Rev. **28A**, 2591.

GRASSBERGER, P., und I. PROCACCIA, 1984, Dimension and entropies of strange attractors from a fluctuating dynamics approach, Physica **13D**, 34.

GRASSBERGER, P., 1985, Generalization of the Hausdorff dimension of fractal measures, Phys. Lett. **107A**, 101.

GREBOGI, C., E. OTT und J. A. YORKE, 1983a, Crises, sudden changes in chaotic attractors, and transient chaos, Physica **7D**, 181.

GREBOGI, C., E. OTT und J. A. YORKE, 1983b, Are three frequency quasi-periodic orbits to be expected in typical dynamical systems?, Phys. Rev. Lett. **51**, 339.

GREBOGI, C., S. W. MCDONALD, E. OTT und J. A. YORKE, 1983c, Final state sensitivity: an obstruction to predictibility, Phys. Lett. **99A**, 415.

GREBOGI, C., E. OTT und J. A. YORKE, 1986, Critical exponent of chaotic transients in nonlinear dynamical systems, Phys. Rev. Lett. **57**, 1284.

GREBOGI, C., E. OTT und J. A. YORKE, 1987a. Unstable periodic orbits and the dimension of chaotic attractors, Phys. Rev. **A36**, 3522.

GREBOGI, C., E. OTT, F. ROMEIRAS und J. A. YORKE, 1987b, Critical exponent for crisis induced intermittency, Phys. Rev. **A36**, 5365.

GREBOGI, C., E. OTT und J. A. YORKE, 1988, Unstable periodic orbits and the dimension of multifractal chaotic attractors, Phys. Rev. **A37**, 1711.

GREENE, J. M., 1979, A method for determining a stochastic transition, J. Math. Phys. **20**, 1183.

Greenspan, B. D., und P. J. Holmes, 1983, Homoclinic orbits, subharmonics and global bifurcations in forced oscillations, in: Nonlinear dynamics and turbulence, G. Barenblatt, G. Iooss und D. D. Joseph (Hrsg.), Pitman, London.

Grossmann, S., und S. Thomae, 1977, Invariant distributions and stationary correlation functions of one-dimensional discrete processes, Z. Naturforsch. **32a**, 1353.

Gruendler, J., 1985, The existence of homoclinic orbits and the method of Melnikov in $\mathbb{R}^n$, SIAM J. Math. Anal. **16**, 907.

Guckenheimer, J., und P. Holmes, 1983, Nonlinear oscillations, dynamical systems, and bifurcations of vector fields, Springer-Verlag, New York, Berlin, Tokyo.

Gwinn, E. G., und R. M. Westervelt, 1986, Fractal basin boundaries and intermittency in the driven damped pendulum, Phys. Rev. **A33**, 4143.

Hale, J. K., 1983, Introduction to dynamic bifurcation, Lefschetz Center for Dynamical Systems, Report 83-16.

Halsey, T. C., M. H. Jensen, L. P. Kadanoff, I. Procaccia und B. I. Shraiman, 1986, Fractal measures and their singularities: the characterization of strange sets, Phys. Rev. **A33**, 1141.

Hammel, S. M., J. A. Yorke und C. Grebogi, 1987, Do numerical orbits of chaotic dynamical processes represent true orbits?, J. Compl. **3**, 136.

Hao, B.-L., und S.-Y. Zhang, 1982, Hierarchy of chaotic bands, J. Stat. Phys. **28**, 769.

Hao, B.-L. (Hrsg.), 1984, Chaos, World Scientific Publishing Co Pte Ltd., Singapore.

Haucke, H., und R. Ecke, 1987, Mode-locking and chaos in Rayleigh-Bénard convection, Physica **25 D**, 307.

Hausdorff, F., 1919, Dimension und äußeres Maß, Math. Ann. **79**, 157.

Hénon, M., 1976, A two-dimensional mapping with a strange attractor, Comm. Math. Phys. **50**, 69.

Hentschel, H. G. E., und I. Procaccia, 1983, The infinite of dimensions of probabilistic fractals and strange attractors, Physica **8D**, 435.

Herman, M. R., 1979, Sur la conjugaisons differentiable des diffeomorphismes du cercle à des rotations, Publ. I.H.E.S. **49**, 5.

Hirsch, M. W., C. C. Pugh und M. Shub, 1977, Invariant manifolds, Lect. Notes Math. **583**, Springer-Verlag, New York, Heidelberg, Berlin.

Hirsch, J. E., B. A. Huberman und D. J. Scalapino, 1982a, Theory of intermittency, Phys. Rev. **A25**, 519.

Hirsch, J. E., M. Nauenberg und D. J. Scalapino, 1982b, Intermittency in the presence of noise: a renormalization group formulation, Phys. Lett. **87A**, 391.

Holden, A. V. (Hrsg.), 1986, Chaos, University Press, Manchester.

Holmes, P. J., und J. E. Marsden, 1981, A partial differential equation with infinitely many periodic orbits: chaotic oscillations of a forced beam, Arch. Ration. Mech. Anal. **76**, 135.

Holmes, P. J., und J. E. Marsden, 1982, Perturbations of n degree of freedom Hamiltonian systems with symmetry, J. Math. Phys. **23**, 669.

Hopf, F. A., D. L. Kaplan, H. M. Gibbs und R. L. Shoemaker, 1982, Bifurcations to chaos in optical bistability, Phys. Rev. **A25**, 2172.

Hu, B., 1982, Introduction to real space renormalization group methods in critical and chaotic phenomena, Phys. Rep. **91**, 233.

Hu, B., und J. Rudnick, 1982, Exact solutions to the Feigenbaum renormalization group equations for intermittency, Phys. Rev. Lett. **48**, 1645.

Hu, B., und I. I. Satija, 1983, A spectrum of universality classes in period doubling and period tripling, Phys. Lett. **98A**, 143.

Hu, G., und B.-L. Hao, 1983, A scaling relation for the Hausdorff dimension of the limiting sets in one-dimensional mappings, Commun. Theor. Phys. **2**, 1473.

Huberman, B. A., und J. Rudnick, 1980, Scaling behavior of chaotic flows, Phys. Rev. Lett. **45**, 154.

Ikezi, H., J. S. de Grassie und T. H. Jensen, 1983, Observation of multiple-valued attractors and crises in a driven nonlinear circuit, Phys. Rev. **A28**, 1207.

Jakobson, M. K., 1981, Absolutely continuous invariant measure for one parameter families of one dimensional maps, Commun. Math. Phys. **81**, 39.

Jeffries, C., und J. Perez, 1982, Observation of a Pomeau-Manneville intermittent route to chaos in a nonlinear oscillator, Phys. Rev. **A26**, 2117.

Jeffries, C., und J. Perez, 1983, Direct observation of crises of the chaotic attractor in a nonlinear oscillator, Phys. Rev. **A27**, 601.

Jensen, M. H., P. Bak und T. Bohr, 1984, Transition to chaos by interaction of resonances in dissipative systems. I. Circle maps, Phys. Rev. **A30**, 1960.

Julia, G., 1918, Mémoire Sur l'Iteration des Fonctions Rationelles, J. Math. Pures et Appl. **4**, 47.

Kai, T., 1981, Universality of power spectra of a dynamical system with period-doubling sequence, Phys. Lett. **86A**, 263.

Kaneko, K., 1983, Similarity structure and scaling property of the period-adding phenomena, Progr. Theor. Phys. **69**, 403.

Kaneko, K., 1984, Supercritical behavior of disordered orbits, Prog. Theor. Phys. **72**, 1089.

Kaplan, J. L., und J. A. Yorke, 1978, Chaotic behavior of multidimensional difference equations, in: Lect. Notes in Math. **730**, H. O. Peitgen und H. O. Walter (Hrsg.), Springer-Verlag, Berlin, S. 228.

Kaplan, J. L., und J. A. Yorke, 1979, Preturbulence: a regime observed in a fluid flow model of Lorenz, Commun. Math. Phys. **67**, 93.

Katsura, S., und W. Fukuda, 1985, Exactly solveable models showing chaotic behavior, Physica **130A**, 597.

KEENER, J. P., 1982, Chaotic behavior in slowly varying systems of nonlinear differential equations, Stud. Appl. Math. **67**, 25.

KOCH, B. P., 1986, Horseshoes in superfluid ^{3}He, Phys. Lett. **117A**, 302.

KOCH, B. P., und R. W. LEVEN, 1985, Subharmonic and homoclinic bifurcations in a parametrically forced pendulum, Physica **16D**, 1.

KOLMOGOROV, A. N., 1958, Eine neue metrische Invariante transitiver dynamischer Systeme und Automorphismen von Lebesgue-Räumen (in russ.), Dokl. Akad. Nauk SSSR **119**, 861.

KOLMOGOROV, A. N., 1959, Über die Entropie zur Zeit eins als metrische Invariante von Automorphismen (in russ.), Dokl. Akad. Nauk SSSR **124**, 754.

KRUSCHA, J., und B. POMPE, 1988, Information flow in 1D-maps, Z. Naturforsch. **43a**, 93.

KURTHS, J., und H. HERZEL, 1987, An attractor in a solar time series, Physica **25D**, 165.

LASOTA, A., und J. A. YORKE, 1973, On the existence of invariant measures for piecewise monotonic transformations, Trans. AMS **183**, 481.

LAUTERBORN, W., und E. CRAMER, 1981, Subharmonic route to chaos observed in acoustics, Phys. Rev. Lett. **47**, 1445.

LEDRAPPIER, F., 1981, Some relations between dimension and Lyapunov exponents, Commun. Math. Phys. **81**, 229.

LEDRAPPIER, F., und L.-S. YOUNG, 1985, The metric entropy of diffeomorphisms. Part I: Characterization of measures satisfying Pesin's entropy formula. Part II: Relations between entropy, exponents and dimension, Ann. Math. **122**, 509, 540.

LEVEN, R. W., und B. P. KOCH, 1981, Chaotic behaviour of a parametrically excited damped pendulum, Phys. Lett. **86A**, 71.

LEVEN, R. W., B. POMPE, C. WILKE und B. P. KOCH, 1985, Experiments on periodic and chaotic motions of a parametrically forced pendulum, Physica **16 D**, 371.

LEVEN, R. W., B. P. KOCH und G. S. MARKMAN, 1986, Periodic, quasiperiodic and chaotic motion in a forced predator-prey ecosystem, in: Proc. Dynamical Systems and Environmental Models, H. G. BOTHE, W. EBELING, A. B. KURZHANSKI und M. PESCHEL (Hrsg.), Akademie-Verlag, Berlin, 1987, S. 95.

LIBCHABER, A., und J. MAURER, 1981, A Rayleigh-Bénard experiment: helium in a small box, in: Nonlinear phenomena at phase transitions and instabilities, T. RISTE (Hrsg.), Plenum, New York, S. 259.

LIBCHABER, A., C. LAROCHE und S. FAUVE, 1982, Period doubling cascade in mercury, a quantitative measurement, J. Phys. Lett. **43**, L211.

LIBCHABER, A., S. FAUVE und C. LAROCHE, 1983, Two-parameter study of the routes to chaos, Physica **7D**, 73.

LICHTENBERG, A. J., und M. A. LIEBERMAN, 1982, Regular and stochastic motion, Springer-Verlag, New York, Heidelberg, Berlin.

LINSAY, P. S., 1981, Period doubling and chaotic behaviour in a driven anharmonic oscillator, Phys. Rev. Lett. **47**, 1349.

LORENZ, E. N., 1963, Deterministic nonperiodic flow, J. Atmos. Sci. **20**, 130.

MANDELBROT, B., 1977, Fractals – form, chance, and dimension, W. H. FREEMAN & Co., San Francisco.

MANDELBROT B., 1983, The fractal geometry of nature, W. H. FREEMAN & Co., San Francisco (in dt.: Akademie-Verlag, Berlin, und Birkhäuser Verlag, Basel, 1987).

MAÑÉ, R., 1981, On the dimension of the compact invariant set of certain nonlinear maps, in: Dynamical Systems and Turbulence, Warwick 1981, Lect. Notes Math. **898**, Springer-Verlag, Berlin, S. 230.

MANNEVILLE, P., und Y. POMEAU, 1979, Intermittency and the Lorenz model, Phys. Lett. **75A**, 1.

MAY, R. M., 1976, Simple mathematical models with very complicated dynamics, Nature **261**, 459.

MAYER-KRESS, G. (Hrsg.), 1986, Dimension and entropies in chaotic systems; Quantification of complex behavior, Proc. Int. Workshop at the Pecos River Ranch, New Mexico, Sept. 11–16, 1985, Springer-Series in Synergetics **32** (Springer-Verlag, Berlin, Heidelberg, New York, Tokyo 1986).

McCAULEY, J. L., und J. I. PALMORE, 1986, Computable Chaotic Orbits, Phys. Lett. **115A**, 433.

MELNIKOV, V. K., 1963, Über die Stabilität des Zentrums bei zeitperiodischen Störungen (in russ.), Tr. Mosk. Mat. Ob-va **12**, 3.

METROPOLIS, N., M. L. STEIN und P. R. STEIN, 1973, On finite limit sets for transformations on the unit interval, J. Comb. Theor. **A 15**, 25.

MILNOR, J., 1985, On the concept of attractor, Commun. Math. Phys. **99**, 177. On the concept of attractor: correction and remark, Commun. Math. Phys. **102**, 517.

MISIUREWICZ, M., 1980, Strange attractors for the Lozi mappings, Ann. N.Y. Acad. Sci. **357**, 348.

MISIUREWICZ, M., 1981, Absolutely continuous measures for certain maps of an interval, Math. Publ. I.H.E.S. **53**, 17.

MOSER, J., 1973, Stable and random motions in dynamical systems, Princeton University Press, Princeton.

NEMYCKIJ, V. V., und V. V. STEPANOV, 1949, Qualitative Theorie von Differentialgleichungen (in russ.), Gostechizdat Moskva.

NEWHOUSE, S. E., 1974, Diffeomorphisms with infinitely many sinks, Topology **13**, 9.

NEWHOUSE, S. E., D. RUELLE und F. TAKENS, 1978, Occurrence of strange axiom A attractors near quasi-periodic flows on T^m ($m = 3$ or more), Commun. Math. Phys. **64**, 35.

NEWHOUSE, S. E., 1980, Lectures on dynamical systems, in: Dynamical Systems, Progress in Mathematics No. 8, Birkhäuser, Boston.

NICOLIS, J. S., G. MAYER-KRESS und G. HAUBS, 1983, Nonuniform chaotic dynamics with implications to information processing, Z. Naturforsch. **38a**, 1157.

OSELEDEC, V. I., 1968, A multiplicative ergodic theorem. Lyapunov characteristic numbers for dynamical systems, Tr. Mosk. Mat. Ob-va **19**, 179.

OTT, E., W. D. WITHERS und J. A. YORKE, 1984, Is the dimension of chaotic attractors invariant under coordinate changes?, J. Stat. Phys. **36**, 687.

PACKARD, N. H., J. P. CRUTCHFIELD, J. D. FARMER und R. S. SHAW, 1980, Geometry from a time series, Phys. Rev. Lett. **45**, 712.

PALADIN, G., und A. VULPIANI, 1984, Characterization of strange attractors as inhomogeneous fractals., Lett. Nuovo Cimento **41**, 82.

PALMER, K. J., 1984, Exponential dichotomies and transversal homoclinic points, J. Diff. Eqns. **55**, 225.

PEITGEN, H. O., und P. H. RICHTER, 1986, The beauty of fractals, Springer-Verlag, Berlin.

PESIN, YA. B., 1977, Characteristic Lyapunov exponent and smooth ergodic theory, Russian Math. Surveys **32**, 55 (in russ.: Usp. Mat. Nauk **32**, 55).

PIANIGIANI, G., 1979, Absolutely continuous invariant measures for the process $x_{n+1} = Ax_n(1 - x_n)$, Bolletino U. M. I. **16**, 374.

PLYKIN, R. V., 1974, Quellen und Senken von A-Diffeomorphismen auf Oberflächen (in russ.), Matem. Sbornik **94**, 243.

POINCARÉ, H., 1899, Les méthodes nouvelles de la mécanique céleste, Vol. III, Gauthier-Villars, Paris.

POMEAU, Y., und P. MANNEVILLE, 1980, Intermittent transition to turbulence in dissipative dynamical systems, Commun. Math. Phys. **74**, 189.

POMPE, B., C. WILKE, B. P. KOCH und R. W. LEVEN, 1984, Experimentelle Untersuchungen periodischer und chaotischer Bewegungen eines parametrisch erregten Pendels, Exp. Technik Phys. **32**, 545.

POMPE, B., J. KRUSCHA und R. W. LEVEN, 1986, State predictability and information flow in simple chaotic systems, Z. Naturforsch. **41a**, 801.

POMPE, B., und R. W. LEVEN, 1986, Transinformation of chaotic systems, Physica Scripta **34**, 8.

RAGHUNATHAN, M. S., 1979, A proof of Oseledec's multiplicative ergodic theorem, Israel J. Math. **32**, 356.

RAND, D., S. OSTLUND, J. SETHNA und E. D. SIGGIA, 1982, A universal transition from quasi-periodicity to chaos in dissipative systems, Phys. Rev. Lett. **49**, 132.

RÉNYI, A., 1977, Wahrscheinlichkeitsrechnung, mit einem Anhang über Informationstheorie, 5. Auflage, Deutscher Verlag der Wissenschaften, Berlin.

RINOW, W., 1975, Lehrbuch der Topologie, Deutscher Verlag der Wissenschaften, Berlin.

ROLLINS, R. W., und E. R. HUNT, 1984, Intermittent transient chaos at interior crises in the diode resonator, Phys. Rev. **A29**, 3327.

RÖSSLER, O. E., 1979, Continuous chaos: four prototype equations, Ann. N. Y. Acad. Science **316**, 376.

ROUX, J. C., 1983, Experimental studies of bifurcations leading to chaos in the Belousov-Zhabotinskii reaction, Physica **7D**, 57.

RUELLE, D., und F. TAKENS, 1971, On the nature of turbulence, Comm. Math. Phys. **20**, 167.

RUELLE, D., 1978, An inequality for the entropy of differentiable maps, Bol. Soc. Bras. Mat. **9**, 83.

RUELLE, D., 1979, Ergodic theory of differentiable dynamical systems, Phys. Math. IHES **50**, 275.

RUELLE, D., 1981. Small random perturbations of dynamical systems and the definition of attractors, Commun. Math. Phys. **82**, 137.

RUSSEL, D. A., J. D. HANSEN und E. OTT, 1980, Dimension of strange attractors, Phys. Rev. Lett. **45**, 1175.

SANO, M., und Y. SAWADA, 1985, Measurement of the Lyapunov spectrum from a chaotic time series, Phys. Rev. Lett. **55**, 1082.

SCHÄFER, W., 1976, Theoretische Grundlagen der Stabilität technischer Systeme, Akademie-Verlag, Berlin.

SCHUSTER, H. G., 1984, Deterministic chaos — an introduction, Physik-Verlag GmbH, Weinheim.

SHAW, R., 1981, Strange attractors, chaotic behavior, and information flow, Z. Naturforsch. **36a**, 80.

SHENKER, S. J., 1982, Scaling behavior in a map of a circle onto itself: empirical results, Physica **5D**, 405.

ŠILNIKOV, L. P., 1965, Über einen Fall der Existenz einer abzählbaren Menge periodischer Bewegungen (in russ.), Dokl. Akad. Nauk SSSR **160**, 558.

ŠILNIKOV, L. P., 1970, Zur Frage der Struktur der erweiterten Umgebung eines groben Gleichgewichtszustandes vom Typ eines Sattel-Fokus (in russ.), Matem. Sbornik **81**, 92.

SINAJ, JA. G., 1959, Zum Begriff der Entropie dynamischer Systeme (in russ.), Dokl. Akad. Nauk SSSR **124**, 768.

SINGER, D., 1978, Stable orbits and bifurcations of maps of the interval, SIAM J. Appl. Math. **35**, 260.

SMALE, S., 1967, Differentiable dynamical systems, Bull. Amer. Math. Soc. **73**, 747.

SMITH, C. W., M. J. TEJWANI und D. A. FARRIS, 1982, Bifurcation universality for first-sound subharmonic generation in superfluid helium-4, Phys. Rev. Lett. **48**, 492.

SPARROW, C., 1982, The Lorenz equations, Springer-Verlag, New York.

STEPANOW, W. W., 1982, Lehrbuch der Differentialgleichungen (5. Auflage), Deutscher Verlag der Wissenschaften, Berlin.

STAVANS, J., F. HESLOT und A. LIBCHABER, 1985, Fixed winding number and the quasiperiodic route to chaos in a convective fluid, Phys. Rev. Lett. **55**, 596.

SWIFT, J. W., und K. WIESENFELD, 1984, Suppression of period doubling in symmetric systems, Phys. Rev. Lett. **52**, 705.

TAKENS, F., 1981, Detecting strange attractors in turbulence, in: Dynamical Systems and Turbulence, Warwick 1980, Lect. Notes Math. **898**, Springer-Verlag, Berlin, S. 366.

TAKENS, F., 1983, Invariants related to dimension and entropy, in: Atas do 13. Col. brasiliero de Matematicas, Rio de Janeiro.

TESTA, J. S., J. PEREZ und C. JEFFRIES, 1982, Evidence for universal chaotic behaviour of a driven nonlinear oscillator, Phys. Rev. Lett. **48**, 714.

TRESSER, C., 1984, Homoclinic orbits for flows in $\mathbb{R}^3$, J. Phys. France **45**, 837.

UEDA, Y., 1980, Explosion of strange attractors exhibited by Duffing's equation, Ann. of the New York Acad. Sci., **357**, **422**.

VUL, E. B., und CHANIN, K. M., 1982, On the unstable manifold of Feigenbaum fixed point, Usp. Mat. Nauk **37**, 173.

WALTERS, P., 1982, An introduction to ergodic theory, Springer-Verlag, New York, Heidelberg, Berlin.

WEISS, C. O., A. GODONE und A. OLAFSSON, 1983, Routes to chaotic emission in a CW He—Ne laser, Phys. Rev. **A28**, 892.

WOLF, A., J. B. SWIFT, H. L. SWINNEY und J. A. VASTANO, 1985, Determining Lyapunov exponents from a time series, Physica **16D**, 285.

YAMAGUCHI, Y., 1986, Breakup of an invariant curve in a dissipative standard mapping, Phys. Lett. **116A**, 307.

YORKE, J. A., und E. D. YORKE, 1979, Metastable chaos: the transition to sustained chaotic behavior in the Lorenz model, J. Stat. Phys. **21**, 263.

YOUNG, L.-S., 1982, Dimension, entropy and Lyapunov exponents, Ergod. Th. & Dynam. Sys. **2**, 109.

YOUNG, L.-S., 1983, Entropy, Lyapunov exponents, and Hausdorff dimension in differentiable dynamical systems, IEEE Trans. Circuits Syst. **CAS-30**, 599.

YOUNG, L.-S., 1984, Dimension, entropy and Lyapunov exponents in differentiable dynamical systems, Physica **124A**, 639.

ZISOOK, A. B., 1981, Universal effects of dissipation in two-dimensional mappings, Phys. Rev. **A24**, 1640.

Quellenverzeichnis

Abb. 1.5.: nach HÉNON, M., 1976, Comm. Math. Phys. **50**, 69.

Abb. 1.6.: nach POMPE, B., C. WILKE, B. P. KOCH und R. W. LEVEN, 1984, Exp. Technik Phys. **32**, 545.

Abb. 1.7.: nach LEVEN, R. W., B. POMPE, C. WILKE und B. P. KOCH, 1985, Physica **16D**, 371.

Abb. 1.8.: nach LEVEN, R. W., und B. P. KOCH, 1981, Phys. Lett. **86A**, 71.

Abb. 1.9.: nach LIBCHABER, A., C. LAROCHE und S. FAUVE, 1982, J. Phys. Lett. **43**, L211.

Abb. 1.10.: nach DUBOIS, M., 1982, Lect. Notes Phys. **164**, 177.
Abb. 1.11.: nach LANFORD, O., 1977, Lect. Notes Math. **615**, 113.
Abb. 2.3.: nach ECKMANN, J.-P., und D. RUELLE, 1985, Rev. Mod. Phys. **57**, 617.
Abb. 3.7.: nach KURTHS, J., und H. HERZEL, 1987, Physica **25D**, 165.
Abb. 3.9.: nach BRANDSTÄTER, A., et al., 1983, Phys. Rev. Lett. **51**, 1442.
Abb. 3.13.: nach KURTHS, J., und H. HERZEL, 1987, Physica **25D**, 165.
Abb. 3.14.: nach BRANDSTÄTER, A., et al., 1983, Phys. Rev. Lett. **51**, 1442.
Abb. 4.5.: nach SHENKER, S. J., 1982, Physica **5D**, 405.
Abb. 5.3.: nach POMEAU, Y., und P. MANNEVILLE, 1980, Commun. Math. Phys. **74**, 189.

Sachverzeichnis